kosmos Naturführer

Der Kosmos-Kakteenführer

Erik Haustein

Der Kosmos-Kakteenführer

Bestimmung, Pflege, Vermehrung

Über 490 Kakteenarten

Kosmos

Mit 494 Farbfotos von Andreae (10), Artia (Crkal/Riha) (217), Barthlott (6), Buining (11), Fröhlich (21), Haager (1), Haugg (36), Krähenbühl (3), Krainz (2), Kretschmer (2), Milkuhn (5), Polka (1), Rauh, Walter (24), Rauh, Werner (113), Schäfer (1), Schreier (26), Sommer (10), Strauch (1), Stiglmayr (3), Supthut (1) und 36 Schwarzweiß-Zeichnungen von A. Paysan und aus dem Archiv.

Umschlag von Atelier Reichert, Stuttgart, unter Verwendung einer Aufnahme von Erich Haugg. Das Bild zeigt *Notocactus purpureus*.

Die Deutsche Bibliothek – CIP-Einheitsaufnahme

Der **Kosmos-Kakteenführer** : Bestimmung, Pflege, Vermehrung ; über 490 Kakteenarten / Erik Haustein. – 2. Aufl. – Stuttgart : Kosmos, 1998
(Kosmos-Naturführer)
ISBN 3-440-07685-7

2. Auflage / 1998

ISBN 3-440-07685-7
Printed in the Czech Republic / Imprimé en République tchéque
Satz: G. Müller, Heilbronn
Druck und Binden: Über Aventinum, Prag

Der Kosmos-Kakteenführer

Vorwort

Dieses Buch wendet sich nicht nur an die zahlreichen Kakteenliebhaber, die über die reine Freude an ihren Kakteen hinaus mehr über die Familie der Kaktusgewächse erfahren möchten, sondern auch an alle Pflanzenfreunde, die sich für die Schönheit der Pflanzenwelt in ihrer ungeheuren Vielfalt interessieren. Dafür stellt gerade die Familie der Kakteen ein besonders eindrucksvolles Beispiel dar.
Im ersten, allgemeinen Teil werden zunächst eingehend die Besonderheiten dargestellt, durch die sich die Kakteen so auffällig von den übrigen Pflanzenfamilien unterscheiden. Es wird gezeigt, wie sich diese Besonderheiten, z. B. der dickfleischige, gerippte und oft stark bedornte Körper oder die merkwürdigen Blüten von der allgemeinen Grundform der Blütenpflanzen ableiten lassen. Ebenso werden die vielfältigen und interessanten Bestäubungsverhältnisse, aber auch die Bedeutung der Kakteen als Nutzpflanzen besprochen. Den Abschluß des ersten Teiles bildet schließlich eine ausführliche Einführung in die Kultur der Kakteen. Im umfangreicheren speziellen Teil folgt dann ein umfassender Überblick über sämtliche Gattungen der Kakteen, wobei die einzelnen Gattungen nach ihrer natürlichen Verwandtschaft angeordnet sind, um so auch die gegenseitigen Beziehungen zwischen den einzelnen Gattungen – soweit sie heute schon gesichert sind – aufzuzeigen. Besonderer Wert wurde dabei auf die Auswahl der dargestellten Arten gelegt, die sowohl im Bild – vielfach am Originalstandort aufgenommen – als auch in einer ausführlichen Beschreibung vorgestellt werden. Wenn auch nur 500 der insgesamt etwa 2000 bekannten Arten erfaßt sind, so dürfte es mit ihrer Hilfe doch möglich sein, wenigstens die Gattungszugehörigkeit einer unbekannten Art zu bestimmen.

Die Kaktusgewächse (Cactaceae) – Bau und Entwicklung

Vegetationsorgane

Kakteen bewohnen vorwiegend niederschlagsarme Gebiete mit langen Trockenperioden und vielfach intensiver Sonnenbestrahlung. Sie zeigen ganz charakteristische Anpassungen, die sie befähigen, diese extremen Umweltbedingungen ohne Schaden zu ertragen. Trotz der riesigen Vielfalt ihrer Formen liegt allen Kakteen ein einheitlicher Bauplan zugrunde. Die typische Kakteenform ist dabei durch drei Merkmale charakterisiert: die Sukkulenz der Stämme, die Reduktion der Blätter, das Fehlen bzw. die geringe Zahl seitlicher Verzweigungen. Hinzu kommt in den meisten Fällen die Ausbildung von Dornen, die den äußeren Eindruck der Pflanzen weitgehend mitbestimmen.
Die ursprünglichste Gruppe der Kakteen, die Pereskioideen, vermittelt den Übergang von

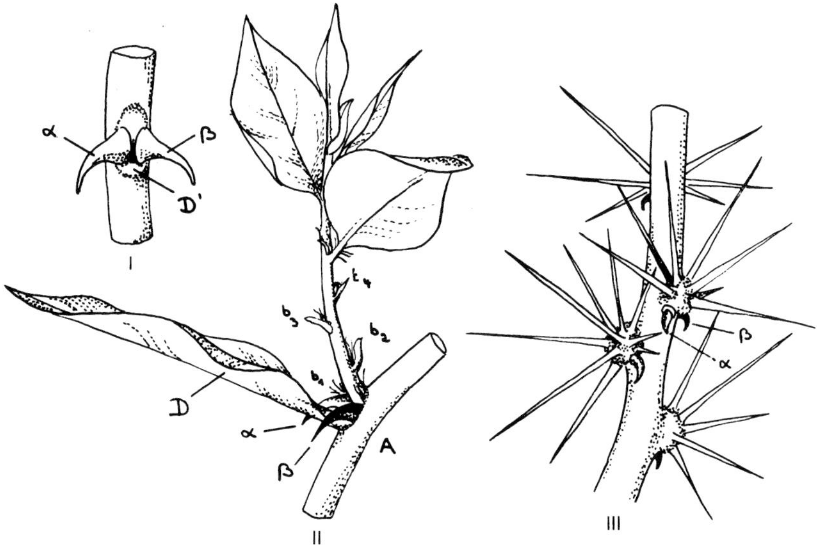

Bild 1. *Pereskia aculeata*
I Sproßstück mit Narbe eines Laubblattes (D'), in dessen Achsel die Areole mit den beiden Vorblattdornen (α, β) steht **II** Älteres Sproßstück mit weiterentwickelten Areolen, die über den Vorblattdornen stachelartige Dornblätter hervorgebracht haben **III** Sproßstück (A) mit Laubblatt (D), dessen Areole einen Langtrieb entwickelt hat. b_1–b_4 schuppenförmige Niederblätter, darüber Laubblätter, α, β dornige Vorblätter (nach TROLL)

◀ Bild 2. *Pereskia sacharosa*
Die Laubblätter der Hauptachse sind bereits abgeworfen, neue sind aus den Areolen gebildet, die zunächst Dornen hervorgebracht haben (nach BRITTON und ROSE)

Bild 3. *Opuntia ficus-indica* ▶
Längsschnitt durch den Vegetationskegel. V Vegetationspunkt, B_1, B_2, B_3 erste Blattanlagen, D Dornanlagen (nach GOEBEL)

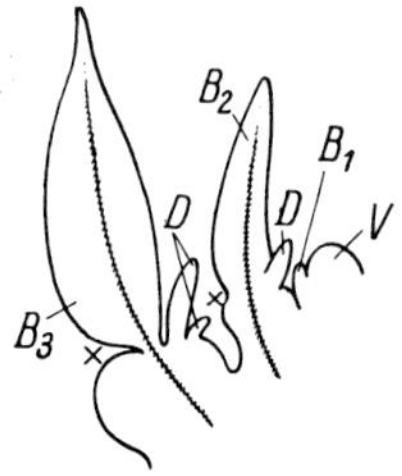

der uns gewohnten Ausbildung einer höheren Pflanze, die in Sproß, Blatt und Wurzel gegliedert ist. Die Pereskien sind reichverzweigte, aufrechte, spreizende oder mit Hakendornen klimmende Sträucher oder kleine Bäume; ihre verholzten Triebe sind nicht sukkulent und tragen normale, großflächige, etwas fleischige Laubblätter, die am Ende der Vegetationsperiode abgeworfen werden (Bild 1+2). Kakteenartig sind bei dieser Gruppe – von den Blüten abgesehen – nur die Knospen in den Achseln der Laubblätter, die sich bereits im ersten Jahr zu Kurztrieben entwickeln, deren Blätter nicht, wie an den Langtrieben, flächig ausgebildet, sondern zu Blattdornen umgewandelt sind. Zunächst entstehen die beiden Vorblätter des Seitentriebes, die zu hakenförmigen Kletterdornen umgewandelt sind (Klimmsträucher); zwischen ihnen bildet sich reichlich Wollfilz. Später entstehen nadelförmige Dornen, d. h. umgewandelte Blätter, in Ein- oder Mehrzahl. Solche dornentragenden Haarpolster in den Achseln der Blätter nennen wir Areolen.
Bei *Pereskia* können diese Areolen auch im zweiten Jahr noch aktiv sein und weitere Dornen oder auch normale Laubblätter bilden (z. B. bei *P. sacharosa*). Sie können sich aber auch – wenn man z. B. die Triebspitze entfernt – zu einem beblätterten Langtrieb mit verlängerten Internodien und Laubblättern entwickeln. (Internodien sind die Stengelabschnitte zwischen jeweils zwei Blattansatzstellen, den Knoten.) Schließlich können aus den Areolen auch noch die Blüten hervorgehen, die – botanisch gesehen – ja nichts anderes sind als spezialisierte Sprosse.
Die nächste große Gruppe der Kakteen, die Opuntioideen, zeigt uns den Übergang zur Stammsukkulenz, parallel mit einer Reduktion der Blätter. Opuntioideen besitzen walzliche bis pfriemliche Blätter, mit Ausnahme der Gattung *Pereskiopsis,* die noch flach entwickelte Blätter aufweist.
Die Blätter werden am Vegetationspunkt als halbkugelige Vorwölbungen angelegt (Bild 3). Diese Vorwölbungen differenzieren sich in einen basalen Teil und einen stärker wachsenden Endabschnitt, die beide durch eine Einschnürung auf der der Achse abgewandten Seite voneinander getrennt sind. Diese Einschnürung bildet die Grenze zwischen dem „Oberblatt", das später zur Blattspreite wird, und dem „Unterblatt", das sich zusammen mit dem Achsenkörper zu einem sukkulenten Blattpolster entwickelt. Auf seiner Oberseite trägt das Blattpolster die wie bei *Pereskia* als Areole ausgebildete Achselknospe; es ist auch später noch an seinem rhombischen Umriß zu erkennen. Das Wassergewebe geht also bei den Kakteen aus der primären Rinde hervor (sogenanntes kortikales Wassergewebe), im Gegensatz zu anderen sukkulenten Pflanzen, die ein aus dem zentralen Mark hervorgehendes „medulläres" Wassergewebe besitzen (z. B. *Kleinia*-Arten). Allerdings kann bei manchen Kakteen auch das Mark zusätzlich zur Wasserspeicherung herangezogen werden, z. B. bei *Carnegiea gigantea.*
Blattentwicklung und Stammsukkulenz scheinen zusammenzuhängen. So ist bei *Opuntia*

subulata, deren Blätter 5–12 cm lang und 3–4 Jahre alt werden können, die Stammsukkulenz nur mäßig entwickelt. Bei *Opuntia cylindrica,* deren Blätter bald abfallen und nur 10–13 mm lang werden, ist die Stammsukkulenz wesentlich ausgeprägter.
Noch weiter fortgeschritten ist die Reduktion der Blätter einerseits, die Ausbildung der Sukkulenz andererseits bei der formenreichsten Gruppe der Kakteen, den Cactoideen. Zwar werden die Blätter nach wie vor als kleine Höcker am Vegetationspunkt angelegt, doch unterbleibt die Differenzierung in Ober- und Unterblatt, und die weitere Entwicklung der Blattanlagen bleibt stehen, weshalb sie später überhaupt nicht mehr sichtbar sind. Die Anlage des Seitensprosses – also der Areole – gelangt auf das Tragblatt selbst, die Wachstumstätigkeit wird aus dem reduzierten Oberblatt in das Blattpolster verlegt. Dieses wächst zu einer warzen- oder zitzenartigen Erhebung, der Mamille, aus (Bild 4). Die Mamillen sind also nichts anderes als sukkulente Blattpolster, deren Oberblätter völlig reduziert sind und die an ihrer Spitze die dornenbildende Areole tragen.
Die Anordnung der Blätter (bzw. der Mamillen) folgt den Gesetzen der Blattstellung. Dabei haben wir zwei Möglichkeiten zu unterscheiden: Entweder werden am Vegetationspunkt mehrere Blatthöcker gleichzeitig angelegt, oder die Blattanlagen folgen zeitlich aufeinander. Im ersten Fall sprechen wir von wirteliger Blattstellung: Aufeinanderfolgende Blattwirtel alternieren, die Winkel zwischen je zwei Blättern sind gleich. Im zweiten Fall ist die Blattstellung „zerstreut“: Die zeitlich nacheinander angelegten Blätter lassen sich durch eine den Vegetationspunkt umlaufende Spirale bzw. eine den Stamm umlaufende Schraube miteinander verbinden. Auch hier sind die Winkel zwischen zwei aufeinanderfolgenden Blättern gleich. Drücken wir diesen Winkel nicht in Graden, sondern in Bruchteilen des

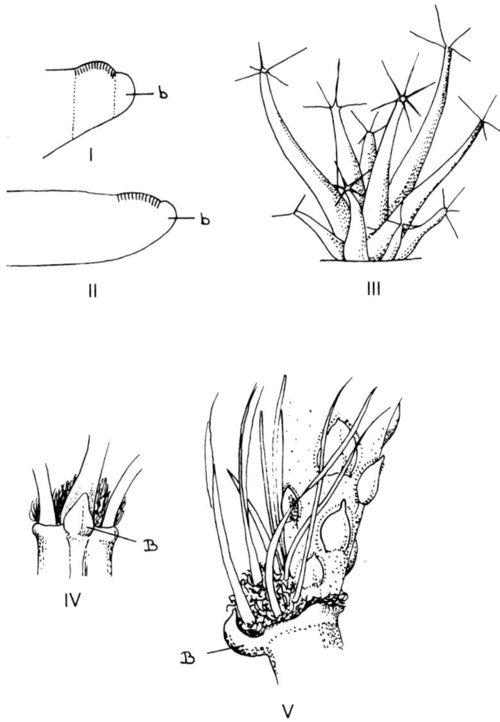

Bild 4. **I–II** Schema zur Mamillenentwicklung. b Blattanlage bzw. Blattrudiment, Areolenbereich schraffiert (weitere Erklärung im Text), **III–V** *Leuchtenbergia principis* **III** junge Pflanze, **IV** Warzenspitze, **V** blühende Areole. B Spreitenrudiment (I–III nach TROLL, IV nach BUXBAUM)

Stengelumfangs aus, dann finden wir sehr häufig folgende möglichen Werte: $1/2$, $1/3$, $2/5$, $3/8$, $5/13$... Der Winkel $2/5$ bedeutet z. B.: Umlaufen wir von einem bestimmten Blatt ausgehend den Stengel zweimal, dann steht das fünfte Blatt genau über bzw. unter dem Ausgangsblatt. Es stehen also bestimmte Blätter in Geradzeilen (sog. Orthostichen) untereinander, bei der $2/5$-Stellung in 5 Geradzeilen. Diese Folge von Winkeln wird auch als Fibonacci-Reihe bezeichnet. Sie ist so aufgebaut, daß der Zähler bzw. der Nenner eines Bruches gleich der Summe der Zähler bzw. Nenner der beiden vorausgehenden Glieder ist. Ihre Werte nähern sich bald einem Grenzwert von 137° 30', der als Limitdivergenz bezeichnet wird.
Die Bedeutung dieser Divergenzwerte sollte aber nicht überschätzt werden. Im Laufe der Ontogenie können verschiedene Divergenzen nacheinander auftreten und ineinander übergehen; außerdem hängt die Anordnung der Blätter (bzw. der Mamillen) von der Art der Kontakte der jüngeren Blattanlagen mit den älteren beim Umlaufen der Grundspirale ab. Die Kontakte zwischen den Blattanlagen wiederum hängen von ihren Größenverhältnissen und dem Umfang des Vegetationskegels ab. Aus der jeweiligen Art der Kontakte ergibt sich dann auch die Anzahl der sogenannten Schrägzeilen oder Parastichen, die wir z. B. bei Mamillarien besonders schön beobachten können.
Betrachten wir nochmals die ersten Werte der Reihe, etwa $2/5$ oder $3/8$, dann liegen die Anlagen der Blätter bzw. der Mamillen in 5 bzw. 8 Geradzeilen übereinander. Noch einfacher sind die Verhältnisse natürlich bei wirteliger Blattstellung, bei der die Zahl der Geradzeilen gleich der doppelten Zahl der Glieder eines Wirtels ist. Je nach den räumlichen Verhältnis-

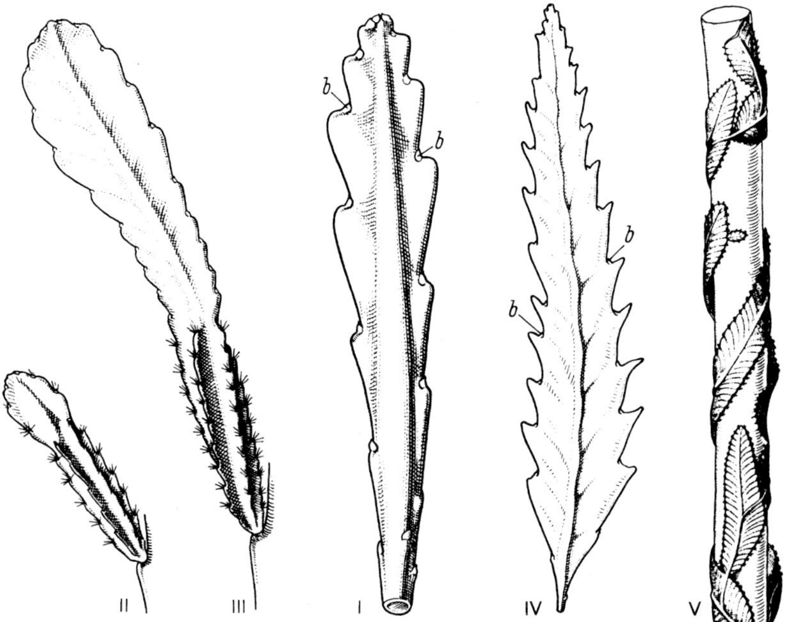

Bild 5. **I–III** *Nopalxochia phyllanthoides*
I Sproßstück gewöhnlicher Ausbildung, **II–III** Rückschlagsprosse aus Areolen alter Triebe hervorgegangen, im unteren Teil mehrrippig und mit dornentragenden Areolen versehen **IV** *Rhipsalis houlletiana* **V** *Strophocactus wittii*, an einer Stütze emporkletternder Sproß. b Schuppenblätter, in deren Achseln unentwickelte Areolen stehen (I–IV nach TROLL, V nach SCHUMANN)

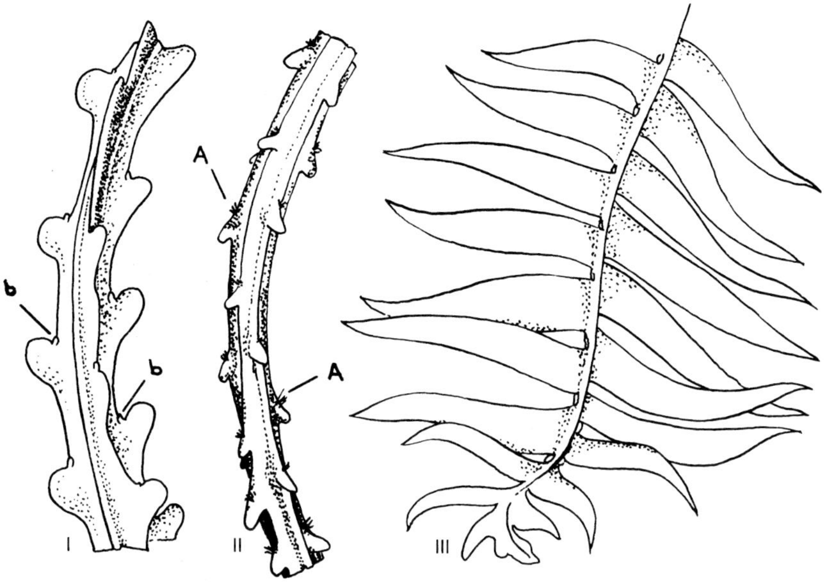

Bild 6. Sproßabschnitte von **I** *Hylocereus calcaratus,* **II** *Selenicereus hamatus,* **III** *Epiphyllum chrysocardium.* A Areolen, b Schuppenblätter. (I nach BRITTON und ROSE, II nach TROLL, III nach BUXBAUM)

sen kann es nun zur Entstehung von durchlaufenden Rippen kommen, wenn die ursprünglich voneinander getrennten Mamillen während ihrer Entwicklung auf einer gemeinsamen Basis emporgehoben werden. Dann geht die Warzenstruktur immer mehr in eine Kantenbildung über, um so stärker, je früher dieser Prozeß der Wachstumsverschiebung im Mamillenbereich beginnt. Solche Übergangsformen finden sich z. B. in der Gattung *Gymnocalycium,* bei der z. B. *G. schickendantzii* noch fast reine Warzen besitzt, wogegen bei *G. megalothelos* querverlaufende Einschnitte auf den Rippen gerade noch die Entstehung der Rippen aus Mamillen erkennen lassen.

Bei wirteliger Blattstellung finden wir sehr häufig 4zählige Quirle, woraus dann 8 Kanten resultieren. Entsprechend liefern 5-, 6- und 8gliedrige Quirle 10-, 12- und 16kantige Sprosse. 2- oder 3gliedrige Quirle sind seltener; sie führen zu 4 bzw. 6 Kanten, z. B. bei *Cereus jamacaru.* Ist die Blattstellung zerstreut, so entstehen in gleicher Weise bei der $^2/_5$- oder der verbreiteten $^3/_8$-Stellung 5 bzw. 8 Rippen, so bei *Astrophytum myriostigma* und *A. asterias.*

So ist zunächst die Zahl der Rippen durch die Blattstellung bestimmt. Im Laufe der Entwicklung kann sie sich aber ändern: Unter günstigen Ernährungs- und Lichtverhältnissen kann sich mit zunehmender Erstarkung die Zahl der Rippen durch Einschieben neuer Rippen vermehren; bei ungünstigen Bedingungen kann sie sich aber auch verringern. Diese Tatsache weist auf die Möglichkeit hin, daß der Rippenbildung eine gewisse Selbständigkeit zukommt, der sich die Stellung der Mamillen unterordnen muß.

Eine Verringerung der Rippenzahlen kann aber auch – im Gegensatz zu den soeben besprochenen Fällen – eine Folge günstiger Ernährungs- und Lichtverhältnisse sein. Das zeigt uns das Beispiel der sog. Blattkakteen (Phyllokakteen) aus der Gattung *Epiphyllum.* Bei ihnen sind die Sämlinge und die jungen Seitentriebe mehrrippig mit deutlich ausgeprägten Kanten (Bild 5). Im Laufe der weiteren Entwicklung werden die überzähligen Rippen der Reihe nach eingeschmolzen, d. h., sie endigen nach oben blind. Nach Umgestaltung des Vegetationspunktes mit Übergang in die zweizeilige Blattstellung bleiben dann noch zwei schmale Rippen erhalten, die zusammen dem Sproß das blattähnliche Aussehen verleihen. Zweiflügelige, blattartige Triebe finden wir auch bei Arten der Gattung *Rhipsalis* (z. B. *Rh. houlletiana*) oder bei *Wittia amazonica* und *Strophocactus wittii* sowie einigen weiteren Gattungen der Hylocereen.

Die Ausbildung der Rippen ist sehr mannigfaltig. Wir finden alle Übergänge von flachen Erhebungen, die gegen die benachbarten Rippen nur durch scharfe Einschnitte abgesetzt sind (etwa bei Haageocereen), bis hin zu den dünnen, fast lamellenartigen Rippen von Echinofossulocacteen oder auch den zweirippigen *Epiphyllum*- und *Rhipsalis*-Arten. In der Längsrichtung laufen die Rippen bzw. Kanten gerade durch, nur unterbrochen durch die in regelmäßigen Abständen angeordneten Areolen. Sie können aber auch durch Querfurchen gegliedert und in fast sechsseitige, niedrige Warzen zerlegt sein, so etwa bei *Trichocereus thelegonus.* Bestimmte Teile der Rippen können durch ungleiches Wachstum in ihrer Entwicklung gefördert sein, indem sie z. B. unter den Areolen kinnartig vorgezogen sind. Dies ist der Fall bei *Neoporteria ebenacantha,* bei dem dreirippigen *Hylocereus calcaratus* oder bei *Selenicereus hamatus* (Bild 6), dessen rückwärts gerichtete Haken dieselben Dienste leisten wie bei anderen Spreizklimmern die Kletterdornen. Eine ähnliche Förderung der Rippenbildung zwischen den Areolen finden wir bei den blattähnlichen Trieben von *Epiphyllum*- und *Rhipsalis*-Arten, die dadurch mehr oder minder buchtig erscheinen. Den Extremfall zeigt *Epiphyllum chrysocardium*, dessen „Blätter" so tief eingeschnitten sind, daß sie den Eindruck eines Fiederblattes erwecken. In diesen Fällen liegen die Areolen jeweils in den Einschnitten.

Die auf den Mamillen bzw. Rippen gelegenen Areolen sind Kurztriebe von meist begrenztem Wachstum; ihre Vegetationspunkte nehmen nur unter besonderen Bedingungen ihr Wachstum wieder auf, z. B. zur Bildung von Seitensprossen. Die Areolen sind nur in wenigen Fällen radiär gebaut. In der Regel sind sie in Richtung des Tragblattes gestreckt (Bild 7+8). Der Vegetationspunkt der Areole rückt dabei an die dem Sproß zugekehrte (adaxiale) Seite. Die Blattanlagen entstehen überwiegend bzw. ausschließlich auf der dem Sproß

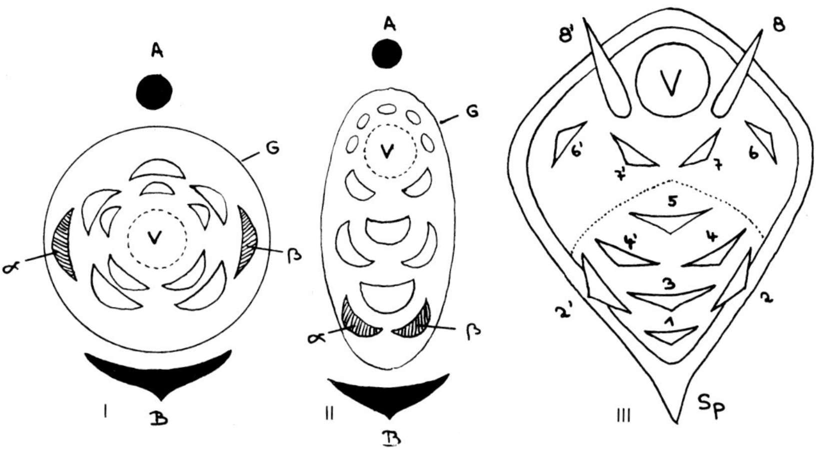

Bild 7. **I + II** Schema der Areolenentwicklung bei *Opuntia.* A Abstammungsachse, B Tragblatt, V Vegetationspunkt, in dessen Achsel die Areole liefernd, G Begrenzung der Areole, α, β Vorblätter, auf welche weitere Blattanlagen folgen **III** *Leuchtenbergia principis,* Entwicklungsfolge der Dornen: Sämlinge entwickeln nur die Dornen 1, 2, 2' und 3, ältere aber noch nicht blühfähige Areolen die Dornen bis zur gestrichelten Linie. Die Dornen 8 und 8' sind kurze Pfriemendornen. Sp Spreitenrudiment des Tragblattes, V Vegetationspunkt (I + II nach TROLL, III nach BUXBAUM)

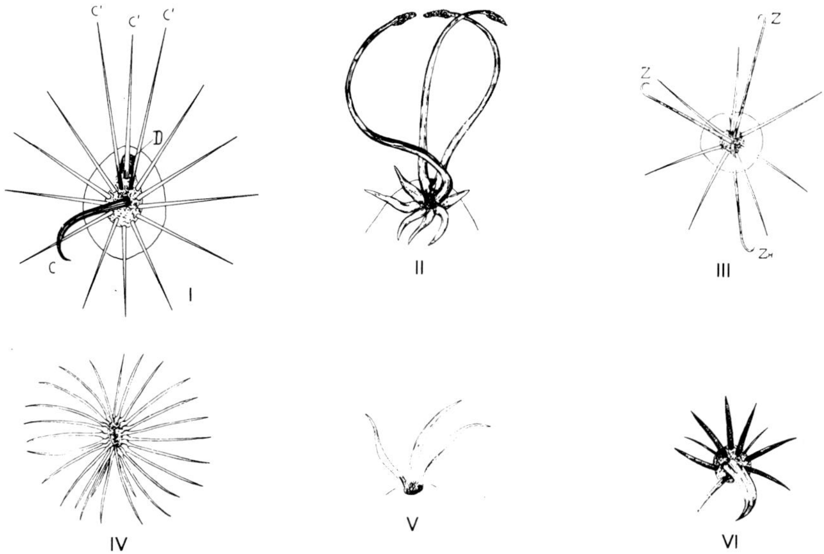

Bild 8. Areolen mit verschiedenen Dornentypen
I *Hamatocactus setispinus* mit vorstehendem, hakenförmigem Mitteldorn C, 3 nach oben gerichteten Mitteldornen C' und dem Drüsendorn D **II** *Pelecyphora strobiliformis* mit 3 noch sezernierenden Drüsendornen **III** *Neolloydia odorata* mit 3 Hakendornen Z und nadelförmigen Dornen **IV** *Neolloydia* spec. mit kammförmiger (pektinater) Anordnung der Dornen **V** *Opuntia papyracantha* mit Papierdornen, dazwischen Glochidenbüschel **VI** *Ferocactus latispinus* mit pfriemenförmigen und einem zungenförmigen Dorn (nach BUXBAUM)

abgewandten (abaxialen) Seite der Areole. Das Scheitelgewebe am oberen Ende der Areole bleibt noch lange Zeit entwicklungsfähig. Aus ihm kann eine Blüte oder, wenn auch nur selten, ein Seitenast entstehen. Die Areole hat sich in einen oberen Bereich mit Blüten- bzw. Sproßbildung und einen unteren Bereich mit Dornbildung differenziert.
Bei vielen warzentragenden Kakteen geht diese Entwicklung noch weiter. Die Areole wird auf der Oberseite der Mamille in die Länge gezogen, und die Orte der Dornen- bzw. Blütenbildung rücken immer weiter auseinander. Die Dornen entspringen auf der Spitze der Mamille, die Blüten am unteren Ende der langgestreckten Areole. Dazwischen verläuft eine meist mit Haaren ausgekleidete Furche von der Mamillenspitze bis zur Blüte. Das Ende dieser Entwicklung ist dann erreicht, wenn die Spaltung in zwei unabhängige Vegetationspunkte vollkommen ist und auf der Mamillenoberseite keine Furche mehr vorhanden ist. Wir sprechen dann von serialer Spaltung des Vegetationspunktes (Bild 10+11): An der Spitze der Mamille steht der äußere Vegetationspunkt, der meist stark entwickelte Dornen bildet, am Grunde der Mamille, in der Axille, liegt der dornenlose Vegetationspunkt, der nur Blüten bzw. Seitensprosse bildet. Außerdem werden in der Axille meist reichlich Haare gebildet.
Die Form der fertigen Warzen ist häufig vierkantig bis rundlich. Vielfach sind die Mamillen auch abgeplattet. So entstehen „beilförmige" Mamillen, wenn sie in Längsrichtung des Sprosses abgeplattet sind (*Pelecyphora aselliformis*) oder schuppen- bis blattartige Gebilde, wenn sie in transversaler Richtung abgeplattet sind. Die Ähnlichkeit mit Blättern wird noch dadurch betont, daß die blattartigen Mamillen auch Entfaltungsbewegungen durchführen: Sie krümmen sich aus der aufrechten Stellung am Vegetationspunkt nach außen. Bekannte Beispiele dafür sind *Obregonia denegrii* und Arten von *Ariocarpus*, besonders

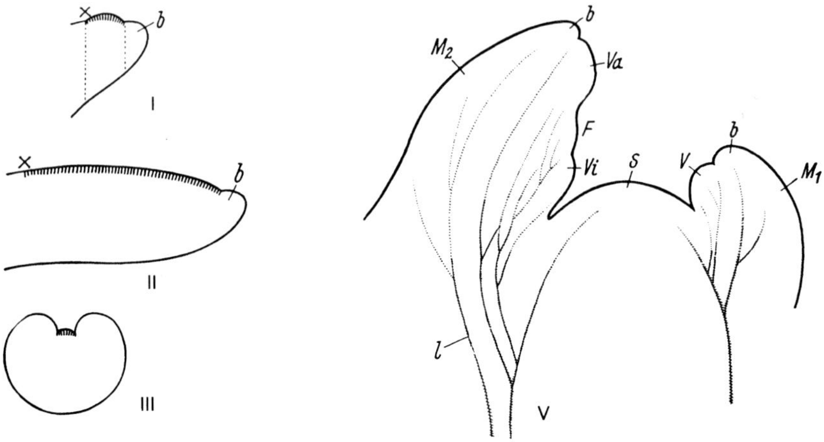

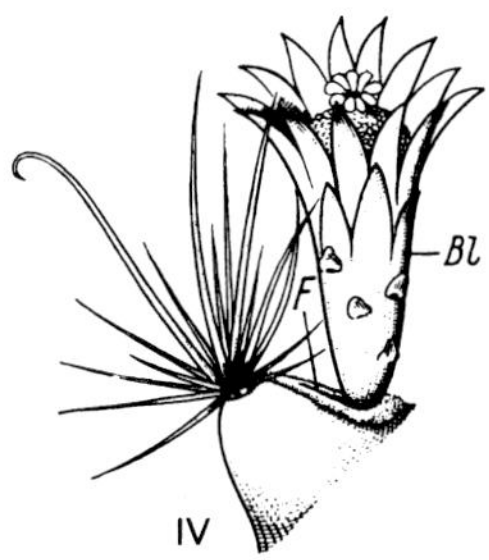

Bild 9. Mamillen-Entwicklung
I–III Schematische Darstellung, b Blattanlage bzw. Blattrudiment, Areolenbereich schraffiert (nähere Erklärung im Text) **IV** *Ancistrocactus brevihamatus,* Mamille. F behaarte Furche, an deren Basis die Blüten Bl stehen **V** Längsschnitt durch den Vegetationsscheitel von *Coryphantha* spec. zur Darstellung der Serialspaltung des Areolen-Vegetationspunktes. S Sproßscheitel, M_1 ältere, M_2 jüngste Warzenanlage, b Spreitenrudiment, V der noch ungeteilte Areolen-Vegetationspunkt von M_1, an M_2: V_a äußerer Teil (Dornbüschel), F Furchenanlage, V_i innerer Teil (Axillenanlage der Areolenanlage nach der Teilung (I–IV nach TROLL, V nach GANONG)

auffallend *A. retusus* und *A. agavoides.* Unterbleibt die Entfaltungsbewegung, wie bei *Pelecyphora* (*Encephalocarpus*) *strobiliformis,* dann liegen die Mamillen auch im erwachsenen Zustand schuppenartig übereinander. Die ganze Pflanze sieht täuschend einem Coniferenzapfen ähnlich.

Auffallende Bildungen sind auch die bis 12,5 cm langen Mamillen von *Leuchtenbergia principis.* Sie sind auf der Oberseite abgeflacht und gleichen ganz den sukkulenten Blättern von *Agave lophantha,* mit der *Leuchtenbergia* zusammen vorkommt.

Außer den Blattanlagen, die sich zu Dornen entwickeln, entstehen aus der Areole auch noch zahlreiche Filz- und Borstenhaare; so bietet sich die Areole als dornentragendes Haarkissen dar.

Die Zahl der Dornen, die aus einer Areole entspringen, schwankt in weiten Grenzen, ist aber für jede einzelne Art einigermaßen konstant. Junge Areolen haben oft weniger Dornen als ältere. Die einzelnen Dornen einer Areole können unter sich sehr verschieden sein; häufig werden ein oder mehrere kräftige Mitteldornen ausgebildet, die von schwächeren Randdornen umgeben sind. Bei *Pereskia* werden die beiden ersten Blattanlagen (Vorblätter) zu starken Kletterdornen.

Die Dornen sind nach Größe, Form und Farbe außerordentlich verschieden. Der Formenreichtum der Kakteen – bereits durch die Fülle der Gestaltungsmöglichkeiten des Pflanzenkörpers bedingt – wird durch die Ausbildung des Dornenkleides noch unendlich vermehrt. Es variiert vom waffenstarrenden Panzer (*Ferocactus uncinatus*) bis zum seidigen, weichwolligen Haarkleid (*Cephalocereus senilis*, Bild 9). Von schwachen Börstchen von nur wenigen mm Länge bis zu den knochenharten Dornen mancher Melokakteen, die selbst das dickste Leder durchdringen, gibt es alle Übergänge. Manche Dornen sind gera-

Bild 10. Schema zur Serialknospenbildung
A Abstammungsachse, D Tragblatt, V achselbürtiger Vegetationspunkt, der die serialen Vegetationspunkte V_1 und V_2 liefert (nach TROLL)

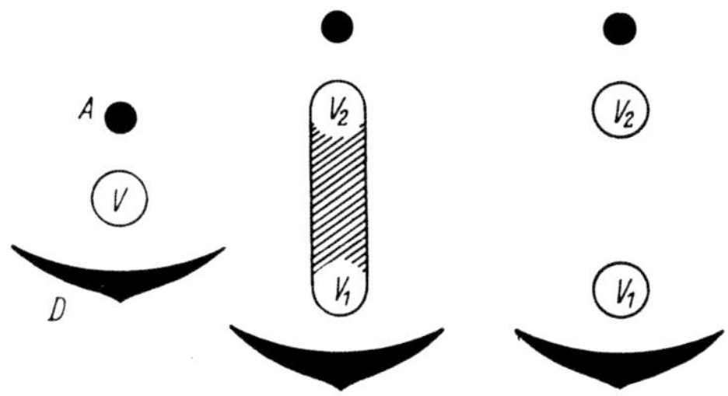

Bild 11. Diagramm der Areolenentwicklung bei *Ariocarpus*
I Untergattung *Roseocactus* **II** *Ariocarpus retusus* **III** *Ariocarpus trigonus* und *Ariocarpus scapharostrus* **IV** *Ariocarpus agavoides*, f blütentragender Teil, s dorntragender Teil (nach ANDERSON, 1962)

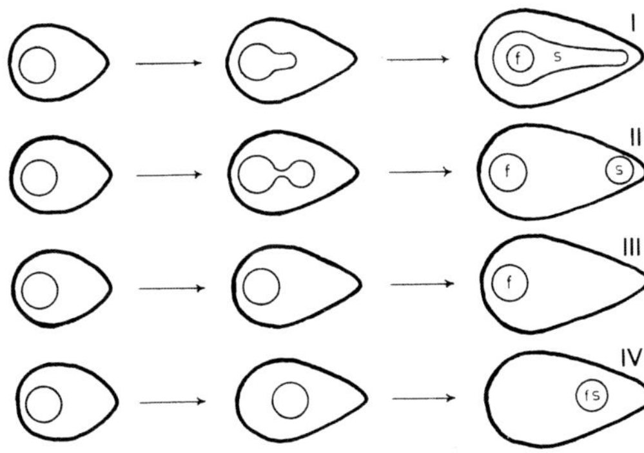

de, andere wie Angelhaken gebogen, ja sogar, wie bei *Astrophytum capricorne,* ziegenhornartig gewunden. Manche Dornen sind nadel- oder pfriemförmig, andere kantig oder bandförmig abgeflacht, viele sind längsgerieft oder quergerippt. Die Farbe der Dornen ist weiß, gelb, braun, rot oder schwarz; häufig ist die Spitze anders gefärbt als der übrige Dorn. Junge Dornen sind meist leuchtender gefärbt als ältere, die häufig vergrauen.
Charakteristisch für die Opuntioideen sind mit Widerhaken versehene Borsten, die sog. Glochiden. Sie werden neben anderen Dornen meist in großer Zahl gebildet. Ihr Fuß ist spröde und brüchig, so daß sie schon bei der leisesten Berührung abbrechen oder büschelweise in der Haut steckenbleiben. Wegen der feinen Widerhaken an ihren Spitzen lassen sie sich nur schwer wieder aus der Haut entfernen.
Einige Opuntien besitzen zusätzlich sog. ,,Hosendornen'', das sind Dornen mit einer pergamentartigen Hülle (Tunika), die sich wie eine Hose abziehen läßt (z. B. *Opuntia tunicata*).
Schließlich müssen wir noch die Nektar- oder Drüsendornen erwähnen, die entweder ganz oder nur an ihrer keulig angeschwollenen Spitze mehr oder minder saftig bleiben und Nektar ausscheiden.
Haarähnliche Dornen – etwa die von *Cephalocereus senilis* – können eine Länge bis zu 30 cm erreichen. Daneben gibt es aber auch echte Haare. Bei vielen Arten treten sie besonders reichlich in der Blütenregion auf (*Echinocactus, Parodia*), vor allem aber in den sog. Cephalien: als dichter Wollfilz etwa bei *Melocactus* oder als mächtig entwickelte Haarbüschel bei den sog. Pseudocephalienträgern. Auch unabhängig von Areolen oder Blüten finden sich zuweilen Haare, z. B. in Form feiner, kurzer Haarflöckchen auf der Epidermis von *Astrophytum*-Arten, die dadurch fast reinweiß erscheinen können (*A. myriostigma*).

Jugendstadien

Kakteen entwickeln sich entsprechend der Organisation, die später die ausgewachsene Pflanze aufweist (Bild 12). Bei den beblätterten, nicht sukkulenten Pereskien unterscheiden sich die Keimpflanzen nicht von den Keimlingen normaler Pflanzen. Ihre Keimblätter und die danach entstehenden Folgeblätter sind breitflächig, ihr langgestrecktes Hypokotyl ist nicht sukkulent. Nur die Areolen in den Blattachseln zeigen, daß auch diese Pflanzen zur Familie der Cactaceen gehören.
Bei den Opuntioideen sind die sukkulenten Blätter in ihrer Größe reduziert, und auch die Sprosse sind schon deutlich sukkulent. Entsprechend ausgebildet sind die Keimlinge: Die Keimblätter sind noch gut entwickelt, die Folgeblätter meist rudimentär, die Sprosse fleischig ausgebildet, die Hypokotylregion aber nicht verdickt.
Bei den am höchsten entwickelten Cactoideen ist das Hypokotyl dick fleischig angeschwollen. Es trägt in einigen Fällen zwar noch deutlich erkennbare, fleischige Keimblätter, doch sind die Keimblätter meist zu kurzen Zähnchen reduziert oder als halbkugelige Vorwölbungen des fast kugeligen Hypokotyls ausgebildet. Bei der weiteren Entwicklung wächst das Hypokotyl in diesen Fällen noch beträchtlich heran und liefert den charakteristischen, rübenförmigen Grundstock. Die Keimblätter treten völlig in den Hintergrund.
Allgemein geht bei den Cactoideen die Reduktion der Keimblätter nie so weit wie die Reduktion der Folgeblätter. Unabhängig von der späteren Gestalt beginnen sowohl die späteren Warzen- als auch die Rippenkakteen mit einem mamillösen Jugendstadium, auf das dann bei den Rippenkakteen die Kantenbildung folgt, wogegen die Warzenkakteen ihre Jugendform beibehalten. Nur vereinzelt finden wir von Anfang an eine Rippenbildung (z. B. bei *Astrophytum asterias*).

Wuchsformen

Die Wuchsform der Kakteen hängt von einer Reihe von Faktoren ab. Besonders wichtig ist die Art der Verzweigung. Zu strauchigem Wuchs kommt es, wenn der primäre Achsenkörper sich aus basalen Seitenknospen fortsetzt (charakteristisch für Pereskioideen, viele Opuntien, aber auch Cactoideen).
Baumförmiger Wuchs, durch den sich vor allem die Säulencereen auszeichnen, entsteht, wenn sich ein mehr oder minder langer Stamm und eine aus seiner Verzweigung hervorgehende Astkrone ausbilden. Das Erscheinungsbild sowohl der strauchigen als auch der baumförmigen Arten wird einerseits durch die Zahl und gegenseitige Lage der Seitenäste bestimmt, andererseits durch die Stellung bzw. den Winkel, den die Seitenäste mit dem Primärsproß bilden. Verlaufen die Seitenäste (nach bogenförmigem Abgang) senkrecht nach oben, kommt es zu Kandelaberformen und orgelpfeifenartigem bis rasenförmigem Wuchs. Fortgesetzte Einschränkung der Verzweigung führt von Kandelaberformen zur einfachen Säule. Kurzsäulen, Kugelformen und im Extrem scheibenförmiger Wuchs ergeben sich, wenn das Längenwachstum im Verhältnis zum primären Dickenwachstum beschränkt wird. Die Möglichkeit zur seitlichen Verzweigung bleibt jedoch auch bei Kugelformen grundsätzlich erhalten, so daß es zu ausgesprochenem Polsterwuchs kommen kann. Er ist für viele Mammillarien typisch; im Extrem finden wir ihn bei den Hochgebirgsformen der Tephrocacteen, deren reich verzweigte, kurz bleibende Sprosse zu mächtigen halbkugeligen Polstern zusammentreten. Polsterwuchs kann in einigen Fällen aber auch durch echte dichotome (zweigabelige) Teilung des Vegetationsscheitels zustande kommen. Die aufeinanderfolgenden Teilungsebenen stehen dabei aufeinander senkrecht, so bei *Mammillaria parkinsonii, M. perbella* und einigen weiteren Arten.
Eine besondere Art der seitlichen Verzweigung ist die – seltene – Bildung unterirdischer Ausläufer. Die Ausläufer sind meist ziemlich kurz (z.b. bei *Notocactus ottonis*), können aber auch bis zu 50 cm lang werden (*Erdisia meyenii*). Bemerkenswert ist, daß bei *Erdisia meyenii* die am Ende der Ausläufer gebildeten oberirdischen Triebe nach der Samenreife abzusterben scheinen.

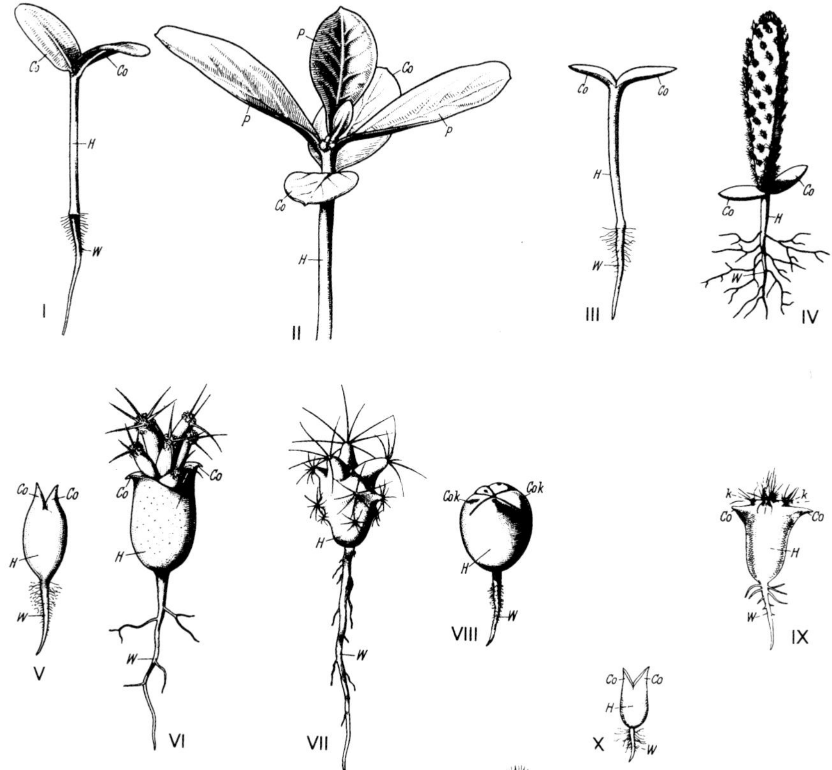

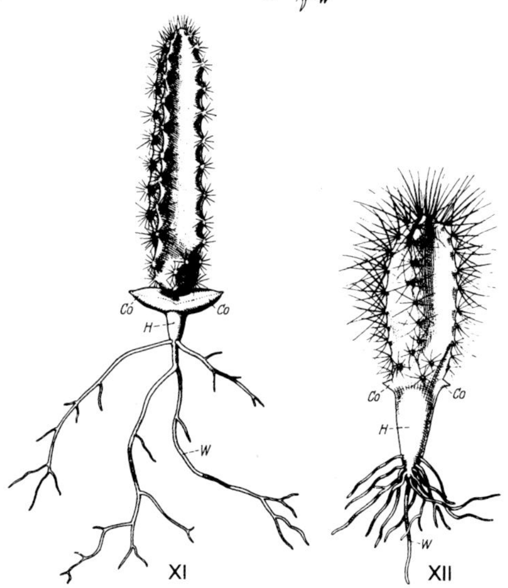

Bild 12. Keimpflanzen
I + **II** *Pereskia grandiflora* **III** *Opuntia ficus-indica* **IV** *Opuntia engelmannii* **V** + **VI** *Leuchtenbergia principis* **VII** *Mammillaria longimamma* **VIII** *Astrophytum asterias* **IX** *Harrisia guelichii* **X** + **XI** *Cereus bonplandii* **XII** *Cereus jamacaru.*
W Hauptwurzel, H Hypocotyl, Co Cotyledonen, k Cotyledonarknospen, Cok Areolen, den Cotyledonarknospen entsprechend, P erste über den Cotyledonen entstandene Blattorgane mit Areolen in den Achseln (nach TROLL)

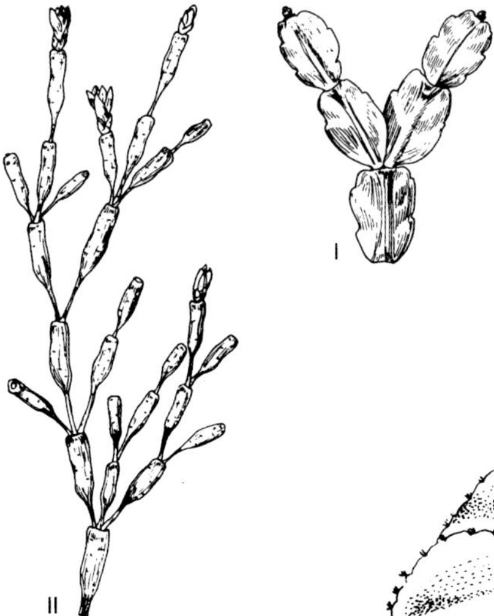

Bild 13. Longitudinale Gliederung der Sprosse
I *Schlumbergera* mit gegliederten Flachsprossen **II** *Hatiora salicornioides* mit gegliederten Rundsprossen (nach BUXBAUM)

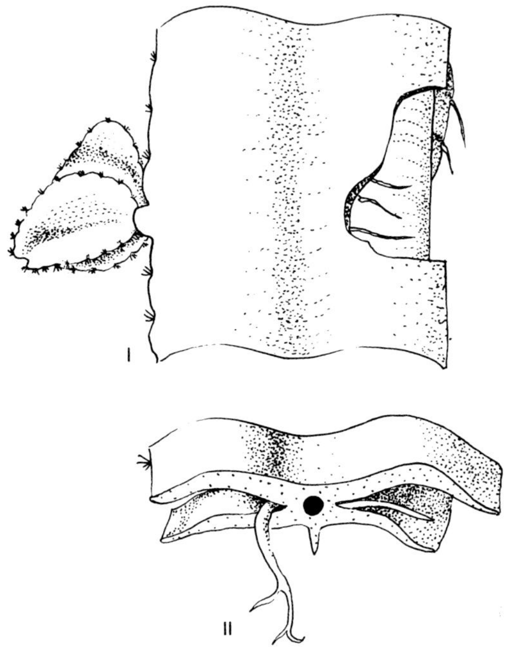

Bild 15. *Selenicereus testudo*
I Ansicht von oben, rechts die oberste Rippe abgehoben, um die zwischen den Rippen entspringenden Adventivwurzeln zu zeigen **II** Querschnitt durch den kletternden Sproß (nach TROLL)

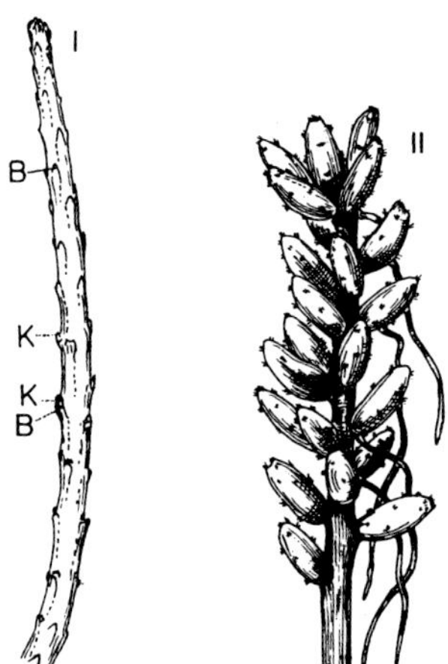

Bild 14. *Rhipsalis mesembryanthemoides*
I Junger Langsproß vor Ausbildung der Seitensprosse, B Schuppenblättchen, K Triebknospen **II** Stück eines erwachsenen Langsprosses mit Kurzsprossen und Luftwurzeln (nach TROLL)

Ein weiterer Faktor, der die Wuchsform beeinflußt, ist die longitudinale Symmetrie von Haupt- und Seitensprossen. Sie äußert sich häufig in einer ausgeprägten Periodizität des primären Dickenwachstums; die Sproßachsen erscheinen dadurch gegliedert, d. h., die einzelnen Jahrestriebe setzen sich durch Einschnürungen scharf voneinander ab (*Jasminocereus*). Bei den Opuntien fällt diese Gliederung besonders auf. Bei ihnen können die einzelnen Sproßglieder im Querschnitt rund und meist stark verlängert sein (Cylindropuntien) oder blattartig abgeflacht (Platyopuntien). Nicht minder ausgeprägt ist die Gliederung der Sproßachse bei den Flachsprossen von *Schlumbergera* oder bei den keulenförmig-zylindrischen Rundsprossen von *Hatiora* (Bild 13).
Auffallende Wuchsformen finden sich auch bei vielen epiphytischen Kakteen, das sind Arten, die auf anderen Pflanzen, meist Bäumen, wachsen. Vor allem Arten aus der Gruppe der *Rhipsalinae* bilden häufig reich verzweigte, hängende Sträucher. Ihre Sprosse sind oft reich gegliedert und in lange Hauptsprosse und davon ausgehende Scheinwirtel differenziert. Die Scheinwirtel sind weiter reich verzweigt in Glieder 2. und 3. Ordnung. Bei *Rhipsalis mesembryanthemoides* (Bild 14) gliedern sich aus jeder Areole der dünnen Langtriebe spindelförmige Kurztriebe ab, die täuschend den sukkulenten Blättern von *Mesembryanthemum*-Arten gleichen (danach hat die Art ihren Namen erhalten).
Unter den epiphytischen Arten sind noch erwähnenswert *Selenicereus* (*Deamia*) *testudo* und *Strophocactus wittii.* Die hängenden oder mit Luftwurzeln kletternden Sprosse von *S. testudo* tragen meist 5–8 flügelartig flache Rippen (Bild 15). Die hängenden Triebe sind mehr oder minder symmetrisch; die kletternden dagegen sind flach zusammengedrückt, wobei die dem Stamm anliegende Rippe stark reduziert ist. Die kletternden Triebe werden mit Hilfe der zwischen den Rippen entspringenden Adventivwurzeln fest der Unterlage angepreßt. *Strophocactus* ist ein reich verzweigter und gegliederter Strauch mit blattartigen, gekerbten, auf der Rückseite bewurzelten Trieben, die sich dicht der Unterlage anschmiegen und an Baumstämmen hochklettern (Bild 5, V).

Wurzelbildung

Die Beobachtungen über die Ausbildung des Wurzelsystems der Kakteen an natürlichen Standorten sind noch ziemlich mangelhaft. Wir kennen aber doch einige typische Ausbildungsformen. So sind viele Kakteen aus extrem trockenen Gebieten ausgesprochene Flachwurzler: Ein reich entwickeltes Wurzelsystem erstreckt sich flach unter der Oberfläche. Es kann so schon die geringsten Spuren von Feuchtigkeit, die z. B. von Tau oder Nebel stammen, aufnehmen.
Andererseits gibt es eine ganze Anzahl von Kakteen mit rübenförmiger Hauptwurzel. Bei ihnen hat weniger der Sproß als vielmehr die zur Rübe entwickelte Wurzel die Aufgabe der Wasserspeicherung übernommen. Genau genommen müßten wir diese Pflanzen als „Wurzelsukkulenten" bezeichnen (Bild 16). Bei *Pterocactus tuberosus* steht z. B. die Schlankheit der oberirdischen Triebe in aufallendem Gegensatz zu der massigen Beschaffenheit der Rübe, die bis 12 cm dick werden kann. Noch größer wird die Rübe von *Peniocereus greggii*, die einen Durchmesser von 15–20, ja sogar von 60 cm erreichen kann. Der Rübenkörper wiegt dann nicht weniger als 30 bis über 50 kg. Dagegen sind die oberirdischen Sprosse dieser strauchigen Pflanze nur fingerdick.
Im Gegensatz zu diesen strauchigen Arten bleibt bei einer Reihe weiterer Rübenkakteen der Sproß meist einfach (Bild 17). So ist der Sproß bei *Neolloydia* (*Rapicactus*) *mandragora* durch eine halsartige Verlängerung von der Rübe abgesetzt; bei *Neoporteria napina,* einer zwergigen Pflanze mit kugeligem Sproß von 2–9 cm Höhe, fehlt die Verlängerung, und die Grenze zwischen Sproß und Wurzelrübe erscheint nur als scharfe Einschnürung. Bei *Opuntia subterranea* geht der oberirdische Abschnitt direkt in die gewöhnlich verzweigte Rübe über. Wächst der Sproß mitsamt der Rübe beträchtlich in die Dicke, aber nur sehr wenig in die Länge, dann kommen wir zu Formen wie *Ariocarpus.*
Unter den Rübenkakteen nimmt *Opuntia chaffeyi* eine Sonderstellung ein. Bei ihr sterben die oberirdischen Triebe alljährlich ab und werden mit Beginn der neuen Vegetationsperiode aus unterirdischen Knospen wieder ergänzt.

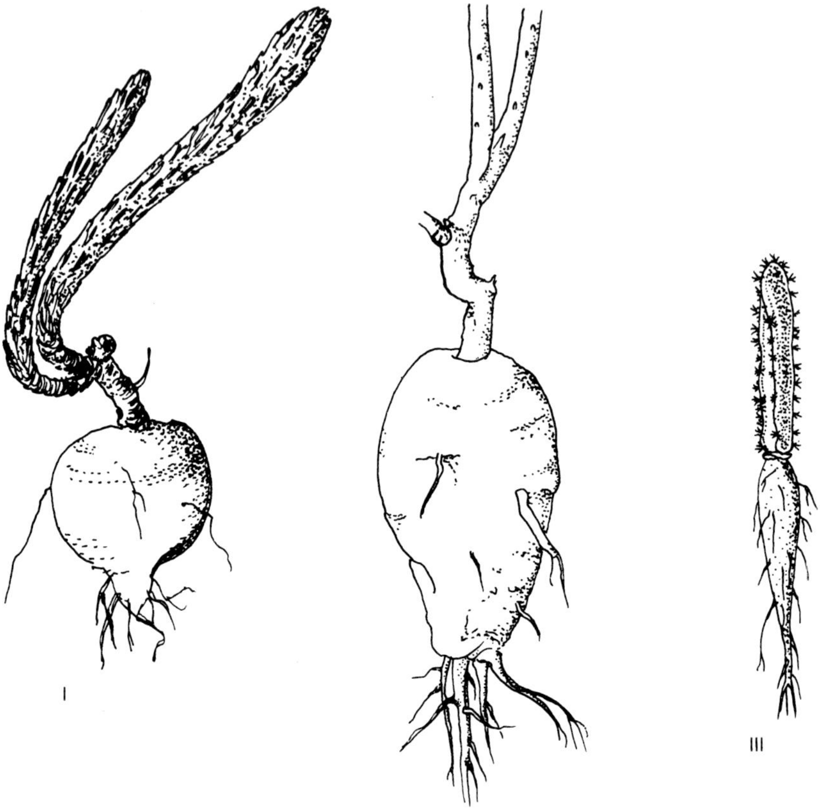

Bild 16. Rübenkakteen
I *Pterocactus tuberosus* **II** *Peniocereus greggii*, altes Exemplar **III** *Peniocereus greggii,* Keimpflanze mit beginnender Verdickung der Rübe; an der Basis des Sproßkörpers der aus den rudimentären Keimblättern bestehende Kragen (I nach PAREYS Blumengärtnerei, 1931, II + III nach ENGELMANN)

Außer Wurzelrüben können bei Kakteen auch Wurzelknollen die Aufgabe der Wasserspeicherung übernehmen. Wir verstehen unter Wurzelknollen Wurzeln, die in Speicherorgane umgewandelt sind und ihre allgemeinen Wurzeleigenschaften völlig oder weitgehend aufgegeben haben. Im allgemeinen sind Wurzelknollen „sproßbürtig", entstehen also nicht aus Wurzeln, sondern aus unterirdischen Sproßteilen. So sind bei *Opuntia pottsii* die bis 3 cm dicken Wurzeln nicht gleichmäßig, sondern kettenförmig verdickt. Bei *Opuntia macrorhiza* sind die dickfleischigen Wurzelknollen etwas abweichend ausgebildet: Sie setzen sich an der Spitze in dünne, reichverzweigte Nährwurzeln fort (Bild 18).
Ähnlich wie bei *Pterocactus tuberosus* oder *Peniocereus greggii* liegen die Verhältnisse bei *Wilcoxia*-Arten, doch treten hier an die Stelle der Wurzelrübe stammbürtige Speicherwurzeln. *Wilcoxia*-Arten besitzen schlanke Sprosse, die ähnlich wie ein Rattenschwanz

aussehen, was den englischen Namen „rat's tail cactus" veranlaßt hat. Das Wasser wird in den an der Sprossenbasis entspringenden, verdickten Wurzeln gespeichert. Sie werden je nach dem Verbrauch der ebenfalls gespeicherten Reservesubstanzen jeweils durch neue ersetzt.
Die epiphytischen bzw. kletternden Kakteen – viele Hylocereen, vor allem Rhipsalideen – haben als Anpassung an ihre besonderen Lebensverhältnisse zusätzlich zu dem aus der Primärwurzel entstandenen Wurzelsystem noch reichlich sproßbürtige Wurzeln entwikkelt; sie dienen nicht nur als Nähr-, sondern auch als Befestigungsorgane. Ähnlich wie beim Efeu entwickeln sich diese Luftwurzeln nur auf der beschatteten Seite der Triebe. Sie entspringen gewöhnlich aus der Mitte der flachen Seite, bei den zweiflügeligen Kakteen aus der Rippe (z. B. *Strophocactus wittii*). Daneben kommt es aber auch vor, daß sich Wurzeln aus Areolennähe bilden, z. B. bei *Rhipsalis*-Arten.
Noch eine Besonderheit: Einzelne baumförmige Cereen können aus weit unter dem Boden verlaufenden Wurzeln Knospen und mächtige Triebe bilden. Im Gegensatz zu den Keimpflanzen sind diese Triebe von Anfang an sehr stark bedornt, wie es sonst für die oberen Äste typisch ist. Ein bekanntes Beispiel für diese Wurzelsprossung ist *Myrtillocactus geometrizans.*

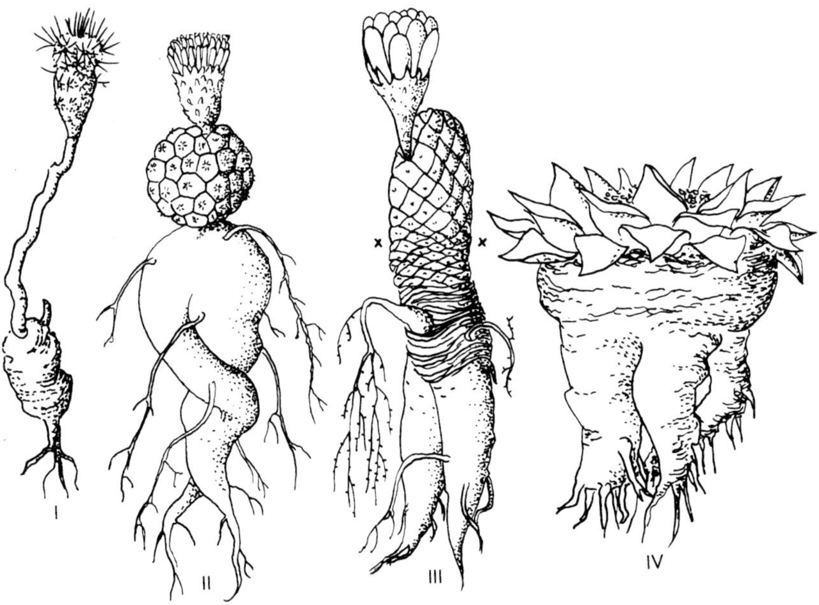

Bild 17. Rübenkakteen
I *Neolloydia subterranea,* ältere Pflanze **II** *Neoporteria napina,* blühende Pflanze. Die zwischen Rübe und Sproßkörper befindliche tiefe Einschnürung bezeichnet die Lage des Cotyledonarknotens **III** *Opuntia subterranea.* Die Rübe hat sich in ihrem oberen Teil stark kontrahiert und den Sproß bis zu der Marke ×–× in den Boden gezogen **IV** *Ariocarpus retusus.* Die Grenze zwischen Sproß- und Rübenkörper wird von der in der Mitte des Bildes sichtbaren Einschnürung bezeichnet (I nach BUXBAUM, II aus GARTENFLORA Bd. 21, III nach FRIES, IV nach TROLL)

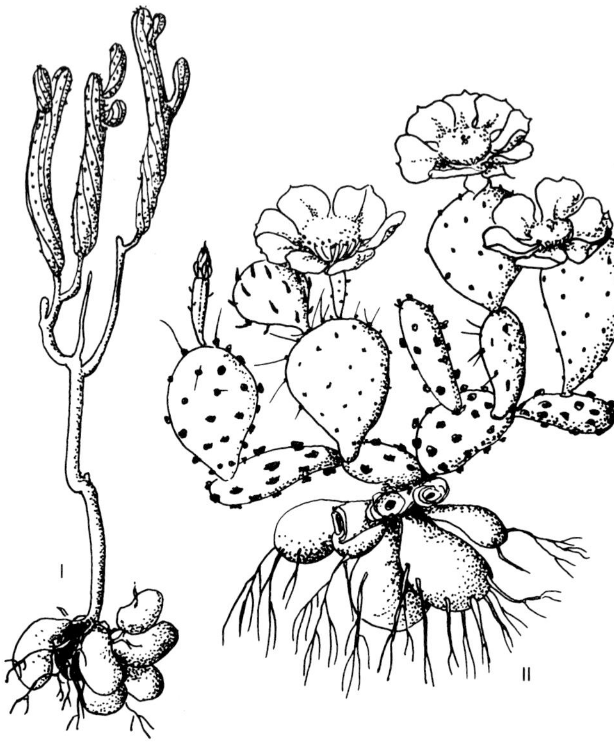

Bild 18. Speicherwurzeln bei Kakteen
I *Wilcoxia tuberosa* **II** *Opuntia macrorhiza* (I nach GOEBEL, II nach ENGELMANN)

Anatomie

Die Anpassung der Kakteen an ihre besonderen Standortverhältnisse zeigt sich auch in ihrem anatomischen Bau. Die äußerste Schicht des Körpers, die Epidermis, ist von einer dicken Kutikula überzogen. Das ist eine von den Zellen ausgeschiedene Haut aus Kutin, einem wachsartigen Stoff. Die Epidermis kann durch fortgesetzte Teilungen viele Jahre, oft sogar Jahrzehnte, der Größenzunahme der Pflanze folgen. Wir erkennen das schon an der grünen Färbung des Pflanzenkörpers. Bei manchen Arten umschließt jede Epidermiszelle eine Druse aus oxalsaurem Kalk. Sind die Epidermiszellen frei von Kalziumoxalat, dann liegt der Kristall in den darunterliegenden Zellen der Rinde. Meist liegen die Kristallzellen in regelmäßigen oder unregelmäßigen Gruppen zusammen, vielfach sind sie auch in einer unter der Epidermis gelegenen Schicht angeordnet. Manchmal werden die Kristallzellen von Schleimzellen begleitet. Die Anordnung der Kristallzellen und ihre Beziehungen zu Schleimzellen sind ein gattungsspezifisches Merkmal.
Die Zahl der Spaltöffnungen ist, verglichen mit der an Stengeln normaler krautiger Pflanzen, hoch. Sie ist aber viel geringer als die Anzahl der Spaltöffnungen auf normalen Laubblättern. Oft sind die Spaltöffnungen eingesenkt, wodurch die Wasserverdunstung aus der geöffneten Spalte herabgesetzt wird. Die Spaltöffnungen sind entweder senkrecht zur Längsachse des Sprosses angeordnet oder parallel dazu oder überhaupt unregelmäßig. Dabei ist die Orientierung der Spaltöffnungen innerhalb der einzelnen Gattungen weitge-

hend konstant, also von taxonomischer Bedeutung. (Taxonomie: systematische Gliederung in Arten, Gattungen, Familien usw.)
Bei vielen Arten ist die Epidermis zusätzlich zur Kutikula noch von einer Wachsschicht überzogen, die an jungen Trieben einen schönen grauen und weißen Reif bildet; als Folge eines periodischen Wechsels in der Bildung dieser Wachsschicht kann es auch zu einer spitzbogenförmigen Zeichnung kommen.
Unter der Epidermis liegt eine zusammenhängende, aus zwei bis drei oder mehr Zellagen bestehende Kollenchymschicht. (Kollenchym: Stützgewebe aus lebenden Zellen, deren Wände ungleich verdickt sind.) Diese Kollenchymschicht ist nur durch die Atemhöhlen unterbrochen, die jeweils unter den Spaltöffnungen liegen. Darunter folgt die mächtig entwikkelte, chlorophyllführende Rinde, die meist aus kugeligen Grundgewebszellen besteht. Die Zellen des farblosen Grundgewebes im Innern sind reichlich mit Schleim gefüllt.
In allen Geweben des Stammes bleiben die Zellen verhältnismäßig lange teilungsfähig und tragen durch Teilung weitgehend zur Dickenzunahme des Stammes bei. Dieser Tatsache ist auch zuzuschreiben, daß Stecklinge bereitwillig Wurzeln bilden und daß Kakteen so leicht aufeinander gepfropft werden können.
Bei Mammillarien finden wir Milchsaftschläuche, die für die systematische Einteilung wichtig sind. Ihr Inhalt ist ein weißer, ziemlich dicker Saft, der schon nach leichten Verletzungen in dicken Tropfen austritt, verhärtet und sich allmählich gelb färbt. Chemisch ist er ein Gemenge von Harz und kautschukartigen Stoffen. Die Schläuche finden sich im Innern der Pflanze vereinzelt, werden nach außen häufiger, verbinden sich untereinander netzartig im Rindengrundgewebe und erstrecken sich bis unter die Hautschichten. Man findet sie auch im Rindengrundgewebe der Wurzeln.
Die Leitbündel weisen keine auffälligen Besonderheiten auf. Im jungen Sproß sind sie ringförmig angeordnet und bleiben oft viele Jahre durch breite Markstrahlen voneinander getrennt. Bei den meisten Arten dauert es lange Zeit, bis die getrennten Leitbündel durch neugebildete Bündel (Interfaszikularbündel) zu einem geschlossenen Ring vereinigt werden. Zusätzlich zu diesem Bündelring kommen noch bei manchen Arten isolierte mark- bzw. rindenständige Leitbündel vor.
Das Sekundärholz baut sich aus denselben Elementen auf wie die primären Holzteile. („Sekundärholz" sind die Gewebe, die vom Kambium, einem teilungsfähig gebliebenen, unter der Rinde zylinderförmig angeordneten Gewebe, nach innen abgegeben werden.) Bei den mächtigen baumförmigen Cereen ist das Holz sehr fest und dauerhaft; es wird z. B. im nördlichen Venezuela zur Möbelherstellung oder als Bauholz verwendet. Die Epidermis, lange Zeit durch Teilungen wachstumsfähig, wird schließlich durch ein sekundäres Gewebe, das Periderm, ersetzt. Das Periderm kann in der Epidermis, in der darunterliegenden Schicht (Hypodermis) oder im Grundgewebe entstehen. Es kommt zur Kork- und anschließend zur Borkebildung, die zu recht dicken Schichten führen kann.
Obwohl sich der Körper auch noch bei einem 20jährigen *Cereus* zu über 90% aus dünnwandigen Grundgewebszellen aufbaut, sind die Kakteen mechanisch sehr kräftig und biegungsfest gebaut. Bei Arten ohne festen Holzkörper ist dafür der hohe Turgor („Innnendruck") der schleimhaltigen Grundgewebszellen verantwortlich, daneben auch die stark verdickte Epidermis. Besonders wichtig aber dürfte die Rippenbildung sein, die die Biegungsfestigkeit bedeutend erhöht.

Blüte

Die Blüten der Kakteen sind von der becherförmigen Blütenachse umhüllt, die zu einer Röhre verlängert ist. Diese Röhre nennt man Rezeptakulum. Bei den ursprünglichsten Formen der Pereskioideen, z. B. *Pereskia aculeata*, ist die Blütenachse deutlich verbreitert; auf dem scheibenförmigen, in der Mitte leicht kegelig erhabenen Blütenboden stehen die zu einem oberständigen Fruchtknoten vereinigten fünf Fruchtblätter (Bild 19). Der freistehende Fruchtknoten ist von einer ringförmigen Verlängerung der Blütenachse umgeben, die die Staubblätter und am Rande die Blütenhüllblätter trägt. Bei *Pereskia sacharosa* ist der zentrale Achsenkegel verschwunden, der Blütenboden in der Mitte ewas vertieft, der

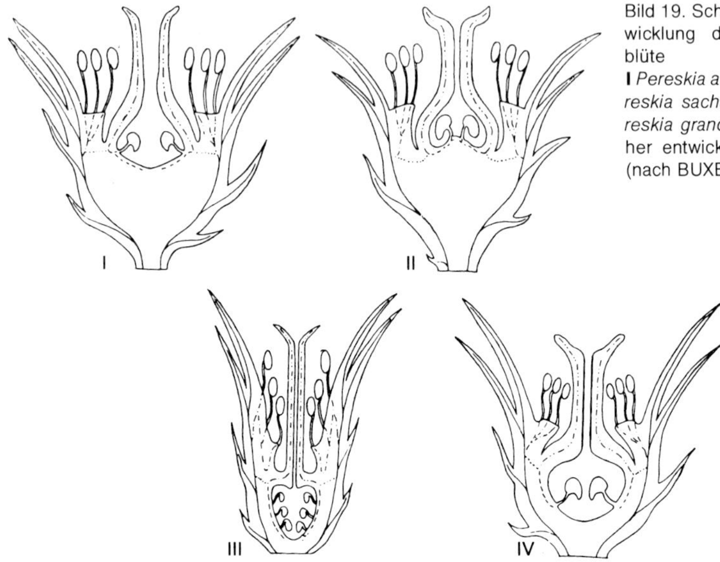

Bild 19. Schema zur Entwicklung der Kakteenblüte
I *Pereskia aculeata* **II** *Pereskia sacharosa* **III** *Pereskia grandifolia* **IV** Höher entwickelte Kakteen (nach BUXBAUM)

Bild 20. Achsennatur von Perikarpell und Rezeptakulum
I Frucht von *Pereskia bahiensis* mit Laubblättern **II** Proliferierende Früchte von *Pereskia sacharosa* **III** Terminalblüte aus einem Flachsproß von *Opuntia lemaireana* **IV** Knospe von *Opuntia subulata* (I + II nach BRITTON und ROSE, III nach W. LANGE, IV nach BUXBAUM)

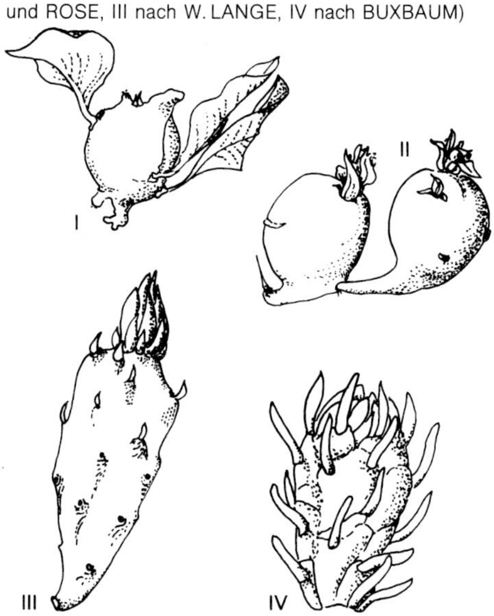

Fruchtknoten aber noch frei. Bei allen höher entwickelten Arten der Opuntioideen und Cactoideen ist der Fruchtknoten ganz in der Blütenachse versenkt: Er ist unterständig geworden. Zugleich verlängert sich die Blütenachse zu einer richtigen Röhre, dem Rezeptakulum. Darunter verstehen wir jetzt aber nur den über dem Fruchtknoten liegenden freien Teil. Der den Fruchtknoten einhüllende Teil des Achsenbechers heißt Perikarpell, der darunter liegende Abschnitt Stielzone oder Pedizellarzone.

Daß Perikarpell und Rezeptakulum der Achse entstammen, ist schon äußerlich sichtbar: Sie besitzen Blätter mit Areolen (Bild 20). Bei *Pereskia* sind die Blätter zu blattartigen Schuppen reduziert. Da sich die Blütenachse nicht grundsätzlich von einer vegetativen Achse unterscheidet, können die Areolen der Schuppenblätter gelegentlich auch zu sekundären Blüten auswachsen: Die Blüte proliferiert. Die endständige Blüte z. B. von *Pereskia grandifolia* kann durch wiederholtes Proliferieren zu einem ganzen Blütenstand auswachsen.

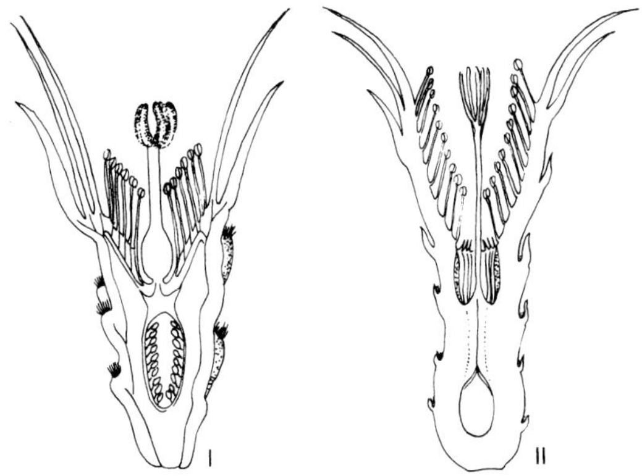

Bild 21. **I** *Opuntia rafinesquei,* Rezeptakulum nur wenig entwickelt **II** *Carnegiea gigantea,* Rezeptakulum stark ausgebildet (nach BUXBAUM)

Auch bei den Opuntioideen ist die Achsennatur der Blüte sehr ausgeprägt. Auch hier beobachten wir sehr häufig ein Proliferieren der Blütenachse. Gelegentlich kann auch ein vegetativer Sproß direkt in eine endständige Blüte übergehen. Die Blätter sind schuppenartig oder gleichen häufig vollkommen den (reduzierten) Laubblättern.

Bei den Pereskioideen und Opuntioideen ist das Rezeptakulum nur wenig oder wenigstens nicht auffallend stark ausgebildet. Dagegen sind die Cactoideen durch ein deutliches Überwiegen des Rezeptakulums gegenüber dem Perikarpell ausgezeichnet (Bild 21). Das Rezeptakulum kann röhrenförmig, glockenförmig oder trichterförmig sein (Bild 22).

Bei den Pereskioideen und Opuntioideen ist der Achsenbecher scharf getrennt von den Blütenorganen, die er auf seiner Oberseite trägt. Seine Blattorgane sind alle mehr oder minder gleich, der Übergang zu den Blättern der Blütenhülle erfolgt ohne Zwischenstufen (Bild 23). Dagegen ist bei den Cactoideen der Achsenbecher nicht nur äußerlich als Blütenröhre ausgebildet, sondern auch in seiner Organisation weitgehend in die Blütenbildung integriert. Lediglich das Perikarpell ist noch von rein vegetativem Charakter. Die auf ihm liegenden Blattpolster sind deutlicher und dichter gestellt, die Schuppen kleiner, die Areolen weniger reduziert. Die Schuppenblättchen des Rezeptakulums dagegen stehen auf weniger deutlichen Blattpolstern lockerer, werden nach oben fortschreitend größer und

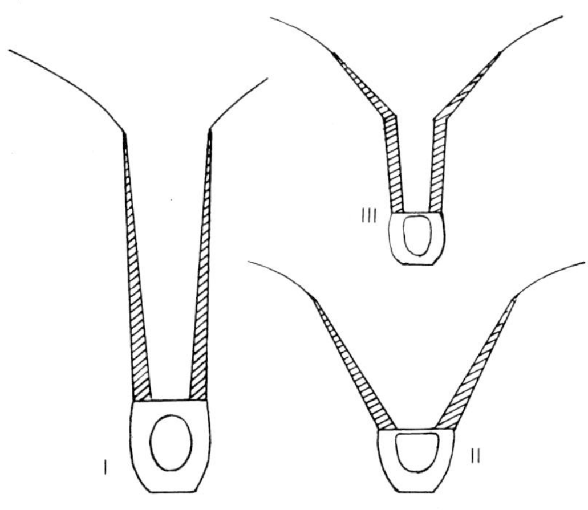

Bild 22. Schema zur Entwicklung des Rezeptakulums bei den Cactoideen
I röhrenförmig **II** glockenförmig **III** trichterförmig (nach BUXBAUM)

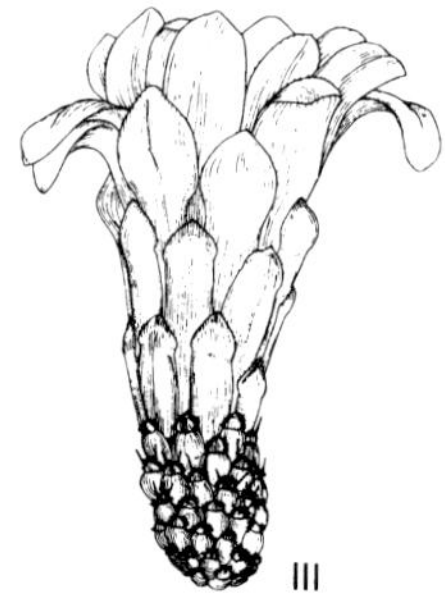

Bild 23. Blüten von **I** *Tacinga funalis* **II** *Thelocactus hexaedrophorus* **III** *Lemaireocereus thurberi* (nach BUXBAUM)

gehen sowohl hinsichtlich ihrer Größe als auch ihrer Färbung ohne scharfe Grenze in die äußeren Blütenhüllblätter über. In gleichem Maß sind auch ihre Areolen häufig gegenüber denen des Perikarpells in bezug auf die Ausbildung von Dornen usw. rückgebildet.
Bei den Pereskioideen geht, wie schon erwähnt, der oberständige Fruchtknoten in einen unterständigen über. Gleichzeitig ändert sich auch die Zahl und Stellung der Samenanlagen innerhalb des Fruchtknotens (Bild 19). Bei *Pereskia aculeata* liegen die 4–5 Samenanlagen am Grunde des aufrechten Fruchtknotens. In dem Maße, in dem der Blütenboden in der Mitte eingesenkt wird, wandern die Samenanlagen weiter nach außen; schließlich liegen sie bei dem vollständig eingesenkten unterständigen Fruchtknoten der Opuntioideen und Cactoideen an den Außenwänden der Fruchtblätter. Damit steht mehr Platz für die Plazenta zur Verfügung – das ist das Gewebe der Fruchtknotenwand, an dem sich die Samenanlagen bilden –, weshalb sich auch die Zahl der Samenanlagen bis zu mehreren hundert vermehren kann. Ist die Zahl der Samenanlagen gering und der zur Verfügung stehende Platz beschränkt, sitzen die Samenanlagen nur mit einem kurzen Samenstrang der Plazenta auf. Meist sind sie aber an einem langen Samenstrang angeheftet, und meh-

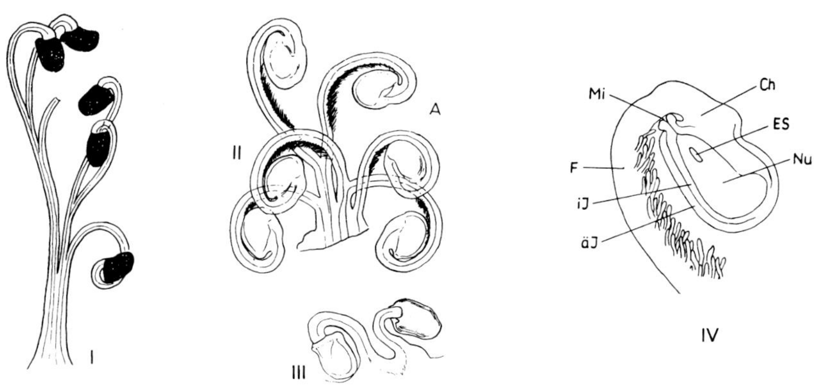

Bild 24. **I** Verzweigte Samenstränge von *Opuntia spinosissima* **II** Unechte Verzweigung der Samenstränge bei *Epiphyllum crenatum* **III** Unverzweigte Samenstränge von *Echinopsis campylacantha* **IV** Samenanlage von *Weberocereus tunilla*. F Funiculus, CH Chalaza, Mi Mikropyle, äJ äußeres Integument, iJ inneres Integument, Nu Nucellus, ES Embryosack (nach BUXBAUM)

rere Samenstränge sind am Grunde zu einem dichten Büschel verbunden (Bild 24). Häufig sind auch die Samenstränge selbst verzweigt.
Die Samenanlagen selbst sind campylotrop, seltener anatrop (siehe auch Erläuterung der Fachausdrücke S. 306). Gewöhnlich sind sie gegen den Samenstrang gebogen, der sich in der Nähe der Mikropyle verbreitert und sie wie eine Falte umfaßt. Nicht selten sind die Seiten des Samenstrangs mit nach oben gerichteten Papillen besetzt (Leithaare für den Pollenschlauch? Bild 23). Der Samenstrang kann oft auch mehrmals um die Samenanlage geschlungen sein und sie mit Verbreiterungen seines Gewebes einhüllen.
Die ursprünglichen Blüten, etwa von *Pereskia sacharosa,* besitzen Fruchtblätter, die nur unvollkommen verwachsen sind. Sonst aber besitzen die Kakteen einen typischen säulenförmigen Griffel, der am Ende die 2–∞ Narbenäste trägt (Bild 25). Die einzelnen Narbenäste sind in der Regel auf der Oberseite und an ihren Rändern mit dichtstehenden Papillen besetzt. In manchen Fällen können die Narbenäste ringsum, also auch auf der Außenseite, Papillen tragen, z. B. bei den großblütigen Hylocereen, bei denen die Zahl der Fruchtblätter und Narbenäste enorm vermehrt ist. Unterbleibt die Entfaltung der Narbennäste, kann es

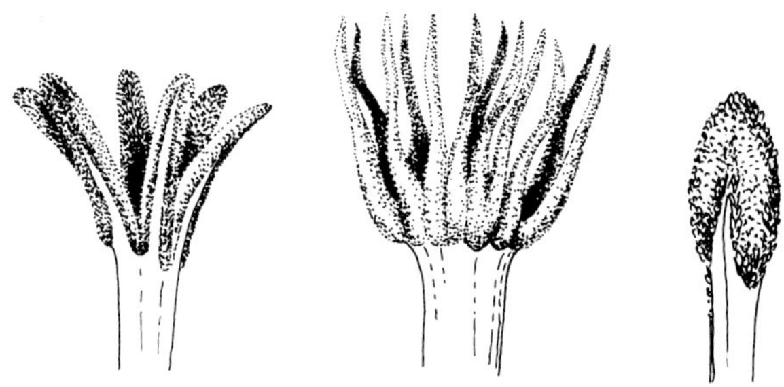

Bild 25. Narben von **I** *Mammillaria longimamma* **II** *Selenicereus macdonaldiae* **III** *Aporocactus flagelliformis* (nach BUXBAUM)

gelegentlich auch zu kopfförmigen Narben kommen, z. B. bei *Schlumbergera* und *Aporocactus.*
Der Griffel ist nicht selten hohl; der Griffelkanal wird von papillösen Epidermiszellen ausgekleidet. Die Pollenschläuche können ihren Weg aber auch im leitenden Gewebe der Röhrenwand nehmen.
Die Staubblätter stehen bei den Pereskioideen auf dem ebenen oberen Rand des Ringwulstes, der den oberständigen bzw. unterständigen Fruchtknoten umgibt. Bei allen höheren Formen der Opuntioideen sowie bei den Cactoideen, bei denen der Achsenbecher zu einer mehr oder minder langen Röhre verlängert ist, stehen die zahlreichen Staubblätter auf der Innenwand des Rezeptakulums. Die zuerst angelegten Staubblätter – sie setzen häufig auf einem mehr oder minder deutlichen Achsenvorsprung an – liegen ganz innen um den Fruchtknoten bzw. den Griffel; die danach folgenden Staubblattkreise (genauer: Spiralumläufe) werden zentrifugal nach außen angelegt, infolge der Streckung des Rezeptakulums also von unten nach oben. Sie bekleiden die Innenwand des Rezeptakulums entweder gleichmäßig in spiraliger Stellung, oder sie sind gruppenweise verteilt. Nicht selten folgt auf eine tiefer stehende Gruppe ein freier Zwischenraum, und erst am oberen Rande des Rezeptakulums sind kürzere Staubblätter zu einem Kranz zusammengestellt. Meist ist die Zahl der Staubblätter sehr groß, fast immer übersteigt sie die Zahl 10. Die Staubbeutel sind entweder an der Basis oder auf dem Rücken befestigt; sie springen in Längsspalten auf, die nach innen oder nach den Seiten gerichtet sind. Die Pollenkörner sind kugelig, dreifurchig und mit 6–∞ runden Austrittsöffnungen versehen. Sie sind meist sehr klein und enthalten (wie auch die Pollenkörner anderer Centrospermen) drei Zellker-

ne. Die Exine (die überaus widerstandsfähige Außenhaut der Pollenkörner) trägt Netzstrukturen, feine Stächelchen und winzige Löcher. Die Filamente (Staubfäden) zeigen bei zahlreichen Gattungen (z. B. *Opuntia, Echinopsis, Echinocereus*) eine auffallende Reizbarkeit: Sie krümmen sich nach Berührung zum Griffel hin.
Die erste Reihe der Staubblätter entspringt meist einer inneren Kante des Rezeptakulums, die häufig zu einem Vorsprung erweitert ist. Zwischen ihrer Ansatzstelle und dem Fruchtknoten findet sich eine verschieden gestaltete, mit honigartigem Sekret erfüllte Nektarkammer. Am einfachsten liegen die Verhältnisse bei den Opuntioideen (Bild 26). Da das Rezeptakulum bei ihnen primitiv ist, kleidet das Nektarium das mehr oder minder trichterförmige Wandstück zwischen Fruchtknoten bzw. zwischen Griffel und Primärstaubblättern aus, das wir als Nektarfurche, bei größerer Ausdehnung als Nektarkammer bezeichnen. Gelegentlich wird die Nektarkammer durch einen Achsenvorsprung an der Basis der Primärstaubblätter lose verschlossen.

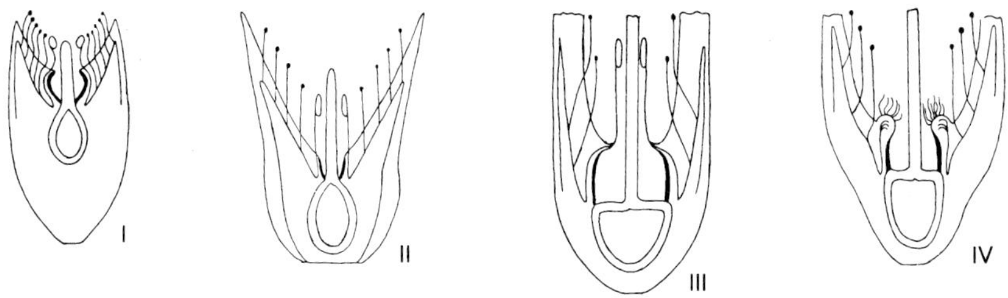

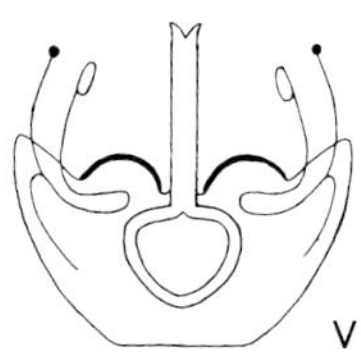

Bild 26. Schemata zur Ausbildung der Nektarzone
I *Opuntia subulata* mit einfacher Nektarfurche bzw. -kammer **II** Nektarfurchentyp bei Cactoideen **III** Echter Nektarkammertyp **IV** *Denmoza*-Typ, Nektarkammer mit Wollverschluß **V** Diskus-Typ von *Rhipsalis* (nach BUXBAUM)

Bei den Cactoideen ist die Mannigfaltigkeit größer. Im wesentlichen können wir drei Haupttypen unterscheiden:
Beim Nektarfurchen-Typ kleidet das Nektarium, ähnlich wie bei den Opuntioideen, eine kleinere oder größere Furche zwischen Griffelbasis und der Wand des Rezeptakulums aus.
Der in sich sehr variable Nektarkammer-Typ unterscheidet sich vom Nektarfurchen-Typ dadurch, daß meist die Oberseite des Fruchtknotens die Basis der Nektarkammer bildet. Der Boden der Nektarkammer ist breit, auch wenn die Fruchtknotenoberseite vom Rezeptakulum überdeckt ist. Die Nektarkammer kann nach oben offen oder durch Vorspringen der Basen der Primärstaubblätter bzw. des die Primärstaubblätter tragenden Achsenvorsprungs bis dicht an den Griffel geschlossen sein. Es gibt zahlreiche, auch taxonomisch wichtige Untertypen, auf die wir hier nicht näher eingehen wollen. Es sei aber eine besondere Art des Verschlusses der Nektarkammer noch erwähnt: der Verschluß durch dichte, krause Wollhaare, bei denen es sich um echte Haare oder um haarförmig umgewandelte Staubblätter handeln kann.
Die dritte Form der Nektarkammer ist der Diskus-Typ. Bei einigen Arten, so den *Rhipsalinae,* kann das Rezeptakulum sekundär so weit reduziert sein, daß nur mehr eine erweiterte Blütenachse vorhanden ist, die Pflanze also in diesem Punkt den primitivsten Pereskioideen ähnelt. In diesen Fällen liegt dann das Nektargewebe auf einem ringförmigen Wulst um die Griffelbasis, dem Diskus.
Die Staubblätter werden also von innen nach außen angelegt; dagegen erfolgt die Entwicklung der Blütenhüllblätter (Perianth) normal, d. h. von außen nach innen. Staubblätter wie

Bild 27. Schema zur Entwicklung des Rezeptakulums (verändert nach BUXBAUM)

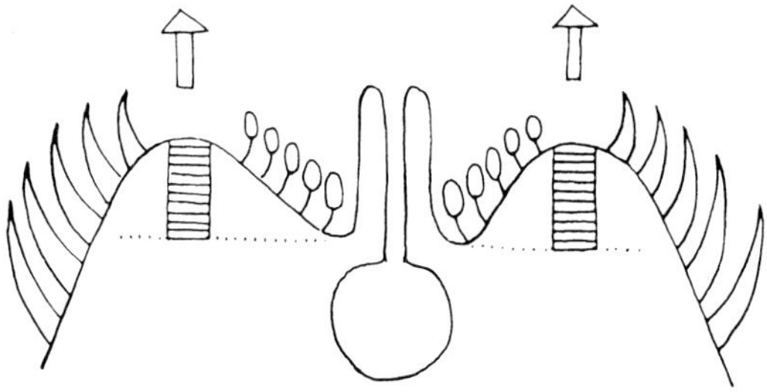

Blütenblätter werden zunächst auf dem mehr oder weniger flachen, durch Verbreiterung der Blütenachse entstandenen Blütenboden angelegt (Bild 27). Durch die Tätigkeit eines zwischen den jüngsten Staubblättern und den jüngsten Perianthblättern liegenden ringförmigen Meristems (noch teilungsfähigen, embryonalen Gewebes) wird die Blütenachse becherförmig vertieft. Sie trägt innen die Staubgefäße, außen die Perianthblätter, die nach unten unmittelbar an die Blätter der Blütenachse anschließen. Perianthblätter und Blätter der Blütenachse sind entweder scharf voneinander abgesetzt (Pereskioideen und Opuntioideen) oder gehen stufenweise ineinander über (Cactoideen). Durch zusätzliches Streckungswachstum der äußeren Randzonen wird das Rezeptakulum noch weiter röhrenförmig vertieft.
Die Zahl der Blütenhüllblätter (Tepalen) ist meist sehr groß. Nur in den Gattungen *Rhipsalis* und *Discocactus* geht sie auf 8–10 herunter. Die Blütenhüllblätter zeichnen sich durch leuchtende Farben (weiß, rot, gelb, violett, in seltenen Fällen auch grün oder braun) und häufig durch seidigen Glanz aus. Sie sind fast ausnahmslos frei, nur selten zu einem echten Perigon verwachsen, z.B. bei *Discocactus* und *Schlumbergera.* Bei *Schlumbergera* sind nur die inneren Perianthblätter über eine lange Strecke zu einer Röhre vereinigt, bei der nur die Endabschnitte zurückgeschlagen sind, wogegen die äußeren Perianthblätter frei und bereits unmittelbar über dem Perikarpell zurückgebogen sind.
Die Blüten der Kakteen sind radiär gebaut, doch kommen in abgeleiteten Reihen auch sogenannte zygomorphe Blüten vor (Bild 28). Im einfachsten Fall ist die Rezeptakulumröhre einfach oder S-förmig gekrümmt, wobei der Schlund gleichzeitig abgeschrägt sein kann oder nicht. Eine zweite Möglichkeit ist eine ungleiche Ausbildung der Blütenhüllblätter (sog. Anisophyllie), wie sie bei den extrem zygomorphen Blüten von *Schlumbergera truncata* vorliegt. Hier ist einmal der Basalteil der (Perianth-)Röhre aufwärts gekrümmt; zwei-

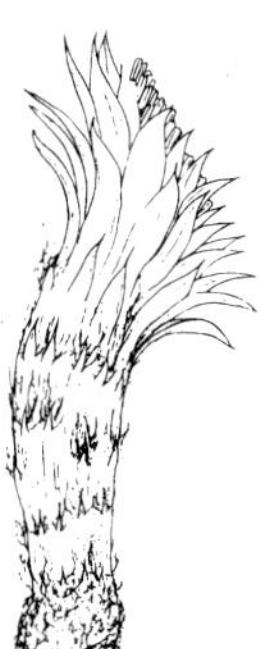

I

II

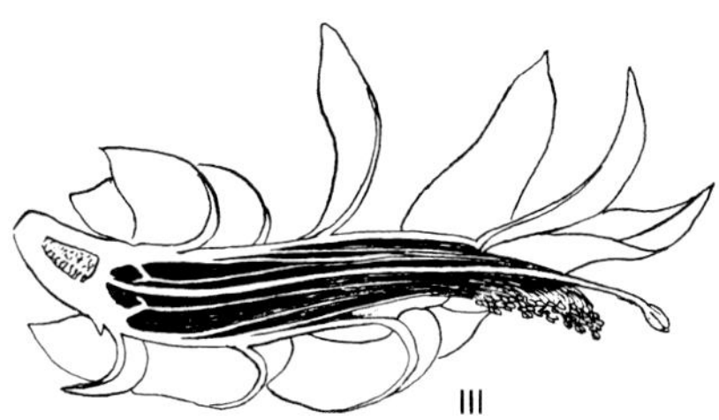

III

Bild 28. Zygomorphe Kakteenblüten
I *Borzicactus samaipatanus* **II** *Cleistocactus baumannii* **III** *Schlumbergera truncata* (I + II nach BUXBAUM, III nach SCHUMANN)

tens sind die oberen Perianthblätter stark gefördert, und der Schlund der Röhre ist oberseits verlängert und stark schräg. Dagegen ist die Zygomorphie des Weihnachtskaktus *Schlumbergera buckleyi* nur scheinbar: Von den durchweg gleichgestalteten Perianthblättern werden bei der Entfaltung der Blüte nur die unteren zurückgekrümmt, während die oberen fast in Verlängerung der Röhre gestreckt bleiben.

Stellung der Blüten

Nur die Gattung *Pereskia* weist unter den Kakteen wirkliche, reicher gegliederte Blütenstände auf. Meist sind es endständige Rispen, die gelegentlich durch ähnliche Blütenstände aus den oberen Laubblättern bereichert werden. Bei *Pereskia sacharosa* können auch die endständigen Einzelblüten durch wiederholtes Proliferieren zu einem ganzen Blütenstand auswachsen. Am häufigsten haben aber die Kakteen Einzelblüten, die aus den Areolen bzw. – bei Teilung des Vegetationspunktes – aus den Axillen entspringen. Bei Arten der Gattung *Rhipsalis* gibt es jedoch auch mehrblütige Areolen, vor allem in der Untergattung *Lepismium,* bei der aus einer Areole bis zu 5 Blüten entstehen können.

Die blütenbildenden (fertilen) und die vegetativen Areolen, die entweder stets in Ruhe bleiben oder einen Seitensproß hervorbringen können, sind im Zustand der Vegetationsruhe im allgemeinen kaum voneinander zu unterscheiden. Es gibt jedoch eine Reihe von Arten, bei denen sich die fertilen Areolen schon makroskopisch von den vegetativen durch verstärkte Borstenbildung oder – noch auffälliger – durch Bildung langer Wollhaare abheben. Die Hauptmasse der Behaarung entstammt dabei nicht der Tragareole, sondern den mikroskopisch kleinen Areolen der sog. caulinen Zone. Darunter verstehen wir: Bei vielen – aber nicht allen – Kakteen beginnt die Blüte mit sehr vielen Internodien und Blattanlagen, die nicht in die Blütenbildung einbezogen werden, sondern äußerst kurz gestaucht bleiben. Deren winzige Areolen bilden aber Borsten und Haare, so daß die Blüte schließlich ringsum von diesem Haarbüschel umgeben ist (Bild 29).

Ob diese cauline Zone mit der reifen Frucht abfällt oder am Stamm verbleibt, hängt von der Lage des Trennungsgewebes ab.

Die fertilen Areolen können entweder regellos über den Langtrieb verteilt sein, oder sie treten zu besonderen, scharf umgrenzten Blühzonen zusammen, die man als Cephalien bezeichnet. Je nach ihrer Entstehung unterscheiden wir zwei Fälle:

Im ersten Fall vergrößern sich ursprünglich normale, bereits ausdifferenzierte Areolen in einiger Entfernung vom Vegetationspunkt nachträglich und entwickeln reichlich lange Haare. Die fertilen und vegetativen Areolen unterscheiden sich also lediglich in einer verstärkten Borsten- bzw. Wollbildung. Die Zahl der Rippen bleibt konstant. Ein floraler Trieb kann wieder zu vegetativem Wachstum übergehen.

Im zweiten Fall erfolgt die Differenzierung bereits am Scheitelvegetationspunkt. Anstelle von Rippen mit vegetativen Areolen entsteht die Blütenregion, das Cephalium. Die vegetative und die fertile Region sind in diesem Fall scharf gegeneinander abgegrenzt, und in der Regel treten keine Übergänge zwischen beiden auf. Außerdem kann die fertile Region im allgemeinen nicht wieder zu vegetativem Wachstum umgestimmt werden. Werdermann unterschied entsprechend dieser unterschiedlichen Entstehung zwischen Pseudocephalien, bei denen die Umwandlung in Blühareolen erst nachträglich erfolgt, und echten Cephalien, bei denen die Blühareolen bereits am Vegetationspunkt angelegt werden. Sinnvoller erscheint eine in den letzten Jahren vor-

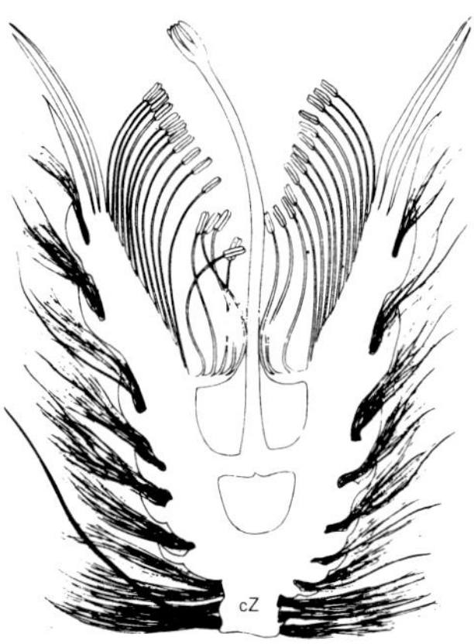

Bild 29. *Pachycereus chrysomallus,* Blütenlängsschnitt. Borsten und Wollbehaarung nur angedeutet. cZ cauline Zone, die mit der Blüte später abfällt (nach BUXBAUM)

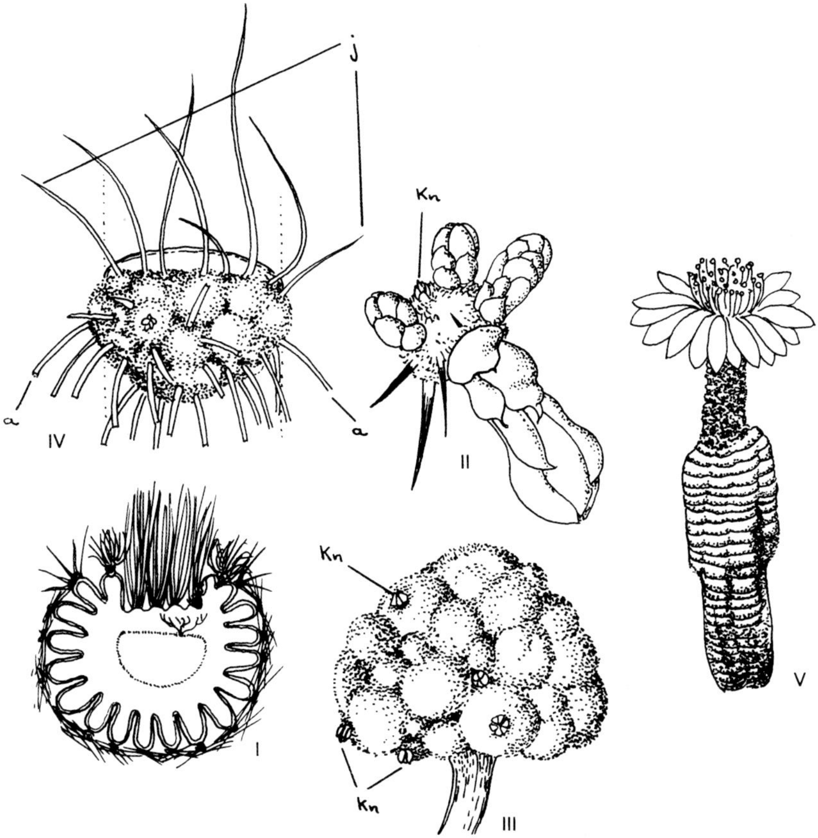

Bild 30. **I** Querschnitt durch einen cephaliumtragenden Sproß von *Espostoa sericata* **II + III** *Myrtillocactus geometrizans* **II** Seiteninfloreszenz **III** alte Areole, Kn Knospenanlagen **IV** ältere Seiteninfloreszenz von *Lophocereus schottii, a alte, j junge Dornen* **V** alter Blütenkurztrieb von *Neoraimondia roseiflora* (I–IV nach BUXBAUM, V nach RAUH)

geschlagene Definition, nach der wir nur dann von echten Cephalien sprechen, wenn mit Beginn der Cephalienbildung das vegetative Wachstum abgeschlossen ist und nurmehr Blüten gebildet werden und die Cephalien scharf vom Vegetationskörper abgesetzt sind. Dies ist der Fall bei *Melocactus* und *Discocactus.* Alle übrigen Fälle fassen wir – unabhängig von ihrer Entstehung – als Pseudocephalien zusammen.
Bei den echten Cephalien, die auf die beiden Gattungen *Melocactus* und – weniger auffällig – *Discocactus* beschränkt sind, ist mit Erreichen der Blühreife das vegetative Wachstum abgeschlossen. Anstelle vegetativer Areolen werden ausschließlich fertile Areolen gebildet. Sie bilden anstelle von Dornen Wollhaare, die mit derberen Borsten untermischt sind. Die einzelnen Areolen berühren sich gegenseitig und verlaufen – im Gegensatz zu den in Orthostichen, den Rippen angeordneten vegetativen Areolen – in Spirostichen. So entsteht zunächst eine flache Wollkappe, die bei *Melocactus* im Verlauf des weiteren Wachs-

tums schließlich die Gestalt eines verlängerten Wollzylinders annimmt. Dieser Zylinder kann bis zu 100 cm oder sogar noch länger werden. Bei *Discocactus* dagegen bleibt die Wollkappe recht klein. Häufig ist an älteren Cephalien eine auffällige Ringelung zu erkennen, die wohl gewisse Wachstumsgrenzen kennzeichnet.
Mit den endständigen (terminalen) Cephalien von *Melocactus* stimmen in ihrem Bau die seitlichen Blütenstände von *Neoraimondia* fast völlig überein (Bild 30, V). Die Areolen junger, nicht blühender Pflanzen bilden kräftige, bis 20 cm lange Dornen aus. Geht nun die Pflanze zur Blütenbildung über, dann stellen die neu entstehenden Areolen ihre Dornbildung weitgehend ein und vergrößern sich stark durch vermehrte Wollbildung. Sie stellen die künftigen Blütenkurztriebe dar. In ihrem Bau stimmen diese Blütenkurztriebe weitgehend mit den Cephalien von *Melocactus* überein. An ihrer sekundär in die Dicke wachsenden Achse sitzen dicht gedrängt die in Orthostichen angeordneten Areolen 2. Ordnung, die eigentlichen Blütenareolen. Ihr kompakt zusammenschließender Wollfilz umhüllt die Achse.
Die Blütenkurztriebe können lange Jahre weiterwachsen und erreichen dabei eine Länge bis 15 cm. Die älteren Blütenareolen werden schon bald durch einen dicken Korkmantel vom übrigen Gewebe isoliert, gehen dadurch zugrunde und fallen unter Hinterlassung einer Narbe ab. Dadurch erhält der ganze Blütenstand ein zapfenförmiges Aussehen.
Eine Vorstufe zu den Blütenkurztrieben von *Neoraimondia* stellen in gewissem Sinne die Blütenkurztriebe von *Myrtillocactus*, speziell von *Myrtillocactus geometrizans* und von *Lophocereus schottii* dar (Bild 30, II–IV). Bei ihnen kommt es jedoch nur zur Bildung von mehr oder weniger großen Filzkugeln, außerdem unterscheiden sie sich in ihrem Aufbau von den monopodialen Kurztrieben von *Neoraimondia.*
Bei den Pseudocephalien erfolgt gegenüber den echten Cephalien die Ausbildung von Blühareolen, ohne daß gleichzeitig Organisation und Wachstum des Sproßscheitels stärker beeinflußt werden. Am häufigsten wird nur ein kleiner Sektor des Vegetationsscheitels für die Ausbildung von Blühareolen erfaßt, während der Rest weiter vegetativ bleibt. Der Trieb wächst also vegetativ weiter und bildet gleichzeitig eine ununterbrochene Blühzone, ein seitliches Pseudocephalium, das sich im gleichen Maß verlängert, in dem der Sproß in die Länge wächst. Wenn sich bei den seitlichen Pseudocephalien die Blütenanlagen bereits zu einem Zeitpunkt entwickeln, zu dem der sie tragende Blatthöcker mit seiner Areole noch in den ersten Entwicklungsstadien steht, dann bleiben die Podarien klein. Sie vereinigen sich gewöhnlich nicht zu Rippen, die Areolendornen bleiben schwach und dünn. Diese Reduktion der Cephalium-Podarien hat nun zur Folge, daß das ganze Cephalium gegenüber den vegetativen Rippen mehr oder weniger versenkt ist. Es liegt also direkt in einer Rinne des Längstriebes (Bild 30, I).
Die seitlichen Pseudocephalien wachsen so lange in die Länge, wie der Scheitel überhaupt zu einem Längenwachstum befähigt ist. Sie können oft beachtlich lang werden, bei *Espostoa* länger als 2 m. Die Cephalien einer Pflanze sind alle nach einer Seite, bei *Espostoa* z. B. nach Westen, zur Richtung der längsten Sonnenscheindauer, ausgerichtet.
In einigen wenigen Fällen bleibt die Ausbildung von Blühareolen nicht auf einen kleinen Sektor beschränkt, sondern erfaßt den ganzen Vegetationsscheitel. So entsteht ein endständiges Pseudocephalium. Wächst dabei der ganze Scheitel noch weiter in die Länge, so entsteht ein sog. ,,Helmraupen"-Cephalium (K. Schumann), das bei *Backebergia militaris* 50 cm lang werden kann. Verglichen mit *Melocactus* setzt sich in diesem Fall das Wachstum des Sprosses unverändert fort. Es entstehen lediglich anstelle von vegetativen Areolen Blühareolen.
Das Cephalium kann aber auch das Wachstum des Sprosses abschließen und nicht mehr weiter wachsen, so z. B. bei *Morawetzia.* Schließlich kann das endständige Cephalium nach Ausbildung der Blütenanlagen durchwachsen werden: Der Sproßscheitel geht nach der Samenreife wieder zu vegetativem Wachstum über und bildet bei der nächsten Blühperiode erneut ein terminales Cephalium. Die Zahl der erhaltenen Borstenkränze entspricht der Zahl der Blühperioden. Das ist der Fall etwa bei *Cephalocereus apicicephalium*, bei *Stephanocereus leucostele* oder *Arrojadoa.*

Bestäubung

Viele Kakteen sind selbst-compatibel, d. h., sie bilden auch bei Selbstbestäubung Früchte mit keimfähigen Samen aus. Oft scheint eine Übertragung des Pollens durch Insekten oder andere Bestäuber gar nicht erforderlich. Eine Reihe von Arten, z. B. aus der Gattung *Frailea*, hat neben Blüten, die sich voll entfalten, auch sog. kleistogame Blüten, die sich überhaupt nicht öffnen und trotzdem Samen ansetzen. Andere Arten dagegen sind selbst-incompatibel, d. h., sie müssen zu einer erfolgreichen Befruchtung mit Pollen einer anderen Pflanze bestäubt werden (die aber nicht von einem Steckling der zu bestäubenden Pflanze abstammen darf!). Über die dabei wirksamen Incompatibilitätsmechanismen scheint nichts bekannt zu sein.
Die Folge einer obligaten Fremdbestäubung ist natürlich häufig eine auffallende Variabilität der so entstandenen Populationen. So variieren Arten der Gattung *Lobivia* in Körpergröße, Bedornung und Blütenfarbe so stark, daß aus den extremen Formen einer zusammengehörigen Population unter Vernachlässigung tatsächlich vorhandener Übergangsformen bewußt oder unbewußt wiederholt eine Reihe von „Arten" ausgelesen wurde.
Von besonderem Interesse sind die Anpassungen der Kakteenblüten an die Bestäuber bei den Fremdbestäubern. Nach Porsch (1938, 1939), der als erster die Blütenbiologie der Kakteen in ihrem gesamten Umfang untersucht hat, unterscheiden wir einmal zwischen Tagblühern und Nachtblühern. Innerhalb der Tagblüher können wir wiederum unterteilen in 1. Blumen mit gemischtem Besucherkreis, 2. Bienenblumen, 3. Vogelblumen. Die Nachtblüher gliedern sich in 1. Nachtschwärmerblumen, 2. Fledermausblumen.

Tagblüher

Die Tagblüher treten im Laufe des Tages in den Hochstand ihres Blumenlebens, der nur wenige Stunden, aber auch Tage dauern kann. Während der Nacht schließen sich die Blüten oder bleiben offen. Der Schauapparat ist reich entwickelt, der Duft dagegen spielt eine geringere Rolle. Vogelblumen scheinen fast immer geruchlos zu sein.
In der ersten Gruppe **„Blumen mit gemischtem Besucherkreis"** werden alle jene tagblühenden Kakteenblüten zusammengefaßt, die aufgrund ihres Baus und ihrer Größe von den verschiedensten kleinen bis mittelgroßen Blumeninsekten bestäubt werden müssen. Die Bestäubung erfolgt bei diesen Insekten von geringer Rüssellänge zwangsläufig beim Pollensammeln, Nektarsaugen oder auch beim bloßen Umherkriechen in der Blüte. Die Blüten dieses auf der niedrigsten Stufe stehenden Blumentyps sind klein bis mittelgroß, durchweg strahlig, radförmig oder mit sehr kurzer Blütenröhre. Der Nektar ist daher auch kurzrüsseligen Besuchern voll zugänglich. Als Bestäuber kommen neben den kurzrüsseligen Bienen auch Fliegen, Grab- und Faltenwespen, ja selbst kleine Käfer in Betracht. Dem Typus der Blumen mit gemischtem Besucherkreis gehören stammesgeschichtlich verschiedenartige Gattungen an, sowohl ursprüngliche wie abgeleitete.
„Bienenblumen" sind alle Blütentypen, bei denen der Nektar in einer deutlich entwickelten Blütenröhre so tief geborgen ist, daß nur dickleibige größere Bienen mit langem Rüssel als Bestäuber in Frage kommen. Je nach der Größe der Blumen bzw. Insekten bestäuben sie beim Nektartrinken mit dem Rücken oder aber beim Anflug oder Abflug über die Narbe mit der Bauchseite. Zu diesem Blumentypus gehören vor allem die großblütigen Arten jener Gattungen, deren kleinblütige Arten durch einen gemischten Besucherkreis bestäubt werden.
Reich vertreten ist die Gruppe der **„Vogelblumen"**, die speziell an die Bestäubung durch Kolibris angepaßt sind. Die Vögel saugen den Nektar, im Schwirrflug vor der Blüte stehend, ohne sich zu setzen – genau wie die Schwärmer unter den blütenbesuchenden Schmetterlingen. In der Regel sind sie duftlos, in der Blütenfärbung herrschen Rotstufen vor, vor allem Grellrot mit und ohne Gelb, daneben Gelb und auch Grün. Bei den blütenbiologisch am höchsten stehenden Borzicacteen finden wir schließlich Kombinationen von Grün mit Grellrot oder Gelb, die sog. Papageienfarben. Man unterscheidet:
1. Glockenblumentyp (*Echinocereus, Lobivia*): Die glockenförmigen Blüten tragen in der Mitte die Geschlechtsorgane, die teils in der Glocke eingeschlossen sind, teils aus ihr herausragen.

2. Fahnenblumentyp (*Heliocereus*): Die Form ähnelt einer Amaryllisblüte.
3. Röhrenblumentyp (*Cleistocactus*): Die Blüte hat eine mehr oder weniger enge Röhre, die gerade oder gekrümmt sein kann und mit als Teil des Schauapparates dient.
4. Lippenblumen- bzw. Rachenblumentyp (*Aporocactus, Cleistocactus*): Dieser Typ entsteht aus dem Röhrenblumentyp durch Abschrägung der Röhrenmündung bei gleichzeitiger Zygomorphie.

Nachtblüher

Nachtschwärmerblumen Hier ist die höchste Anpassungsstufe unter den Insektenblumen erreicht. Die Gruppe ist weit verbreitet und durch zahlreiche Arten vertreten. Hauptmerkmale außer dem nächtlichen Blühen: Fernanlockung durch Duft, der überwiegend wohlriechend ist, bei einigen Arten aber auch weniger angenehm, ja sogar unangenehm sein kann. Die innersten, den Blüteneingang umgebenden Blütenblätter sind hell gefärbt und auch im Dunkeln sichtbar; die äußeren Blütenblätter dagegen zeichnen sich durch wechselnde, häufig auch trübe Farbe aus. Der während der Nacht reichlich ausgeschiedene Nektar ist in langen Blütenröhren geborgen. Vielfach sehr starke Oberflächenvergrößerung der Narbenstrahlen.
Die höchste Anpassungsstufe der Nachtschwärmerblumen unter den Kakteen erreichen die *Epiphyllum*-Arten, allen voran *E. phyllanthus* mit seiner dünnen, wenig beschuppten Blütenröhre, die 16–22 cm lang wird. Auch die längsten Blütenröhren sind immer noch kürzer als die längsten Rüssel tropisch-amerikanischer Nachtschwärmer; deshalb können auch die Arten mit den längsten Blütenröhren durch bodenständige Nachtschwärmer voll ausgebeutet und dabei fremdbestäubt werden.
Fledermausblumen Die Fledermausblumen sind bei den Kakteen in der Regel Blüten mittlerer Größe von glockig-trichteriger Gestalt. Gegen den Blütengrund verengen sie sich nur allmählich oder wenig. Blütenröhre wie auch die Blätter der Blütenhülle sind dick und fleischig. Diese derbe und fleischige Beschaffenheit bietet den Besuchern günstige Gelegenheit, sich beim Blütenbesuch mit ihren beiden Daumenkrallen bequem und fest einzuhaken. Die den Blüteneingang umgebenden Blütenblätter sind auffallend kurz und im Blütenhochstand nach außen und rückwärts gekrümmt. Die zahlreichen Staubblätter kleiden, dicht aneinander gereiht, die Innenfläche der Blütenröhre aus. Ähnlich wie bei den Nachtschwärmerblumen haben wir auch hier den Gegensatz zwischen den meist trüb gefärbten äußeren und den hellen inneren Blütenblättern. Gegenüber dem in der Regel angenehmen Duft der Nachtschwärmerblumen duften aber die Blüten der Fledermausblumen fast ausnahmslos unangenehm, ja geradezu abwegig. So gibt es Blüten mit Kohl- und Knoblauchgeruch, Aas- und Fischgeruch. Mit dieser Merkmalsausprägung sind diese Blüten also ausgezeichnet geeignet für die Ausbeutung durch die amerikanischen Blumenfledermäuse.

Früchte und Samen

Am Aufbau der Frucht ist neben dem eigentlichen Fruchtknoten wesentlich das den Fruchtknoten umgebende Achsengewebe des Perikarpells beteiligt; beide sind fest miteinander verwachsen (Bild 31). Lediglich bei den Arten von *Pereskia,* die einen frei auf dem Blütenboden stehenden, oberständigen Fruchtknoten besitzen (z. B. *P. aculeata*), wird der heranwachsende Fruchtknoten erst nach dem Abblühen vom darunterliegenden Achsengewebe umwallt und schließlich gänzlich eingehüllt. Dabei bleibt jedoch zwischen Fruchtknoten und Achsengewebe ein deutlicher Zwischenraum erhalten.
Bei den ursprünglichen Formen wie *Pereskia,* aber auch bei vielen Opuntien, haben die Früchte – entsprechend ihrer Sproßnatur – die Fähigkeit, aus den Areolen zu proliferieren, d. h. neue Blüten und Früchte zu bilden, so daß oft ganze Ketten von Früchten entstehen können (*O. bigelowii*).
Die auf dem Perikarpell gelegenen Areolen können durch nachträgliche Wachstumsvorgänge in ihrer Anordnung und gegenseitigen Lage stark verändert werden. In manchen

Bild 31. **I** Schematischer Längsschnitt durch die Frucht von *Pereskia aculeata.* Achsengewebe punktiert, Fruchtknotengewebe und Samen schwarz, Zwischenräume übertrieben **II** Schematischer Längsschnitt durch eine Kakteenfrucht: c Carpellgewebe (weiß) mit Samensträngen (f) und Haaren (h), p Perikarpellgewebe, bestehend aus dem eigentlichen Achsengewebe (ax) und dem Rindengewebe (co), ped Pedizellarzone (nach BUXBAUM)

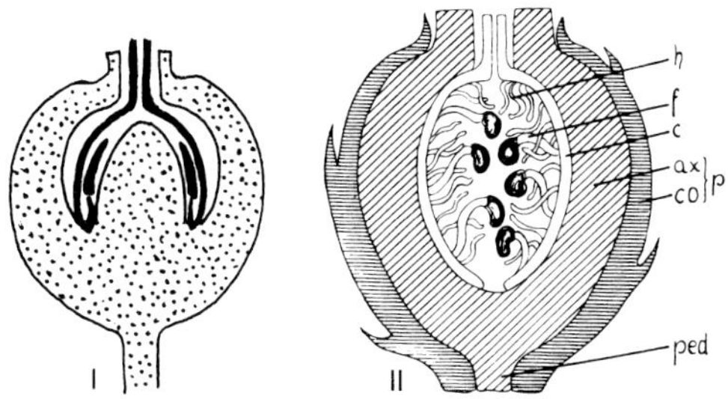

Fällen können sie nach dem Abblühen reichlich Dornen entwickeln, und schließlich können – umgekehrt – an der Blüte vorhandene bedornte Areolen an der reifen Frucht abfallen, so daß die Frucht völlig kahl ist.

Das an das Perikarpell anschließende Rezeptakulum kann in die Fruchtbildung einbezogen werden, z. B. bei den Opuntioideen, bei denen es meist sehr kurz ausgebildet ist (Bild 32). In diesem Fall werden dann durch ein vorgebildetes Trennungsgewebe nur die oberen Gewebsschichten der Achse mitsamt dem Griffel, den Staubblättern und der Blütenhülle abgetrennt. Ist das Rezeptakulum kräftig ausgebildet, dann kann in manchen Fällen auch das ganze Rezeptakulum mit oder ohne Griffel nach dem Abblühen durch ein glattes Trennungsgewebe abgeworfen werden, so z. B. bei der Gattung *Cereus.* Sonst aber bleibt das Rezeptakulum meist als mehr oder weniger stark vertrockneter Rest auf der Frucht erhalten.

Die Fruchtwand der Kakteenfrüchte (Perikarp), die von den Fruchtblättern und dem Perikarpell gebildet wird, kann in der reifen Frucht saftig-fleischig, halbfleischig oder trocken sein. Bei den saftig-fleischigen Früchten sind die zahlreichen Samen in ein Fruchtmus, die Pulpa, eingebettet. Sie entsteht aus den saftig werdenden langen Samensträngen (Bild 33), die zu einem dichten Scheingewebe miteinander verflochten sind und eine glasig-saftige oder cremeartige Masse bilden. In anderen Fällen sind die Innenfläche der Fruchtblätter, besonders die Plazenten und oft auch die Samenstränge mit Haaren besetzt,

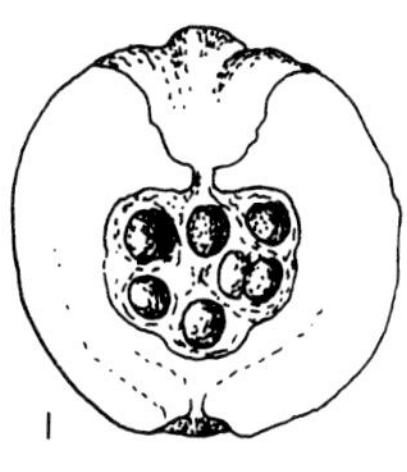

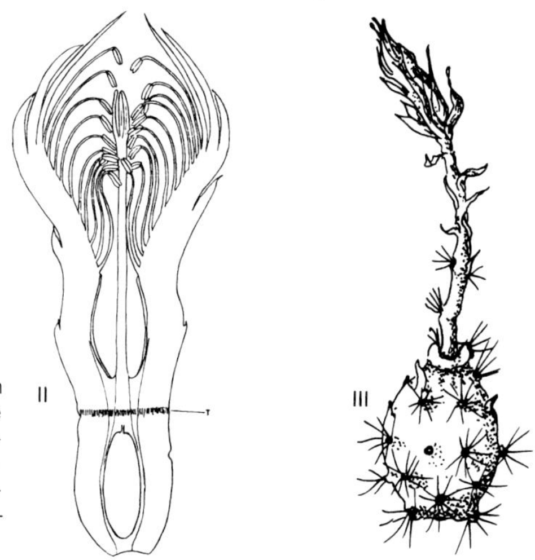

Bild 32. **I** Frucht von *Opuntia inamoena* im Längsschnitt **II** Längsschnitt durch die Blüte von *Cereus repandus,* T Trennungsgewebe **III** Frucht von *Mediocactus coccineus* mit Blütenrest (I + II nach BUXBAUM, III nach CASTELLANOS und LELONG)

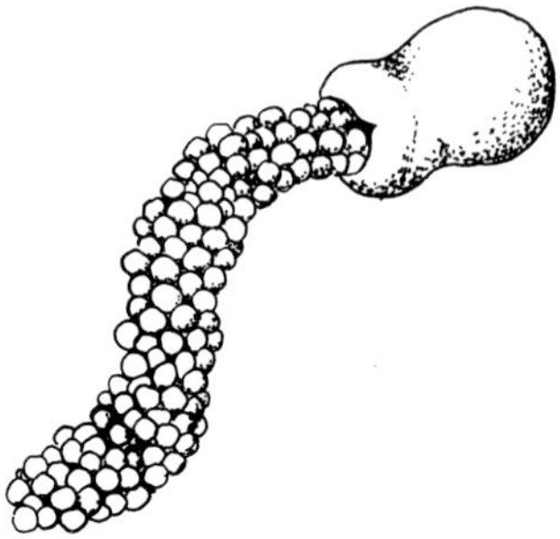

Bild 33. Samen von *Hamatocactus cachetianus* mit fleischigem Funiculus (nach BUXBAUM)

die eine nur wenig saftige Pulpa bilden. Bei trockenfrüchtigen Arten schließlich kann das ganze Innere der Frucht von einem Filz zäher Haare erfüllt sein. Die Früchte öffnen sich in verschiedener Weise. Häufig reißen sie durch Spannungen in der Fruchtwand oder durch den von der Pulpa ausgeübten Druck auf. Bei anderen springt zunächst die obere Fläche der Frucht mit dem Blütenrest wie ein Deckel ab, und dann erst reißen die Klappen unregelmäßig auseinander. Regelmäßiges Aufplatzen, und zwar genau zwischen den Plazenten, wurde bisher nur bei *Espostoa blossfeldiorum* beobachtet. Bei *Rebutia* springt die Frucht kapselartig mittels eines um sie herum verlaufenden Spaltes auf. Sehr häufig werden die Samen einfach durch Zerfall der Früchte frei, so bei den saftigen Früchten durch Zerfließen (*Notocactus,* Untergattung *Malacocarpus*) oder bei trokkenen Früchten durch Verwittern. In manchen Fällen bleiben dabei die Früchte in der Scheitelwolle verborgen, wo sie erst lange Zeit später (in noch keimfähigem Zustand) frei werden (z. B. bei *Pelecyphora* und *Ariocarpus*).

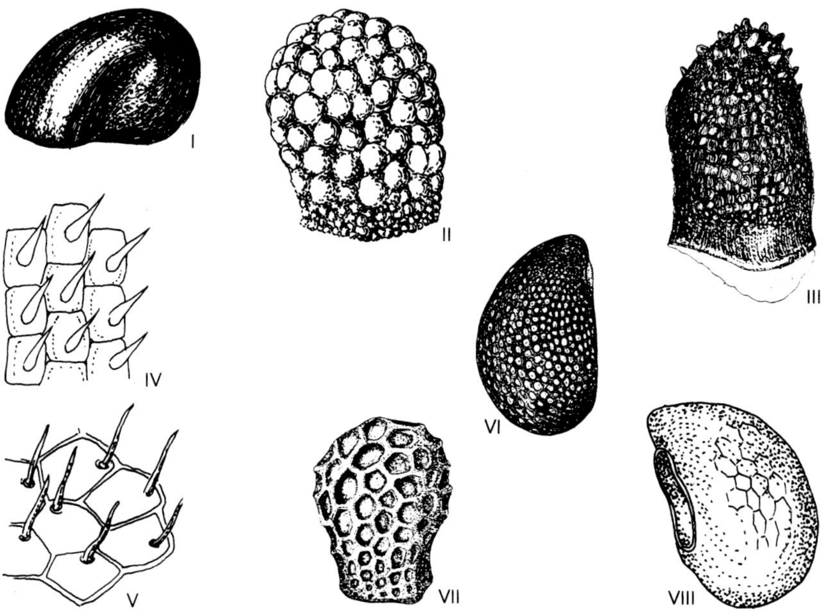

Bild 34. Bau der Samenschale
I *Cephalocereus leucocephalus* mit glatter Testa **II** *Lemaireocereus dumortieri,* Testa aus wenigen großen Zellen **III** *Rebutia senilis,* unterschiedliche Ausbildung der Warzen **IV** *Frailea grahliana* und **V** *Blossfeldia liliputana* mit Stacheltesta **VI** *Escobaria vivipara* mit grubig punktierter Testa **VII** *Mammillaria eshauzieri,* Testa mit Bienenwabenstruktur **VIII** *Coryphantha salm-dyckiana* mit kleinzellig-glatter Testa (nach BUXBAUM)

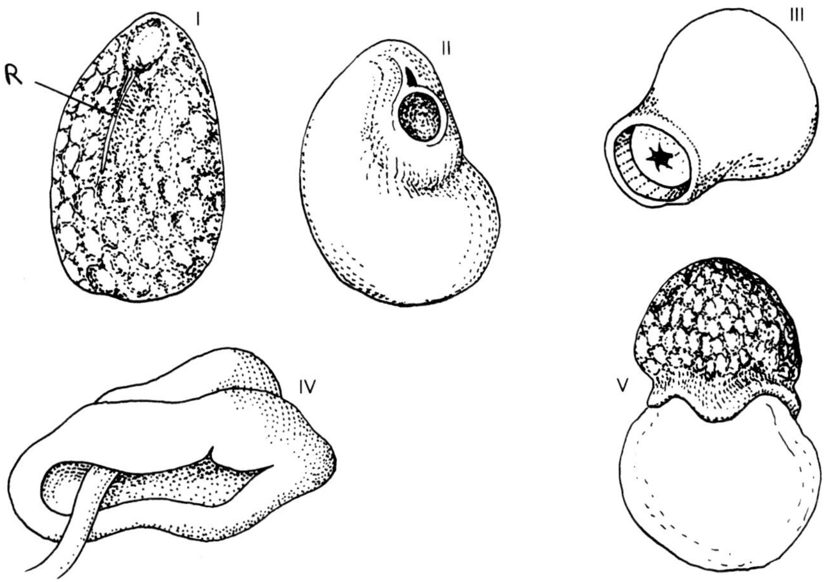

Bild 35. Samen von **I** *Escobaria tuberculosa* in Hilumansicht mit Raphe (R) **II** *Echinocactus saltillensis* in Hilumansicht **III** *Hamatocactus setispinus* mit kraterförmigem Hilum **IV** *Astrophytum myriostigma,* hutförmiger Samen **V** *Mammillaria pennispinosa* mit stark ausgebildeter Strophiola (nach BUXBAUM)

Die Samen der Kakteen sind von mannigfacher Form und Größe: flach, fast scheibenförmig, rundlich oder an den Seiten gewölbt. Die größten (abgeflachten) Samen einiger Opuntien haben bis 10 mm Durchmesser; die kleinsten, z. B. bei Parodien, haben einen Durchmesser von nur 0,5 mm. Dazwischen gibt es alle Übergänge. Die Färbung der Samen reicht von tief Braunschwarz über alle Zwischentöne bis zu Hellbraun.

Von taxonomischer Bedeutung ist der Bau der Samenschale, der Testa (Bild 34). Schon die lichtmikroskopischen Untersuchungen (Buxbaum), vor allem aber die rasterelektronenmikroskopischen Arbeiten (Barthlott und Voit, 1979) haben eine große Mannigfaltigkeit im Bau der Testa gezeigt. Die Unterschiede sind vor allem durch die verschiedene Ausbildung der einzelnen Testazellen bedingt. Neben Größe und Form der Zellen (isodiametrisch oder gestreckt, mit geraden oder in verschiedener Weise verzahnten Antiklinen) ist vor allem die Ausbildung der äußeren, periklinen Zellwand für die Gestalt der Testa von Bedeutung. Sie ist entweder

1. flach, meist stark verdickt (glatte, harte Testa; bei völlig reduzierten Wandverdickungen kleinzellig-glatte und weiche Testa),
2. konvex, wobei entweder die ganze Außenwand schwach bis papillös vorgewölbt ist (warzige Testa) oder nur ein Teil eine meist exzentrische papillen- oder haarähnliche Ausstülpung bildet (im Extrem bei *Blossfeldia*),
3. konkav als Folge des Kohäsionszuges in den Testazellen des austrocknenden Samens. Der Kohäsionszug wirkt auf eine vollständig oder nur in einem zentralen Bereich unverdickte Außenwand, die dadurch einwärts gekrümmt oder sogar zerrissen wird (grubig-punktierte Testa).

Weitere Formelemente sind eingesenkte oder erhabene Antiklinalwände und flache bis kraterartige Vertiefungen der Zellecken dreier aneinanderstoßender Zellen (Zwischengrübchen).

Die Testa ist von einer Kutikula überzogen, die oft komplizierte, spezifische Faltungsmuster aufweist. Gelegentlich kann sich die Kutikula sogar abheben und erscheint dann – schon makroskopisch sichtbar – als runzelig-weißliche Haut (fälschlich als Arillushaut bezeichnet).
Eine Raphe, d. h. die von der Verwachsung des Samenstrangs mit der Samenanlage herrührende Narbe, ist bei Kakteensamen nur selten deutlich. Dagegen ist der Nabel oder das Hilum stets vorhanden; es handelt sich um die bei der Ablösung des Samens von der Ansatzstelle des Samenstrangs entstandene Narbe. Der Nabel liegt, da die Samenanlagen der Kakteen campylotrop gebaut sind, meist unmittelbar neben dem Mikropylarloch, das in vielen Fällen als mehr oder weniger deutliche kleine Öffnung noch erkennbar ist, oft aber auch mikroskopisch klein ist (Bild 35). Nabel und Mikropyle können voneinander getrennt sein (z. B. *Pereskia*), meist aber bilden sie eine als Hilum-Mikropylar-Bereich bezeichnete Einheit. Eine starke Erweiterung des Samenstrangs unter dem Samen führt im Zusammenhang mit einer Art Kragenbildung häufig zu einem kraterartigen Nabel, der schließlich so stark entwickelt sein kann, daß die Nabelregion größer als der eigentliche Samen wird. Der ganze Samen nimmt schließlich eine hut- oder mützenförmige Gestalt an (*Astrophytum, Frailea*). In einigen Fällen kann der Krater des Nabels von einem korkig-schwammigen Gewebe ausgefüllt sein; gelegentlich wächst dieses Gewebe zu einem mächtigen (als Strophiola bezeichneten) Anhangsgebilde aus, das den eigentlichen Samen an Größe übertrifft (*Mammillaria pennispinosa*). Gegenüber einer Umwallung der Abbruchstelle des Samenstrangs kann auch der Samenstrang selbst an seiner Ansatzstelle verbreitert sein und die Samenanlage bzw. den reifen Samen mehr oder weniger stark umhüllen. Diese Erscheinung ist besonders ausgeprägt bei den Opuntioideen, bei denen die Samenanlage völlig von dem erweiterten Samenstrang, also einem Arillusmantel, umhüllt wird. Dabei liegt dann nicht einmal die Mikropyle frei (Bild 36). Bei den Opuntioideen ist dieser Arillusmantel am reifen Samen außerordentlich hart und fest um den Samen geschlungen, aber nicht mit der darunterliegenden braun-schwarzen Samenschale verwachsen. Trägt der Samenstrang Haare, die bei der Fruchtbildung zur Pulpa werden, so ist auch der Arillusmantel behaart und bei der Reife innig mit dem Fruchtmus verbunden.
Das nach der Befruchtung gebildete Endosperm (Nährgewebe des Samens) wird durch den heranwachsenden Embryo bald aufgebraucht. Bei den ursprünglichsten Kakteen, den Pereskioideen und Opuntioideen, ist an Stelle des Endosperms ein mächtiges Perisperm entwickelt, um das der schlanke Embryo kreisförmig gelagert ist. (Perisperm ist ein Nährgewebe, das aus dem Gewebe der Samenanlage hervorgeht; Endosperm ist ein Nährgewebe, das sich nach der Befruchtung aus einer Zelle des Embryosacks entwickelt.) Innerhalb der Cactoideen wird nun die Speicherfunktion fortschreitend auf den Embryo selbst übertragen, und zwar entweder auf dessen Keimblätter (*Hylocereae*) oder auf das Hypokotyl (Verbindungsstück zwischen Keimblättern und Keimwürzelchen). Gleichzeitig wird das

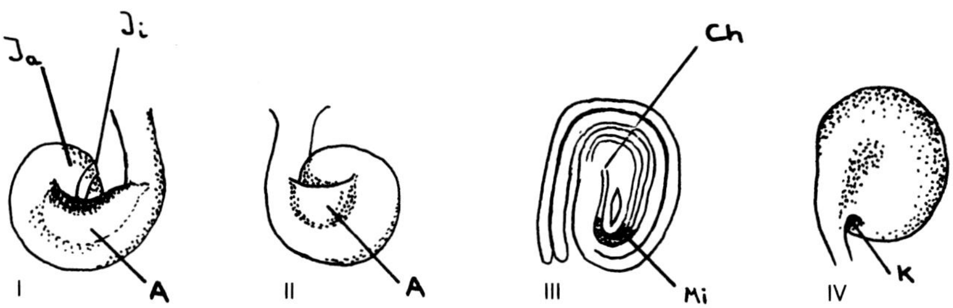

Bild 36. Arillusbildung bei *Opuntia*
I + II Junge Samenanlagen von *Opuntia vulgaris,* A flügelförmiger Auswuchs des Funiculus, J_i, J_a inneres und äußeres Integument, bei **II** schon durch starke Einkrümmung verdeckt **III** Längsschnitt durch ein älteres Stadium, Ch Chalaza, Mi Mikrophyle **IV** Außenansicht einer Samenanlage, die ganz im Arillus steckt, K Eingang (I + II nach PLANCHON, III + IV nach GOEBEL)

Perisperm bis zum völligen Verschwinden reduziert, und der ursprünglich gekrümmte Embryo streckt sich immer mehr (vgl. dazu: Bau des Keimlings, S. 16).

Geographische Verbreitung

Die Kakteen sind fast ausschließlich auf Amerika beschränkt. Mit Ausnahme der nördlichsten und südlichsten Gebiete kommen sie von Kanada (56° nördlicher Breite) bis Patagonien (52° südlicher Breite) vor. Ihr Mannigfaltigkeitszentrum liegt im Gebiet beiderseits der Wendekreise, wo sie überwiegend die Steppen und wüstenartigen Trockengebiete bewohnen. Die größte Artenzahl weisen die regenarmen Gebiete Mexikos auf sowie die benachbarten Gebiete der Vereinigten Staaten. An zweiter Stelle folgen dann die Trockengebiete des inneren und östlichen Brasiliens. Auch die Anden Südamerikas beherbergen zahlreiche Arten, die bis an die Grenze des ewigen Eises bei 4700 m emporsteigen. Hinsichtlich der Temperaturansprüche ist vor allem die Gattung *Opuntia* besonders anpassungsfähig und lebenszäh, wie *O. polyacantha* im Norden und *O. darwinii* sowie *O. australis* (zusammen mit der nahe verwandten Gattung *Maihuenia*) im äußersten Süden zeigen. Auch die Andenhochtäler von 4000–4700 m werden von Opuntien der Untergattung *Tephrocactus* beherrscht. *Echinocactus simpsonii, Mammillaria vetula* und *Mammillaria supertexta* kommen in Mexiko noch in 3000 bzw. 3500 m Höhe vor.
Auf der anderen Seite ist eine Reihe von Kakteen auch an ein ausgesprochen feuchtwarmes tropisches Klima und ein Leben im geschlossenen Urwald angepaßt. Das sind die vorwiegend epiphytischen Arten der Hylocereen und Rhipsalideen, deren Hauptverbreitungsgebiet in Brasilien und Mittelamerika liegt, die sich zum Teil aber auch an trockeneren Standorten finden können.
Die einzige Gattung, die außerhalb Amerikas ein natürliches Verbreitungsgebiet gefunden hat, ist *Rhipsalis,* die sich auch in den tropischen Wäldern der Alten Welt, im tropischen Afrika, in Madagaskar und auf Ceylon findet. Am wahrscheinlichsten erscheint es, daß sie durch Vögel verbreitet wurde, was durch den vogelleimähnlichen Saft ihrer Beeren möglich wäre. Dagegen dürfte die Vermutung, Matrosen hätten Rhipsaliszweige wegen ihrer mistelähnlichen Beeren als Weihnachtsschmuck mit nach Afrika gebracht, kaum zutreffen; dazu sind die vorhandenen Unterschiede zu groß.

Nutzpflanzen

In ihrer Heimat spielen die Kakteen auch als Nutzpflanzen eine nicht unbedeutende Rolle. Am wichtigsten ist wohl die Verwendung der Früchte, die frisch, eingekocht oder getrocknet gegessen werden. Am bekanntesten sind die Früchte einiger Opuntien, in erster Linie *O. ficus-indica,* die eine alte Kulturpflanze ist. Daneben werden auch die Früchte anderer Arten gegessen, sowohl Früchte mit wäßrigem, nichtfärbendem Saft (*O. streptacantha, O. leucotricha* u. a.) als auch Früchte mit rotem, färbendem Saft, der auch den Harn rot färbt (*O. engelmannii, O. lindheimeri* u. a.). Nicht alle Opuntienfrüchte sind eßbar; einige schmecken fad oder sind ziemlich trocken. Sehr wohlschmeckend sind auch die faustgroßen Früchte einiger Hylocereen, wie die von *H. guatemalensis, H. triangularis, H. undatus* usw., die deshalb vielfach angepflanzt werden. Auch die Früchte vieler Säulencereen werden verzehrt, z. B. die von *Carnegiea gigantea* oder von *Myrtillocactus geometrizans,* deren Früchte an Heidelbeeren erinnern. Geradezu als Leckerbissen gelten die Früchte mancher Echinocereen, z. B. *Echinocereus cinerascens,* ebenso die winzigen Beeren vieler Mammillarien. Die Früchte von *Pereskia portulacifolia* werden als Barbados-Stachelbeeren angeboten.
Neben den Früchten werden auch die fleischigen Kakteenkörper wegen ihres Wassergehaltes in wasserarmen Gegenden geschätzt. Das Fleisch der riesigen *Ferocactus*-Arten (z. B. *F. wislizenii*) wird wegen seines säuerlich-süßen und aromatischen Geschmacks in Mexiko als Kompott gegessen oder kandiert und zu Bonbons verarbeitet („candy cactus"). Die Glieder von Opuntien, auch die jungen Triebe vieler Säulenkakteen, werden als Vieh-

futter verwendet. Schließlich dient das kräftige Holz von *Cereus*-Arten in holzarmen Gegenden als Bau- und Brennmaterial.
Opuntien und vor allem schlankwüchsige Säulenkakteen wie *Pachycereus marginatus* werden als undurchdringliche Hecken und Einzäunungen angepflanzt.
Längs durchschnittene Opuntienglieder dienen als kühlende Umschläge, so wie in Europa Aloeblätter. Zahlreiche Kakteen enthalten die verschiedensten Alkaloide. Am bekanntesten ist wohl *Lophophora williamsii* mit Mescalin, das Rauschzustände mit Halluzinationen hervorruft. Mescalin ist aber auch in mehreren (nicht allen) Trichocereen enthalten (Lloydia 39:461, 1976). Aus den Trieben von *Selenicereus grandiflorus* wird ein wirksames Herzmittel gewonnen, das vor allem in England und Nordamerika in Gebrauch ist.

Kultur der Kakteen

Substrat

Es ist praktisch unmöglich, die oft außerordentlich verschiedenen Substrate an den natürlichen Standorten der Kakteen auch in der Kultur zu beschaffen. Daher empfiehlt es sich, für die Masse der Kakteen eine einheitliche Erdmischung zu verwenden, die im wesentlichen folgende Voraussetzungen erfüllen soll:
1. Sie muß gut durchlässig sein, also lockeres, poröses Erdmaterial enthalten.
2. Sie darf kein ungenügend zersetztes Erdmaterial enthalten, das Anlaß zu Fäulnis gibt.
3. Sie muß ausreichend Nährstoffe besitzen, ohne zu nahrhaft zu sein.
4. Sie muß neutral bis schwach sauer reagieren, d. h., sie darf nicht kalkhaltig sein.

Eine nach diesen Richtlinien zusammengesetzte Erdmischung erhalten wir z. B., wenn wir gut verrottete Lauberde, gewöhnliche Gartenerde und groben Flußsand zu etwa gleichen Teilen mischen. Diese Erdmischung bietet den meisten Kakteen ausreichende Nährstoffe, um ein normales Wachstum zu ermöglichen. Sie wird stets locker bleiben, ohne zu verkrusten, und sie wird bei richtiger Behandlung auch nicht versauern.
Daneben werden mit genauso gutem Erfolg noch viele andere Rezepte empfohlen. So nehmen viele Kakteenliebhaber einen Zusatz von mürbem Lehm und zur Lockerung der Erde Bimskies oder Perlite. Entscheidend sind aber nicht die jeweiligen Zutaten im einzelnen, sondern das Gesamtgefüge, das unseren Forderungen entsprechen muß. Als weitere Regel gilt dann noch, daß das Material um so gröber sein soll, je größer die Pflanzen sind, für die es bestimmt ist. Nur wenige Kakteen wachsen in reinem Kalkgestein, z. B. *Ariocarpus*- und *Astrophytum*-Arten. Sie benötigen natürlich einen Kalkzusatz.
Daneben gibt es auch fertige käufliche Kakteenerden, unter denen besonders auf die sog. Chemie-Erde hingewiesen sei. Im Gegensatz zu der oben empfohlenen Mischung stellt sie eine rein mineralische Erde dar, die also keine humosen Bestandteile enthält. Sie wird besonders für empfindliche Arten empfohlen. Schließlich können Kakteen auch in Torfkultursubstraten (TKS), eventuell mit entsprechendem Sandzusatz, mit Erfolg gezogen werden.
Die meisten Kakteen lassen sich in einer der vorstehenden Erdmischungen kultivieren. Einige wenige stellen besondere Ansprüche an den Boden. Das sind die tropischen Epiphyten, also die Blattkakteen („*Phyllocactus*"), Weihnachtskakteen (*Schlumbergera*) und *Rhipsalis*-Arten. Sie benötigen eine ausgesprochen humose Erdmischung, die auch etwas nahrhafter sein darf, da es sich vielfach um raschwüchsige Arten handelt. Auch bei ihnen ist aber ein grobes, durchlässiges Material wichtig, was man z. B. durch Zugabe von Styromull erreichen kann.

Pflanzgefäße

Die Pflanzgefäße sollen immer so gewählt werden, daß die Kakteen darin ausreichend, keinesfalls aber zu viel Platz haben. Die Erde in den Pflanzgefäßen soll möglichst gleichmäßig feucht bleiben; es darf kein zu rascher Wechsel zwischen Nässe und Trockenheit erfolgen. Von vornherein zu verwerfen sind also alle Miniaturtöpfchen, vor allem die aus Ton. Kleinbleibende Pflanzen, z. B. Rebutien, wird man vorteilhaft zu mehreren in kleinere oder größere Schalen pflanzen. Größere Pflanzen setzt man zweckmäßiger in einzelne Gefäße, weil man sie so besser unter Kontrolle hat.
Neben den früher allein verwendeten Tontöpfen kann man mit ebenso gutem Erfolg auch Kunststofftöpfe verwenden, bei denen die Verdunstung der Bodenfeuchtigkeit durch die seitlichen Topfwände gänzlich vermieden wird. Die Erde wird dann gleichmäßig von den Wurzeln durchzogen, wogegen bei den Tontöpfen die Wurzeln regelmäßig einen dichten Filz unmittelbar an der Topfwand bilden. Die Feuchtigkeit bleibt viel länger und gleichmäßiger erhalten, man braucht daher auch nicht so oft zu gießen. Schließlich ist das Herausnehmen der Pflanzen aus dem Topf beim Umpflanzen wegen der glatten Topfwandung praktisch ohne jede Zerstörung des Wurzelballens möglich. Die notwendige Durchlüftung der Erde erreicht man durch eine entsprechend lockere, durchlässige Struktur der Erde. Selbstverständlich müssen alle Gefäße am Boden ein ausreichend großes Abzugsloch besitzen, durch das das überschüssige Wasser ablaufen kann.

Verpflanzen

Wie alle Pflanzen werden auch Kakteen nur dann verpflanzt, wenn es notwendig ist: Wenn die Pflanze für ihren Topf zu groß geworden ist und nicht mehr ausreichend Nahrung findet, wenn sie auffallende Wachstumsstörungen zeigt, die auf Krankheit, Zerstörung des Wurzelsystems oder auf Befall mit tierischen Schädlingen wie Wurzelläusen hinweisen. Im allgemeinen wird es also nicht notwendig sein, jedes Jahr schematisch alle Kakteen zu verpflanzen. Kleine, raschwüchsige Sämlinge wird man öfter verpflanzen müssen, bei älteren, erwachsenen Pflanzen wird ein Verpflanzen nur alle zwei bis drei Jahre erforderlich sein. Im allgemeinen wird der neue Topf größer sein als der alte; entscheidend ist aber immer die Entwicklung des Wurzelwerks, das den neuen Topf in der Folgezeit auch wirklich ausfüllen soll.
Von Notfällen abgesehen ist die günstigste Zeit für ein Verpflanzen das Frühjahr vor dem Einsetzen des eigentlichen Wachstums, weil zu dieser Zeit die Störungen der Wurzeln am geringsten sind und die dann neu erscheinenden Wurzeln ungestört das neue Erdreich durchwurzeln können. Ausgenommen sind alle Frühblüher, z. B. Echinocereen, Echinopsen und Phyllocacteen, die man erst nach der Blüte verpflanzt.
Zweckmäßig bereitet man das Verpflanzen gründlich vor, damit die Arbeit dann ohne jeden Aufenthalt zügig voranschreiten kann. Wir brauchen:
Ausreichende Erdmengen, eine genügende Zahl sauberer Pflanzgefäße verschiedener Größe (neue Tontöpfe einige Tag lang gründlich wässern!), Topfscherben zum Abdecken des Abzugslochs, kleinere Topfscherben oder feinen Kies als Drainage, für größere Pflanzen Stäbe und Bast zum eventuellen Anbinden, ein sog. Pflanzholz zum Nachfüllen und Andrücken der Erde, nicht zuletzt auch ein Tuch oder Handschuhe, um die oft schmerzhaft stechenden Pflanzen sicher und fest in der Hand halten zu können.
Zu den Vorbereitungen gehört auch, daß wir die zu verpflanzenden Kakteen einige Tage vorher nicht gießen, damit sich die verbrauchte Erde leichter ausschütteln läßt.
Beim Verpflanzen entfernen wir die Pflanze unter möglichster Schonung der Wurzeln aus dem alten Topf, indem wir die Pflanze sicher in die Hand nehmen, den Topf auf den Kopf stellen und den Topfrand einige Male kräftig auf einer festen Unterlage kurz aufstoßen, bis sich der Wurzelballen von der Topfwandung löst. Natürlich darf die Pflanze selbst dabei nicht verletzt werden. Bei alten Tontöpfen mit stark verfilztem Wurzelballen läßt es sich oft nicht vermeiden, den Topf zu zerschlagen.
Aus dem freigelegten Wurzelballen wird die alte Erde ausgeschüttelt. Dichter Wurzelfilz

wird vorsichtig mit einem spitzen Holz gelockert, abgestorbene Wurzeln schneidet man mit einem scharfen Messer bis in den gesunden Teil zurück. Auch an sich gesunde Wurzeln, die übermäßig lang gewachsen sind, sollten kräftig gekürzt werden; die Neubildung von Wurzeln wird dadurch wirksam angeregt. Vor allem aber haben wir auf das Vorhandensein von Wurzelläusen (siehe Krankheiten und Schädlinge) zu achten. Sie müssen sorgfältig, notfalls auch drastisch mit Bürste und Wasserstrahl, entfernt werden, ehe die Pflanzen in einen neuen Topf kommen (in diesem Fall lassen wir die Pflanze vor dem Eintopfen gründlich abtrocknen).
Der für die Pflanze geeignete neue Topf wird ausgewählt, indem man die Pflanze probeweise hineinhält. Das Abzugsloch wird mit einem nicht zu kleinen Topfscherben abgedeckt, und darauf kommt je nach Größe des Topfes eine Schicht kleinerer Topfscherben oder feinen Kieses zur Vermeidung stehender Nässe. Jetzt erst halten wir die Pflanze in ihrer endgültigen Lage in den Topf, füllen allseitig die neue Erde nach und helfen nötigenfalls mit dem Pflanzholz leicht nach, um auch die Hohlräume zwischen den Wurzeln auszufüllen. Schließlich stoßen wir – immer unter Festhalten der Pflanze – den Topf einige Male kräftig auf der Unterlage auf und drücken zum Schluß die Erde vom Rand aus leicht mit der Hand an, so daß ein ausreichender Gießrand entsteht. Die fertig eingetopfte Pflanze soll dabei mit ihrem Körper gerade der Erde aufsitzen. Nur längere Cereen oder Opuntien setzt man etwas tiefer, damit sie einen festeren Halt haben. Sie wird man auch an einem Stab festbinden, bis sie sich durch Neubildung von Wurzeln wieder befestigt haben. Die frisch verpflanzten Kakteen werden je nach Witterung frühestens nach acht Tagen angegossen, damit die zurückgeschnittenen oder verletzten Wurzeln heilen können.

Standort und Pflege im Sommer

Ideal sind die Bedingungen im Frühbeetkasten oder Gewächshaus. Aber auch am Fensterbrett, noch besser in einem glasgeschützten Kasten vor dem Fenster lassen sich Kakteen mit Erfolg pflegen. Sind Winter- und Sommerstandort nicht gleich, müssen wir vor allem darauf achten, den krassen Übergang vom häufig lichtarmen Winter- zum hellen Sommerquartier etwas abzumildern. Dazu sollten die Pflanzen vor allem in den ersten Wochen entsprechend schattiert werden. Erst wenn das neue Wachstum beginnt, entfernen wir die Schattierung allmählich und lüften auch entsprechend.
Haben unsere Pflanzen ihren endgültigen Standort erhalten, so besteht unsere wichtigste Pflegemaßnahme im wesentlichen im richtigen Gießen. Es ist nicht möglich, dafür nach Zeitpunkt und Mengen genaue Rezepte anzugeben. Wann und wieviel gegossen werden soll, hängt von so vielen Faktoren ab, daß bestimmte Vorschriften von vornherein sinnlos wären. Wieviel Wasser die Pflanze benötigt, hängt in erster Linie von ihrem Wachstum und der Temperatur ab. Dazu kommt als wichtiger physikalischer Faktor die Geschwindigkeit, mit der die Erde die Feuchtigkeit durch Verdunstung abgibt. Dies wiederum hängt von der Art der Erde ab (Porosität), bei einzeln stehenden, nicht eingefütterten Töpfen aber auch von den Pflanzgefäßen (Tontöpfe, Kunststofftöpfe).
Wir werden daher zunächst nach dem Herausnehmen der Pflanzen aus dem Winterquartier vorsichtig mit dem Gießen beginnen, bis wir die ersten Zeichen des neuen Wachstums erkennen. Kakteen brauchen, sobald sie einmal im Wachstum sind, ausreichende Feuchtigkeit. Wir gießen durchdringend, wenn die Töpfe trocken sind, so daß wirklich die ganze Erde bis unten hin richtig feucht ist. Dann lassen wir die Erde ruhig wieder etwas austrocknen, ehe wir wieder von neuem gründlich gießen.
Beobachten wir während des Sommers, daß eine Pflanze ihr Wachstum vorübergehend einstellt – das ist bei vielen Arten ein ganz normaler Vorgang, der mit den heimatlichen Standortverhältnissen zusammenhängt –, dann werden wir während dieser Zeit auch mit dem Gießen entsprechend vorsichtig sein.
Beim Gießen kommt es nicht nur auf das „Wann" und „Wieviel" an, sondern auch auf die Qualität des Gießwassers. Ideal wäre Regenwasser, aber das wird uns nur in seltenen Fällen ausreichend zur Verfügung stehen. Leitungswasser ist meistens für Kakteen, die in der Regel eine schwach saure Reaktion bevorzugen (pH 5–6), zu kalkhaltig. Wir sollten daher

den pH-Wert des Gießwassers mit einem Indikatorpapier, das in jeder Apotheke erhältlich ist, untersuchen. Gegebenenfalls muß die Reaktion durch Ansäuern verbessert werden. Dazu kann man Salpetersäure, Schwefelsäure, Phosphorsäure, Zitronensäure oder Oxalsäure verwenden, sollte aber zwischen den Säuren regelmäßig abwechseln, um eine einseitige Anreicherung des Bodens mit bestimmten Stoffen zu vermeiden. Oxalsäure ist für Menschen schwer giftig; bei ihrer Anwendung ist große Vorsicht geboten.
Eng verbunden mit dem Gießen ist die Frage, ob und wie man Kakteen düngen soll. Wie alle anderen Pflanzen brauchen selbstverständlich auch Kakteen zu ihrem Wachstum mineralische Nährstoffe, die zunächst in der Erde enthalten sind. In dem Maße aber, in dem diese Nährstoffe verbraucht werden, müssen wir sie durch Düngung wieder zuführen – entsprechend dem Wachstum der Pflanzen. Daraus ergibt sich für das Düngen der Kakteen folgende Regel: Frisch verpflanzte Kakteen sind zunächst ausreichend mit Nährstoffen versorgt. Erst wenn diese Nährstoffe weitgehend aufgebraucht sind, geben wir dem Gießwasser neue Nährsalze zu, wobei wir uns nach dem Wachstum der einzelnen Pflanzen richten. Rasch wachsende Kakteen, z. B. viele Cereen, müssen wir öfter düngen als langsam wachsende (z. B. viele Kugelformen). Ruhende Kakteen, die kein Wachstum zeigen, dürfen keinesfalls gedüngt werden. Weniger wichtig ist es, welche Art von Dünger wir verwenden. Alle sog. Volldünger sind geeignet, da sie auch die Spurenelemente enthalten. Wir müssen nur darauf achten, daß sie arm an Stickstoff sind, da Stickstoff zu mastigem Wachstum führt.
In der Wachstumszeit fördern wir also das Wachstum der Kakteen nach Möglichkeit, im Herbst dagegen bereiten wir unsere Pflanzen für den langen Winter vor. Wir bringen das Wachstum zum Abschluß und härten die Pflanzen kräftig ab. Das erreichen wir durch Einschränken des Gießens, durch möglichst intensiven Lichtgenuß und volle Einwirkung der nächtlichen Abkühlung, wobei die Temperaturen ruhig bis zum Nullpunkt sinken dürfen. Das Ergebnis sind gesunde, widerstandsfähige Pflanzen mit herrlicher Bedornung und vor allem größter Blühwilligkeit. Das Einräumen in das Winterquartier verschieben wir, solange es nur geht, ohne die Pflanzen übermäßig zu gefährden.

Standort und Pflege im Winter

Abgesehen von wenigen Arten, die im Winter wachsen und blühen (z. B. *Mammillaria plumosa*) und abgesehen von den Epiphyten, die in einem gleichmäßigeren, feuchten Urwaldklima leben, haben alle Kakteen bei uns im Winter ihre Vegetationsruhe. Wir müssen also unsere Maßnahmen darauf abstimmen, die Ruheperiode nicht zu unterbrechen. Alles, was die Pflanzen zur Unzeit zum Wachstum anregen könnte, ist zu vermeiden. Wir erreichen das, indem wir die Faktoren, die das Wachstum in erster Linie fördern, auf ein Minimum reduzieren: Wärme und Feuchtigkeit.
Das Licht spielt bei der winterlichen Ruhe der Kakteen keine so entscheidende Rolle. Überraschenderweise hat es sich sogar gezeigt, daß die Kakteen gegen Lichtmangel bei weitem nicht so empfindlich sind, wie wir das nach den hohen Ansprüchen der Kakteen an das Licht während der sommerlichen Wachstumsperiode erwarten würden. Im Extrem können ruhende Kakteen sogar monatelang ohne jeden Schaden in völliger Dunkelheit verbringen!
Für den Winterstandort der Kakteen in einer Wohnung ergeben sich daraus folgende Forderungen (für Besitzer heizbarer Kästen oder von Gewächshäusern gilt sinngemäß das gleiche): Am zweckmäßigsten bringt man die Kakteen in einem ungeheizten, aber frostfreien Raum mit einer Durchschnittstemperatur von 4–8 °C und ausreichender Helligkeit unter. Die Pflegemaßnahmen sind dann denkbar einfach: Etwa alle drei bis vier Wochen geben wir ganz wenig Wasser. Noch besser ist, die Wassergaben bis zum Beginn des neuen Wachstums im nächsten Frühjahr überhaupt einzuschränken. Überwintern die Kakteen in einem geheizten Raum, müssen wir natürlich die Wassergaben dem bei höheren Temperaturen größeren Wasserverlust anpassen, damit der Ballen nicht vollkommen staubtrocken wird. Entscheidend ist, daß die Pflanzen nicht zum Wachstum angeregt werden. Unter den schlechten Lichtverhältnissen im Winter hätte ein Wachstum verheerende

Folgen für die Pflanze: Anstelle normal gestalteter, gedrungener und gut bedornter Triebe entstünden bei vielen Arten, z. B. Opuntien und Echinopsen, häßlich vergeilte, dünne Kümmertriebe. Bei anderen Arten wäre wenigstens die Ausbildung der Dornen sehr stark und unwiderruflich gehemmt.
Findet sich in der Wohnung überhaupt keine geeignete Unterbringungsmöglichkeit, bleibt als letzter Ausweg, die Kakteen auszutopfen. Sie werden dann in einen Karton verpackt und an einem kühlen Ort völlig dunkel aufbewahrt. Die meisten Arten werden diese Art der Überwinterung ohne jeden Schaden überstehen. Selbstverständlich wird man auch in diesem Fall gelegentlich die Pflanzen auf ihren Zustand kontrollieren, damit nicht Fäulnis oder Schädlingsbefall sich ausbreiten können.

Die Vermehrung der Kakteen

Wir kennen drei Arten der Vermehrung:
1. durch Stecklinge bzw. Ableger; 2. durch Pfropfen und 3. durch Aussaat.

Stecklingsvermehrung

Die einfachste Art der Vermehrung ist die Stecklingsvermehrung. Viele Arten bilden schon von sich aus reichlich Seitensprosse, z. B. Echinopsen oder rasenbildende Mammillarien. Diese ,,Kindl'' brauchen wir nur mit einem scharfen Messer abzutrennen (oft brechen sie schon von selbst ab), und schon ist der Steckling fertig. Ähnlich einfach liegen die Verhältnisse bei den stark gegliederten Opuntien, wo wir ebenfalls nur einen Flachsproß abzutrennen brauchen, oder bei dünntriebigen Cereen, z. B. der ,,Königin der Nacht'', bei denen wir einfach ein Triebende abschneiden. Die Schnittflächen der Stecklinge lassen wir etwa eine Woche (bei schönem Wetter) oder länger abtrocknen, am einfachsten, indem wir den Steckling aufrecht (!) in einen leeren Topf stellen. Sind die Schnittstellen abgetrocknet und von einer festen Haut überzogen, stellen wir die Stecklinge auf ein poröses, durchlässiges Material wie reinen Sand, Torfmull-Sandgemisch, Bimskies oder dgl. und warten geduldig, bis die Wurzeln hervorbrechen (bei Echinopsen, manchen Mammillarien und einigen anderen Arten bewurzeln sich die Kindl schon an der Mutterpflanze!). Wasser geben wir nicht oder nur ganz leicht von unten; vorteilhaft ist es, für einen warmen Fuß und ,,gespannte Luft'', etwa durch Überstülpen eines Glases zu sorgen, was die Wurzelbildung sehr fördert.
Schwieriger ist die Stecklingsgewinnung bei unverzweigten Kugel- oder Säulenformen, die nur dann zur Verzweigung bzw. Ausbildung von Seitensprossen übergehen, wenn der Hauptvegetationspunkt beschädigt ist. In diesem Fall köpfen wir entweder die Pflanze und behandeln das Kopfstück als Steckling, oder wir bohren den Vegetationspunkt aus und lösen so die Bildung von Seitensprossen aus. Allerdings wird man diese Methode im allgemeinen nur dann anwenden, wenn eine Pflanze z. B. durch Verletzung unschön geworden ist. Eine besonders hübsche Art der Vermehrung, die allerdings nur bei langwarzigen Mammillarien (z. B. *M. wildii, M. plumosa, M. schiedeana, M. longimamma*) oder *Leuchtenbergia* möglich ist, ist die Vermehrung durch Warzenstecklinge. Man läßt dazu die von der Mutterpflanze abgetrennten Warzen einige Tage (im Schatten) abtrocknen und behandelt sie dann wie normale Stecklinge, sorgt jedoch für gespannte Luft und ganz leichte Bodenfeuchtigkeit, weil sonst die Gefahr des Vertrocknens zu groß ist. Die neuen Sprosse entstehen in diesen Fällen nicht aus der Stachelareole an der Warzenspitze, sondern entspringen direkt am Warzengrund.

Pfropfen

Die zweite wichtige Vermehrungsart ist das Pfropfen, d. h. das Aufsetzen eines Pfröpflings auf eine unempfindliche und starkwüchsige Unterlage. Erstaunlicherweise macht bei den Kakteen die Vereinigung oft der gegensätzlichsten und gar nicht näher miteinander verwandten Arten kaum irgendwelche Schwierigkeiten und ist auch technisch kaum mit größeren Schwierigkeiten verbunden. Doch sollte das Pfropfen immer nur Mittel zum Zweck bleiben, und es ist daher nur so durchzuführen, daß ein möglichst harmonisches Gesamtbild entsteht.

Unbedingt erforderlich ist Pfropfen bei Pflanzen, die nicht imstande sind, sich selbst zu ernähren, z. B. bei den chlorophyllfreien gelben Formen etwa von *Lobivia* (*Chamaecereus*) *silvestrii* oder dem blutroten *Gymnocalycium mihanovichii,* aber auch bei den – verhältnismäßig wenigen – Arten, die bei uns in Kultur als schwierig gelten und offenbar ein sehr empfindliches Wurzelsystem besitzen. Nicht zu umgehen ist dann das Pfropfen bei den sog. Hahnenkammformen (Cristaten), die immer wieder, auch in der Natur, ohne erkennbare Ursachen auftreten. Ähnliches gilt auch von Hochpfropfungen von Hängeformen, wie *Aporocactus flagelliformis, Schlumbergera truncata* oder *Rhipsalidopsis graeseri.* Ein unentbehrliches Hilfsmittel schließlich ist das Pfropfen, wenn es sich darum handelt, von einer kranken Pflanze gerade noch den letzten Rest des Scheitels zu retten, der nicht mehr als Steckling behandelt werden kann, oder wenn es darum geht, seltene Arten rasch zu vermehren.

Als Unterlagen haben sich vor allem die dicktriebigen Trichocereen bewährt, die nur schwach vorspringende Rippen besitzen, so daß eine möglichst große Querschnittsfläche entsteht, wie *Tr. spachianus, Tr. macrogonus, Tr. pachanoi, Tr. schickendantzii,* die alle sehr wüchsig und im Winter gegen niedere Temperaturen nicht empfindlich sind; sehr geeignet ist auch *Eriocereus jusbertii* mit etwas langsamerem Wachstum, wegen seiner schlanken Gestalt besonders auch für Hochpfropfungen; Pfropfungen auf *E. jusbertii* zeichnen sich außerdem durch schöne Bedornung und große Blühwilligkeit aus; allerdings will er im Winter etwas wärmer stehen.

Der Pfropfvorgang selbst ist im Prinzip außerordentlich einfach: Mit einem scharfen, flachen, rostfreien Messer schneiden wir mit ziehendem Schnitt (also nicht drücken!) den Kopf der Unterlage in der gewünschten Höhe ab. Dabei müssen wir jedoch darauf achten, daß das Gewebe an der Schnittstelle schon etwas ausgereift, aber noch nicht so alt ist, daß es bereits teilweise verholzt ist. In gleicher Weise richten wir den Pfröpfling her. Dann schrägen wir sowohl die Unterlage als auch den Pfröpfling am Rande etwas ab, um den Zusammenhalt von Unterlage und Pfröpfling zu sichern, und legen schließlich den Pfröpfling mit leichtem Druck so auf die Unterlage, daß sich die beiden Leitbündelkreise, die als kreisfömig angeordnete Punktreihe zu erkennen sind, möglichst weitgehend decken. Denn die Leitungsbahnen des Pfröpflings müssen an die der Unterlage Anschluß gewinnen, um die Ernährung des Pfröpflings überhaupt zu ermöglichen. Damit weiter die Verbindung möglichst auf der ganzen Schnittfläche gleichmäßig zustande kommt, pressen wir den Pfröpfling je nach Art nur ganz leicht oder entsprechend kräftig auf die Unterlage, wobei wir selbstverständlich den empfindlichen Scheitel durch Watte oder ähnliches schützen. Wesentlich ist dabei immer, daß der Druck auch bei etwaigem Schrumpfen der Pflanzen gleichmäßig erhalten bleibt.

Will man dagegen die flachen Glieder des Weihnachts- oder Osterkaktus zur Erziehung eines Kronenbäumchens auf eine hohe, schlanke Unterlage pfropfen, dann wird man in den Spalt pfropfen, wobei man als Unterlage am besten den schlanktriebigen *Eriocereus jusbertii* verwenden wird, der ausreichend kräftig ist, um später auch eine große Krone tragen zu können. Bei der Spaltpfropfung köpfen wir zunächst in der gewohnten Weise die Unterlage, schneiden sie dann in der Mitte 2–3 cm tief der Länge nach ein und schieben den am unteren Ende keilförmig zugeschnittenen Pfröpfling in den Spalt und stecken durch Unterlage und Pfröpfling einen längeren Kaktusdorn (keine Metallnadeln!), um ihn in der gewünschten Lage festzuhalten.

Aussaat

Die sicherlich reizvollste Art der Vermehrung ist die Anzucht aus Samen. Während für den Besitzer eines Gewächshauses eine Aussaat praktisch zu jeder Jahreszeit möglich ist, ist für den Zimmerliebhaber der günstigste Zeitpunkt wohl der April, wenn die Sonne bereits genügend hoch steht und keine längeren Schlechtwetterperioden mehr zu erwarten sind. Selbstverständlich sind bei der Anzucht aus Samen größte Sorgfalt und Sauberkeit erforderlich, um von vornherein alle möglichen Gefahrenquellen für die jungen, noch zarten Sämlinge auszuschalten; andererseits aber auch, um Verwechslungen der einzelnen Arten zu vermeiden. Sät man in einzelnen Töpfen aus, dann empfiehlt es sich, diese in einer größeren Kiste in ein Torfmull-Sand-Gemisch einzusenken, um eine gleichmäßige Bodenfeuchtigkeit zu erhalten. Zweckmäßig sind aber auch die im Gartenbau üblichen Aussaatschalen aus Styropor, die in verschiedenen Größen angeboten werden. Als Aussaatsubstrat hat sich (neben zahllosen anderen Rezepten) eine Mischung aus $^2/_3$ TKS 1 und $^1/_3$ Sand sehr bewährt. Die damit eben voll gefüllten Gefäße stoßen wir einige Male kräftig auf und drücken die Erde nur ganz leicht an, so daß bis zum oberen Schalen- bzw. Topfrand etwa 1 cm Platz bleibt. Bei Aussaat in Schalen unterteilen wir diese durch Glas- oder Kunststoffstreifen in einzelne Fächer, je nach Zahl der Samen, damit die verschiedenen Samen nicht untereinanderkommen können. Wir verteilen nun die einzelnen Samen gleichmäßig auf die einzelnen Töpfe bzw. Fächer, wobei wir sofort die dazugehörigen Etiketten einstecken, um jede Verwechslung zu vermeiden. Kleine Samen drücken wir lediglich mit einem passend zugerichteten kleinen Brettchen oder Korkstück etwas an, damit sie in bessere Berührung mit dem Boden kommen; nur die größeren Samen, z. B. von Opuntien, bedecken wir in der Dicke der Samen mit Erde. Nun stellen wir die Gefäße ins Wasser und lassen die Erde sich damit vollsaugen; anschließend empfiehlt es sich, mit einer ganz feinen Blumenspritze aus größerer Höhe die Aussaatgefäße mit einer Chinosol-Lösung zur Vorbeugung gegen Pilzbefall zu besprühen. Diese so fertig gerichteten Aussaatgefäße decken wir mit einer Glasscheibe ab, auf die wir zum Schutz gegen zu starke Sonnenbestrahlung einen Bogen Seidenpapier legen.

Entscheidend für eine rasche und gleichmäßige Keimung sind jetzt in erster Linie ausreichend Wärme und gleichmäßige Feuchtigkeit (nicht Nässe!). Die günstigste Keimtemperatur beträgt für die Mehrzahl der Kakteen bei Tag 25–30 °C, während sie bei der Nacht auf 18–20 °C absinken sollte. Unter diesen Bedingungen werden die meisten Kakteen in etwa 8–14 Tagen keimen; nur die hartschaligen Opuntien z. B. können wochen- und monatelang liegen, ehe sie keimen. Um auch bei diesen Arten eine schnellere Keimung zu erzielen, empfiehlt es sich, die harte Samenschale mit einem Messer oder einer Feile leicht anzuritzen, damit das zur Keimung notwendige Wasser durch die Samenschale eindringen kann. Solange die Aussaatgefäße mit einer Glasscheibe bedeckt sind, müssen wir regelmäßig dafür sorgen, daß eventuell abgeschiedenes Kondenswasser entfernt wird, ohne auf die jungen Sämlinge zu tropfen.

Mit Abschluß der Keimung stellen wir die – noch mit Seidenpapier abgedeckten – Schalen unter gleichzeitigem Lüften in die volle Sonne und gehen auch mit der Bewässerung zum Normalzustand über, d. h., wir lassen sie ruhig regelmäßig austrocknen, ehe wir sie wieder wässern. Das Gesamtwachstum wird dadurch in Verbindung mit dem Wechsel von Tag- und Nachttemperatur deutlich gefördert. Erst wenn die Sämlinge sichtlich ein zügiges Wachstum zeigen, entfernen wir die Scheibe ganz und behandeln sie, jedoch unter Berücksichtigung ihrer geringeren Reserven, wie die erwachsenen Pflanzen.

Die Ansichten über den Zeitpunkt des Pikierens der immer größer werdenden Sämlinge in ein neues Substrat gehen auseinander. Möglichst lange ungestört wird man wohl langsam wachsende Arten wie Parodien stehenlassen. Andere raschwüchsige Arten wird man dagegen schon bald pikieren können. Ein sofortiges Pikieren, unabhängig vom Zustand der Sämlinge, kann aber erforderlich sein bei Befall mit dem Vermehrungspilz oder wenn die Oberfläche der Saatgefäße sich mit Algenrasen überzieht.

Um kleinere Sämlinge ohne Schaden aus dem Substrat herausnehmen zu können, verwenden wir zweckmäßigerweise eine aus einem Holzstab durch Einschneiden an der Spitze gebildete zweizackige Gabel und einen etwa bleistiftstarken Holzstab, mit dem wir dann auch ein ausreichend großes Loch in das mäßig feuchte Substrat machen. Dafür nehmen wir wieder die gleiche Mischung wie für die Aussaat. Die jungen Sämlinge werden dann mit den Wurzeln nach unten (!) in der Regel genauso tief gesetzt, wie sie in der Saatschale gestanden haben. Für die gegenseitige Entfernung gilt dabei, daß sich die jungen Kakteen viel besser entwickeln, wenn sie sehr dicht, gleichsam auf Tuchfühlung, beieinanderstehen. Das heißt, wir wählen den gegenseitigen Abstand gerade so groß, wie die Sämlinge dick sind. Die frisch pikierten Sämlinge lassen wir einige Tage, ohne zu gießen, an einem vor direkter Sonne geschützten, halbschattigen Ort warm und in etwas gespannter Luft stehen, damit sie sich möglichst rasch wieder erholen und neue Wurzeln bilden können; erst dann gewöhnen wir sie langsam wieder an Luft und Sonne. Mit dem zweiten Pikieren warten wir dann, bis sich die Sämlinge regelrecht berühren oder gar drücken und keine weitere Entwicklungsmöglichkeit mehr haben.

Die Stellung der Kakteen im Pflanzenreich

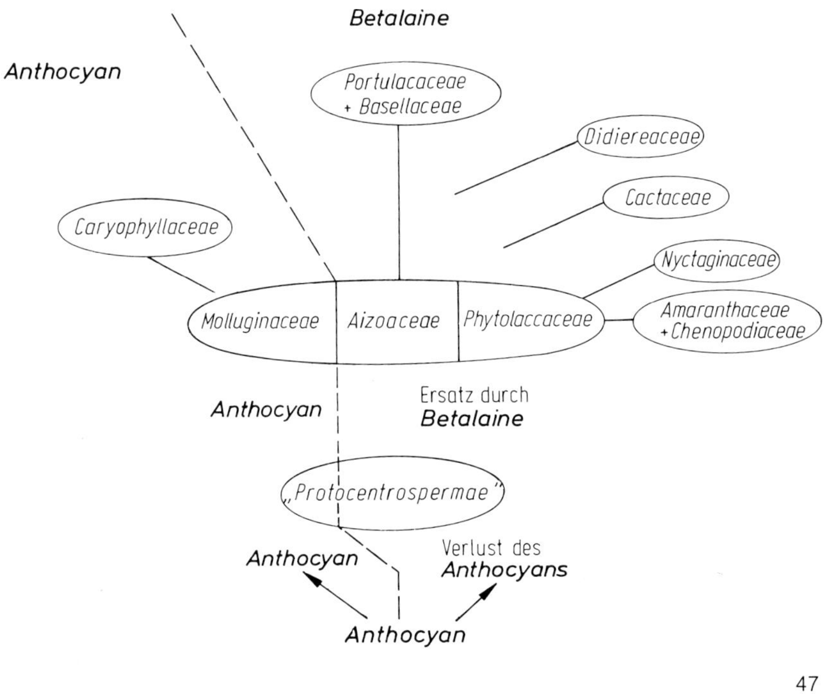

Die Kaktusgewächse (*Cactaceae*, A. L. de Jussieu, Gen. Pl. 310, 1789) gehören zur Ordnung der Zentralsamer (*Centrospermae* oder *Caryophyllales*) mit folgenden Hauptmerkmalen:
Meist zentralstehende, gekrümmte Samenanlagen. Samen im Zentrum der reifen Frucht (= *Centrospermae,* Eichler 1878).
Nährgewebe im Samen hauptsächlich Perisperm (d. h. aus dem Nucellus hervorgegangenes Nährgewebe), umgeben von dem vielfach eingerollten oder stark gekrümmten Embryo.
Anstelle des roten oder blauen Farbstoffs Anthocyan bei vielen Familien stickstoffhaltiges Betacyan sowie gelbes Betaxanthin (= Betalaine).
Siebelement-Plastiden mit Eiweißeinschlüssen (globuläres oder polygonales zentrales Kristalloid und peripheres ringförmiges Bündel von Filamenten, „P-Typ"-Plastiden).
Den gemeinsamen Vorfahren der *Centrospermae*, den *„Protocentrospermae"*, steht die Gruppe der *Molluginaceae, Aizoaceae* (Eiskrautgewächse) und *Phytolaccaceae* (Kermesbeerengewächse) am nächsten. Zwischen diesen 3 Familien bestehen zahlreiche und enge Übereinstimmungen. Von diesem Zentrum aus haben sich dann die übrigen Familien weiterentwickelt.
Die Trennung in einen Anthocyan- und einen Betalain-Ast dürfte dabei bereits innerhalb der *Protocentrospermae* erfolgt sein. Was die uns in erster Linie interessierende Familie der Kaktusgewächse (*Cactaceae*) betrifft, so bestehen hier enge Beziehungen zu den *Phytolaccaceae* (Kermesbeerengewächse), ebenso aber auch zu den *Portulacaceae* (Portulakgewächse) und den *Aizoaceae* (Eiskrautgewächse).

Kaktusgewächse *(Cactaceae)* – **Bestimmungsteil**

Die Cactaceen sind durch folgende Merkmale charakterisiert:
Xerophyten mit meist sukkulenten säulenförmigen, kugeligen oder abgeflachten Stämmen, nur selten mit flachen grünen Blättern.
Blätter meist rückgebildet oder in Dornen umgewandelt.
In den Blattachseln Areolen, d. h. vorzeitig entwickelte abgeflachte Kurztriebe mit Haarfilz, Dornen, Borsten oder Haaren.
Blütenachse deutlich entwickelt, meist aus ∞ Internodien bestehend, in Blütenstielzone (Pedizellarzone), einen den Fruchtknoten umhüllenden Teil (Perikarpell) und einen über dem Fruchtknoten liegenden, röhrenförmig verlängerten Teil (Rezeptakulum) gegliedert; mit Areolen und hochblattartigen Schuppen besetzt, die oft allmählich in die Blütenhüllblätter übergehen.
Blüten zwittrig, ansehnlich, aktinomorph (strahlensymmetrisch) oder zygomorph, mit einer aus meist zahlreichen Blättern bestehenden Blütenhülle (Perigon). Blütenblätter frei, selten zu einer echten Röhre verwachsen.
Staubgefäße zahlreich. Pollen dreifurchig (tricolpat) oder mit 6–12 runden Austrittsöffnungen (porat). Äußere Schicht der Pollenkornwand (Exine) mit Netzstrukturen, feinen Stächelchen und winzigen Löchern. Pollen dreikernig.
Fruchtknoten mehrblättrig, aber einfächerig, mit 1 Griffel, sehr selten mittelständig mit basalen, sonst unterständig mit ± zahlreichen wandständigen Samenanlagen.

Samenanlagen gekrümmt, seltener umgewendet, mit meist langen, oft büschelweise miteinander verbundenen Nabelsträngen.
Frucht fleischig, oder trocken, aufspringend oder geschlossen bleibend.
Chromosomengrundzahl $x = 11$.
Die etwa 2000 Arten umfassende Familie gliedert sich in 3 Unterfamilien:
1. *Pereskioideae* mit 2 Gattungen
2. *Opuntioideae* mit 5 Gattungen
3. *Cactoideae* mit 127 Gattungen
(Die Anzahl der Gattungen schwankt bei den verschiedenen Systemen je nach weiterer oder engerer Fassung der Gattungen etwa zwischen 120 und 220.)
Der nachfolgenden Darstellung liegt das System von Buxbaum zugrunde, das jedoch in einigen Punkten im Anschluß an Hunt bzw. Barthlott abgeändert wurde.

Pereskioideae K. Schumann

Blüten meist gestielt, oft proliferierend. Ovar mittelständig oder unterständig. Samen mit schwarzer Samenschale (Testa). Bäume oder Sträuche meist von der Tracht normaler Laubhölzer, mit breiten flachen Blättern (*Pereskia*) oder Pflanzen mit gegliederten, stärker sukkulenten Trieben und pfriemlichen bis zylindrischen Blättern (*Maihuenia*). 2 Gattungen: *Pereskia* und *Maihuenia*.

Opuntioideae K. Schumann

Blüten sitzend, nicht selten proliferierend. Ovar unterständig. Samen mit sehr hartem Arillusmantel, hellfarbig. Pflanzen baumförmig bis niedrig. Triebe zylindrisch bis kugelig oder ± abgeflacht, oft gegliedert. Blattspreite pfriemlich oder zylindrisch, meist hinfällig, selten (*Pereskiopsis*) breit und flach. Mit kleinen, mit Widerhaken versehenen, leicht abbrechenden Dornen (Glochiden). 5 Gattungen: *Quiabentia, Pereskiopsis, Tacinga, Pterocactus, Opuntia.*

Cactoideae K. Schumann

Blüten sitzend, ohne proliferierende Blütenachse. Ovar unterständig, Samen mit dünner, harter und schwarzer bis weicher und heller Samenschale. Habitus vielgestaltig. Blattspreite fast stets vollständig reduziert.
Die artenreichen und äußerst vielgestaltigen *Cactoideae* mit 127 Gattungen lassen sich in folgende 9 Tribus unterteilen:

I.	*Leptocereae*	IV.	*Hylocereae*	VII.	*Notocacteae*
II.	*Browningieae*	V.	*Cereae*	VIII.	*Echinocereae*
III.	*Pachycereae*	VI.	*Trichocereae*	IX.	*Cacteae*

Tribus I Leptocereae F. Buxbaum

Perikarpell und Rezeptakulum stets stark sproßartig, kurz; Schuppen meist zahlreich, mit dornigen bis wolligen Areolen. Wuchs säulenförmig, mit grundständiger oder seitlicher Verzweigung; vielfach dünntriebig.
6 Gattungen: *Leptocereus* (eine zweifellos sehr ursprüngliche Gattung), davon abgeleitet *Armatocereus, Neoraimondia,* sowie *Neoabbottia, Samaipaticereus* und *Calymmanthium.*

Tribus II Browningieae F. Buxbaum

Perikarpell und Rezeptakulum dickwandig, dicht dachziegelig mit Schuppen besetzt, die in ihren Achseln Areolenwolle tragen, meist aber vollkommen kahl sind. Pflanzen baumförmig, nur an der Basis oder häufiger über einem Stamm ± stark verzweigt. Vegetative Triebe stark bedornt, an blühfähigen Ästen schwächere oder ganz fehlende Bedornung. An die *Leptocereae* anschließende Tribus mit 3 Gattungen: *Rauhocereus, Castellanosia* und *Browningia*, mit fortschreitender Verkahlung der Perikarpellschuppen.

Tribus III Pachycereae F. Buxbaum

Perikarpell und das verlängerte Rezeptakulum dicht schuppig, mit dornigen bis wolligen Areolen, seltener diese fehlend. Pflanzen baumartig, säulenförmig, verzweigt oder einfach. Rippenbildung. Die 13 Gattungen können in 3 Gruppen unterteilt werden:

1. *Pterocereus, Escontria, Lemaireocereus, Pachycereus, Carnegiea*
2. *Myrtillocactus, Lophocereus, Bergerocactus, Machaerocereus, Rathbunia*
3. *Neobuxbaumia, Backebergia, Cephalocereus.*

Tribus IV Hylocereae F. Buxbaum

Blüten radiär, seltener zygomorph. Perikarpell schuppig, häufig mit dornigen oder behaarten, seltener ohne Areolen oder völlig nackt. Rezeptakulum kurz, stark verlängert oder fast fehlend. Mitunter echte Perigonröhre. Habitus vielgestaltig, z.T. Epiphyten. Triebe rund, mit oder ohne Rippen, oder 3- bis 5flügelig bis blattartig flach, häufig gegliedert. Blüten einzeln oder zu mehreren aus seitlichen Areolen oder aus Sammelareolen am Ende der Glieder.

Bei den 27 Gattungen können wir jeweils 4 näher miteinander zusammenhängende Gruppen unterscheiden:

1. *Nyctocereus, Brachycereus, Peniocereus; Acanthocereus, Dendrocereus; Harrisia, Eriocereus*
2. *Aporocactus, Heliocereus; Nopalxochia, Epiphyllum; Disocactus, Wittia, Pseudorhipsalis*
3. *Weberocereus, Eccremocactus; Hylocereus, Wilmattea; Selenicereus, Mediocactus, Strophocactus, Cryptocereus*
4. eine etwas isoliert stehende Gruppe mit: *Pfeiffera, Rhipsalis, Hatiora, Rhipsalidopsis, Schlumbergera*

Tribus V Cereae F. Buxbaum

Blüten radiär, seltener zygomorph. Perikarpell und Rezeptakulum schuppig ohne Areolen. Pflanzen strauchartig, aufsteigend oder niederliegend oder baumartig, säulenförmig, verzweigt oder einfach. Rippenbildung. Blüten aus normalen Areolen oder einem Cephalium. Die 10 Gattungen lassen sich in 3 Gruppen zusammenfassen:

1. *Jasminocereus, Stetsonia*
2. *Praecereus, Monvillea, Cereus, Brasilicereus*
3. *Pseudopilocereus, Stephanocereus, Coleocephalocereus, Buiningia*

Tribus VI Trichocereae F. Buxbaum

Blüten radiär, seltener zygomorph. Perikarpell und Rezeptakulum schuppig, mit wolligen oder kraushaarigen, gelegentlich (Perikarpell) mit dornigen Areolen, selten diese fehlend. Rezeptakulum mitunter (*Borzicactus*) kronblattartig (petaloid).

Untere Staubblätter bisweilen zu Haaren oder Schuppen reduziert. Pflanzen verzweigt oder einfach, aufrecht oder niederliegend, groß bis zwergig, säulenförmig, seltener kugelig. Bildung von Rippen oder diese ± in Warzen aufgelöst. Blüten aus normalen Areolen, sehr selten aus einem Cephalium.

23 Gattungen, auf 4 Gruppen verteilt, die nur zum Teil wirklich näher miteinander verwandte Gattungen umfassen (vor allem die 1. Gruppe hat wohl nur provisorischen Charakter):

1. *Trichocereus, Weberbauerocereus, Haageocereus, Espostoa, Austrocephalocereus, Zehntnerella*
2. *Borzicactus, Oreocereus, Morawetzia, Cleistocactus, Cephalocleistocactus, Denmoza, Arrojadoa, Micranthocereus, Matucana, Oroya*
3. *Echinopsis, Lobivia, Rebutia, Sulcorebutia, Weingartia, Gymnocalycium, Mila*
4. *Leocereus, Arthrocereus, Setiechinopsis*

Tribus VII Notocacteae F. Buxbaum

Blüten radiär. Perikarpell und Rezeptakulum schuppig, mit zur Spitze hin (akropetal) zunehmender Bekleidung der Areolen, im oberen Teil des Rezeptakulums Areolen mit Bor-

sten oder sogar Dornen; gelegentlich Areolen fehlend, sehr selten auch die Schuppen und dann Rezeptakulum kronblattartig (*Melocactus*). Bisweilen Verwachsung der Basis der inneren Tepalen zu einer kurzen echten Perigonröhre. Pflanzen kugelig oder abgeflacht bis zwergig, seltener kurz säulenförmig, am Grunde verzweigt oder einfach, gerippt oder die Rippen in Höcker oder Warzen aufgelöst. Blüten einzeln oder zu mehreren aus normalen Areolen oder einem Cephalium.
18 Gattungen in 4 Gruppen. Es erscheint allerdings fraglich, ob einige Gattungen (mit ? versehen) überhaupt in diese Tribus gehören.

1. *Corryocactus, Austrocactus, Eriosyce, Pyrrhocactus, Eulychnia* (?)
2. *Neoporteria, Islaya, Copiapoa*
3. *Notocactus, Parodia, Blossfeldia, Frailea, Uebelmannia* (?), *Astrophytum* (?)
4. *Discocactus, Melocactus* (?)

Tribus VIII Echinocereae (Br. et R.) F. Buxbaum

Blüten radiär. Perikarpell und gewöhnlich auch Rezeptakulum schuppig mit meist dornigen Areolen. Pflanzen kurz säulenförmig oder kugelig, aufrecht oder niederliegend, mitunter strauchähnlich, mit dünnen Zweigen oder großsäulenförmig und niederliegend. Rippenbildung.
2 eng miteinander verwandte Gattungen: *Wilcoxia* und *Echinocereus*, mit direktem Anschluß von *Wilcoxia* an die Gattung *Peniocereus* aus der Tribus *Hylocereae*.

Tribus IX Cacteae F. Buxbaum

Blüten radiär, selten zygomorph. Perikarpell meist schuppig und mit wolligen oder behaarten Areolen. Rezeptakulum ohne Areolen, verlängert und schuppig oder fast fehlend oder kronblattartig (dann Perikarpell nackt). Pflanzen kurz säulenförmig, kugelig oder flachgedrückt, sehr groß bis zwergig. Triebe gerippt oder warzig. Areolen einförmig (monomorph) oder zweigestaltig (dimorph). Blüten aus Areolen bzw. dem oberen Abschnitt einer zweiteiligen Areole (Furche, Axille) entspringend.
Die vermutlich an *Echinocereus* anschließende Tribus mit 25 Gattungen läßt sich in 3 Gruppen unterteilen:

1. *Echinocactus, Sclerocactus, Ancistrocactus, Hamatocactus, Echinomastus, Thelocactus, Normanbokea, Pediocactus, Neolloydia*
2. *Coloradoa, Turbinicarpus, Strombocactus, Aztekium, Lophophora, Leuchtenbergia, Obregonia, Epithelantha, Pelecyphora, Ariocarpus*
3. *Ferocactus, Echinofossulocactus, Coryphantha, Escobaria, Neobesseya, Mammillaria*

Unterfamilie Pereskioideae K. Schumann

Pereskia Mill. [*einschl. Rhodocactus* (A. Berger) F. M. Knuth]

Bäume, Sträucher oder Spreizklimmer mit wenig fleischigen, bald verholzenden Ästen, im Alter stark bedornt. Blätter ± gestielt, groß, in der Ruhezeit ± abfallend, Areolen ohne Glochiden. Blüten einzeln oder in Rispen, meist gestielt, radförmig ohne Röhre, weiß, rosa, rot oder orangefarben. Perikarpell nackt oder mit ± blattartigen Schuppen, diese bisweilen mit Haaren und Dornen. Fruchtknoten ober- bis unterständig. Frucht kugelig oder birnenförmig, fleischig, mit oder ohne Dornen. Samen ± zahlreich, groß, Samenschale glänzend schwarz, brüchig. Nach der Blütengröße werden 2 Gruppen unterschieden:
Kleinblütige (bis 1 cm ∅), meist auch kleinblättrige und strauchige Arten mit leuchtend roten oder orange Blüten.
Großblütige (bis 8 cm ∅), meist auch großblättrige Arten mit leuchtend karminroten, orange oder rosa Blüten.
20 Arten von Florida bis Brasilien und von Nord-Peru bis Ost-Bolivien.

■□
Pereskia vargasii Johns. □□
2–4 m hoher Baum mit oft niederliegenden älteren Ästen. Blätter fast sitzend, breitoval bis oval und nach oben verjüngt, 1,5–2,5 cm lang, fleischig. Areolen klein, weißfilzig, mit bis 1 cm langen weißen Haaren und 1–3 stechenden, bis 2,5 cm langen, später grauen und schwarz gespitzten Dornen. Blüten zu 3–5 gedrängt in den Blattachseln, klein, bis 1,5 cm breit, weiß. Frucht eine kleine, bis 6 mm große, weinrote bis fast schwarze Beere mit weißen Haaren. Heimat: Nord-Peru.

□■
Pereskia bahiensis Gürke □□
Anfangs strauchig, später bis 8 m hoher, stammbildender Baum mit dornenlosen Jungtrieben; später Areolen mit bis 40 bis 9 cm langen Dornen. Blätter lanzettlich, bis 9 cm lang. Blüten in kleinen Büscheln, groß, bis 8 cm breit, karminrot; Blütenachse mit großen, bis 4 cm langen Blättern, oft proliferierend. Heimat: Brasilien.

□□
Pereskia aculeata (Plum.) Mill. ■□
Reich verzweigter Strauch mit aufrechten oder niederliegenden, oft klimmenden, stielrunden, bis 2 m langen Zweigen. Blätter länglich bis eiförmig, kurz gestielt und gespitzt, bis 10 cm lang, etwas fleischig, unterseits rötlich. Areolen spärlich wollfilzig mit einem Paar Hakendornen und – nach dem Abfallen der Blätter – bis zu 30 geraden, bis 2 cm langen, gelbbraunen bis schwarzen Dornen. Blüten an einem vielblütigen, rispigen Blütenstand am Ende der Zweige, bis 3 cm lang und 5 cm breit, weißlich, gelblich oder rosa. Frucht eine bei der Reife fast völlig glatte, gelbe, etwas durchscheinende Beere von der Form und Größe einer Stachelbeere. Formenreiche Art. Heimat: Tropisches Amerika, Westindien und Süd-Amerika; in Mexiko und Florida wohl nur verwildert.

Maihuenia Philippi

Niedrige, dicht rasenförmig wachsende Zwergsträucher mit fleischigen, gegliederten Stämmchen. Glieder kugelförmig bis zylindrisch. Blätter klein, zylindrisch, abfallend oder länger bleibend. Areolen mit Wollfilz, ohne Glochiden. Dornen pfriemlich, stielrund. Blüten einzeln aus fast endständigen Areolen, gestielt, radförmig ohne Röhre, mittelgroß, weiß, gelb oder rot. Perikarpell mit blattartigen Schuppen, kahl oder behaart. Frucht eine weiche Beere; Samen zahlreich, linsenförmig. Samenschale glänzend schwarz, brüchig. – 5 Arten in den Anden von Chile und Argentinien bis Patagonien.

□□
Maihuenia poeppigii (Otto) Web. □■
Bis zu 3 m breite Rasen bildend. Glieder zylindrisch, 6 cm lang und 1,5 cm dick; Blätter zylindrisch, 4–7 mm lang. Areolen spärlich weißfilzig mit einem 1,5–2 cm langen Mitteldorn und 2 sehr kurzen seitlichen Dornen. Blüten gelb. Frucht verkehrt eiförmig, 4–5 cm lang. Heimat: Anden Süd-Chiles.

Unterfamilie Opuntioideae K. Schumann

Quiabentia Britton et Rose

Quirlig verzweigte Bäume oder Sträucher mit schlanken stielrunden, fleischigen Ästen und flachen, fleischigen Blättern. Areolen weißfilzig, mit zahlreichen glochidenartigen Dornen. Blüten am Triebende, radförmig, rot. Perikarpell beblättert. Frucht länglich, zuletzt kahl. Samen groß, plattrund mit weißlichem, glattem Samenmantel (Arillus). – Etwa 4 Arten in Brasilien und von Ost-Bolivien bis Nord-Argentinien.

Quiabentia zehntneri (Br. et R.) Br. et R.
2–3 m hoher, sehr dorniger Strauch mit durchgehendem Haupttrieb. Blätter eiförmig oder fast kreisrund, gespitzt, 2–4 cm lang. Areolen kurz weißwollig, mit zahlreichen dünnen, weißlichen Dornen. Blüten 3–4 cm lang und 7–8 cm breit, leuchtendrot. Heimat: Brasilien.

Pereskiopsis Britton et Rose

Bäume, Sträucher oder Schlinger mit unregelmäßig verzweigten, ± rutenförmigen Trieben und flachen, fleischigen Blättern. Areolen mit Haaren und echten Glochiden, mit oder ohne Dornen. Blüten aus den vorjährigen Trieben, ziemlich groß, radförmig, gelb oder rot. Perikarpell meist beblättert oder beschuppt. Frucht keulenförmig, fleischig, rot. Samen wenige, fast rund mit schmalem Ring, weiß, verfilzt behaart. – Etwa 10 Arten in Mexiko bis Niederkalifornien und Yukatan sowie in Guatemala.

■■
Pereskiopsis velutina Rose □□
Dichte Büsche von 1,2 m und mehr Höhe aus grünen, fein behaarten, abstehenden Trieben. Blätter eiförmig bis lanzettlich, 2–6 cm lang und 1,5–2,5 cm breit, fein behaart. Areolen mit einigen kurzen Dornen. Blüten gelb, außen grün oder gerötet. – Heimat: Mexiko.

Tacinga Britton et Rose

Aufrechter, ± verzweigter Klimmstrauch mit drehrunden Trieben. Blättchen sehr reduziert, zylindrisch, Areolen mit sehr leicht abfallenden Glochiden. Blüten seitlich rings um die Sproßenden, nächtlich, grün oder purpurn. Perikarpell und Rezeptakulum eine einheitliche Hohlachse mit winzigen Schüppchen und glochidenreichen Areolen bildend. Staubblätter und Griffel als dicht geschlossenes Bündel weit aus der Blüte herausragend, Blütenhüllblätter zurückgerollt; zwischen den obersten Staubblättern und den Blütenhüllblättern ein Kranz langer, krauser Haare. Frucht länglich, von der ganzen Hohlachse gebildet, gleichmäßig mit glochidentragenden Areolen besetzt, grün bis rötlich, sehr hartfleischig. Arillusmantel der großen, eirunden Samen sehr hart, mit zähen, quellfähigen, die ganze Fruchthöhle ausfüllenden Haaren. – 2 Arten in der Catinga von Bahia.

□□
Tacinga funalis Br. et R. ■□
Strauch mit anfangs aufrechten, dann gebogenen und kletternden, 1–10 m langen, wenig verzweigten, später stielrunden, 1–2 cm dicken Trieben. Blätter klein, bis 5 mm lang, hinfällig. Blüten grün, Frucht 4–5 cm lang. Heimat: Brasilien (Catinga von Bahia).

Pterocactus K. Schum.

Vom Grund aus verzweigte Zwergsträucher mit knollig verdickter Rübe, rundlichkeuligen bzw. dünnen, ziemlich langen Trieben mit winzigen, bald abfallenden Blättern. Areolen mit dünnen Dornen und kleinen Glochiden. Blüten echt endständig, klein, trichterförmig, ohne Röhre, äußere Blütenhüllblätter etwas fleischig. Perikarpell schwach gehöckert, mit zahlreichen Bündeln kleiner Dornen. Frucht kapselartig, trocken, mit Wolle, Dornen und Glochiden. Samen flach, weiß, Arillus breit und unregelmäßig geflügelt, hart. – 6 Arten in Argentinien, Patagonien bis zur Magellanstraße.

□□
Pterocactus tuberosus (Pfeiff.) Br. et R. □■
Aus einer bis 12 cm langen und 8 cm dicken Rübe entspringen 3–40 cm lange und 1 cm dicke, bräunlichgrüne Triebe. Areolen klein, mit winzigen, angepreßten Dornen. Blüten 2–3 cm lang und breit, gelb. Frucht trocken. Heimat: West-Argentinien.

Opuntia Mill. [*einschl. Cylindropuntia* (Engelm.) Knuth, *Austrocylindropuntia* Backbg., *Corynopuntia* Knuth, *Marenopuntia* Backbg., *Micropuntia* Daston, *Tephrocactus* Lemaire, *Nopalea* Salm-Dyck, *Consolea* Lemaire, *Brasiliopuntia* (K. Schum.) Berger, *Grusonia* F. Reichenbach]

Meist reich verzweigte Sträucher oder Bäume mit gegliederten, zylindrischen, keuligen oder abgeflachten, selten gerippten Sproßgliedern, zuweilen mit kräftig entwickeltem Stamm. Blätter spindel- und pfriemenförmig, Areolen meist mit Wolle, Glochiden und Dornen, diese manchmal von einer Scheide überzogen („Hosendornen", „Scheidendornen"). Blüten einzeln aus den randlichen oder gipfelständigen Areolen, mittelgroß oder ansehnlich, rad- bis trichterförmig, ohne Röhre, gelb oder rötlich, selten weiß. Perikarpell sproßartig mit areolentragenden Schuppen bedeckt, die Filz, Glochiden und zuweilen auch Dornen bilden. Frucht birnen- oder kugelförmig, fleischig oder trocken, mit vertiefter Abbruchnarbe. Samen groß, glatt, mit hartem, weißem, selten wollfilzigem Arillus. – Etwa 250–300 oft sehr schwer zu unterscheidende Arten hauptsächlich in Mexiko, Peru und Chile, in geringerem Maß in Nordamerika bis zum 50.° n. Br. und in Mittel- und Südamerika bis Patagonien, von der Ebene bis ins Hochgebirge bei 4500 m. In anderen Erdteilen (Australien, Südafrika, Mittelmeerraum) eingeschleppt.
Innerhalb der Gattung *Opuntia* können folgende Untergattungen unterschieden werden: *Cylindropuntia, Tephrocactus, Opuntia Nopalea, Consolea, Brasiliopuntia, Grusonia.*

Untergattung Cylindropuntia (Engelm.) Knuth (*einschl. Austrocylindropuntia* Backbg., *Corynopuntia* F. M. Knuth, *Marenopuntia* Backbg., *Micropuntia* Daston)

Sproßglieder stielrund, stark verlängert, glatt oder gehöckert oder gefeldert, aber nicht gerippt. Dornen vielfach mit papierartigen Scheiden („Hosendornen").

■□
□□
Opuntia clavarioides Pfeiff.
Strauchartig verzweigt, Triebe fingerförmig oder keulenförmig verdickt und flach abgestutzt, häufig auch hahnenkammförmig verbreitert, von hellbrauner bis tief rotbrauner Farbe („Negerfinger", „Negerhand"). Blätter rötlich, 1–5 mm lang, abfällig. Areolen winzig, mit 4–10 feinen, weißen, sternförmig angeordneten Dornen. Blüten nur selten erscheinend, 7,5 cm lang und 5–6 cm breit, bräunlich-grün. Frucht ellipsoidisch, 1,5 cm lang und 1 cm breit, braun, mit 1 wollig behaarten Samen. Heimat: Chile.
Wird nur gepfropft gezogen, und zwar meist auf Platyopuntien.

□■
□□
Opuntia miquelii Monv.
Buschig verzweigt, bis 1 m hohe und bis 5 m breite Kolonien bildend. Triebe zylindrisch, vielverzweigt, 3–6 cm dick und bis 20 cm lang, grün, später blaugrün. Höcker seitlich zusammengedrückt. Areolen groß, weißfilzig, mit braunen Glochiden und zuletzt bis 12 großen, kräftigen, oft bis 10 cm langen, zum Teil etwas abwärts gerichteten, im Alter weißgrauen Dornen. Blüten 4–8 cm lang, rosa bis fast weiß. Frucht länglich-eiförmig, weiß. Heimat: Chile (Atacama).

□□
■□
Opuntia subulata Eng.
Bis 4 m hoch werdender Baum mit armdickem Stamm und steil aufstrebenden Ästen; die jüngeren Sprosse sind dunkelgrün, groß gefeldert und weit herab mit bis 12 cm langen, bleistiftdicken, fast stielrunden, aufwärts gekrümmten Blättern mit einer Lebensdauer von 3–4 Jahren besetzt. Areolen mit wenigen gelben Dornen. Blüten rötlich bis rot. Frucht gehöckert, mit Blättern. Heimat: Süd-Peru.

□□
□■
Opuntia verschaffeltii Web.
Zylindrische, fingerdicke, 10–20 cm lange, mattgrüne, gefelderte Glieder, im Neutrieb mit 2–3 cm langen walzenförmigen Blättern. Areolen weißfilzig mit gelblichen Glochiden und 2–3 gelblichen, bis 3 cm langen Dornen. Blüten 3,5–4 cm lang, feuer- bis orangerot. Heimat: Bolivien, Nord-Argentinien.

■□
Opuntia tunicata Link et Otto □□
Bis 60 cm hohe dichte Büsche mit zentralem Stamm und quirlig abstehenden, bis 15 cm langen Ästen, die überaus stark mit glänzend weißen, bis 5 cm langen Hosendornen bedeckt sind. Glieder leicht abbrechend, bis 4 cm dick, stark gehöckert, grün bis hellblaugrün. Areolen weißfilzig, mit hellen Glochiden und 6–10 rötlichen, 4–5 cm langen Dornen mit papierartigen, glänzend weißen Scheiden. Blüten 5 cm lang, grünlich-gelb. Heimat: Mexiko, Ekuador, Peru, Nord-Chile.

□■
Opuntia bigelowii Eng. □□
Aufrechter, bis 1 m hoher Stamm mit zahlreichen abstehenden, den oberen kronenartig aufrechten kurzen Ästen. Triebe keulenförmig, bis 5 cm dick und 5–15 cm lang, hellgrün, gehöckert, außerordentlich stark bedornt. Höcker vierkantig, 1 cm lang und breit. Areolen weißfilzig, mit gelblichen Glochiden und 6–10 strahlenden Randdornen und 6–10 Mitteldornen mit strohgelben Scheiden. Blüten zu mehreren an den Spitzen der Glieder, 4 cm lang, purpurn. Frucht gelblich, meist nackt, stark gehöckert. Heimat: USA (Nevada, Arizona, Kalifornien), Mexiko (Niederkalifornien, Sonora).

□□
Opuntia imbricata (Haw.) DC. ■□
3–5 m hoher Strauch oder Baum mit aufrechtem Stamm und quirlig gestellten Ästen. Endglieder 2–3 cm dick, stark gehöckert, grün bis graugrün. Höcker 2–2,5 cm lang, seitlich zusammengedrückt. Blätter stielrund, 8–24 mm lang. Dornen 8–30, braun, 2–3 cm lang, mit weißen Scheiden. Blüten zu mehreren am Triebende, 4–6 cm lang und 8–9 cm breit, rosarot bis tiefkarmin. Frucht gelblich, stark gehöckert, fast dornenlos. Heimat: USA (Colorado bis Texas und Neumexiko), Zentral-Mexiko.
Ist die einzige baumförmig wachsende Freiland-Opuntie, die bei ausreichendem Schutz gegen Nässe Temperaturen von −24 °C jahrelang ohne Schaden überstanden hat.

□□
Opuntia ramosissima Eng. □■
Bis 2 m hoher Strauch. Triebe schlank, kaum fleischig, bis 9 cm lang und 6 mm dick, grau, oft weit spreizend, mit 4- bis 6eckigen, flach gewölbten Feldern. Areolen rund, anfangs braunwollig, mit blassen Glochiden, ohne oder mit 1 einzelnen, geraden, bis 6 cm langen, rötlichen Dorn mit gelblicher Scheide. Blüten 3–4 cm lang, grünlichgelb, etwas gerötet. Frucht 2,5 cm lang, fast oval, trocken. Heimat: USA (Süd-Nevada, West-Arizona, Kalifornien), Mexiko (Niederkalifornien, Sonora).

■□
□□
Opuntia inarmata Backbg.
Kleine Pflanzen mit länglich-kugeligen bis zylindrischen, 1,5 cm dicken, dunkel-, später olivgrünen Gliedern. Höcker kaum erhaben, Blätter bis 15 mm lang, aufgerichtet, Areolen quergezogen, weißfilzig, mit winzigen, kaum erkennbaren, glasig-weißen Glochiden und – selten – 1 vorgestreckten Dorn. Blüten groß, 4 cm breit, rot mit leichtem Orangeton, Narben bordeauxrot. Heimat: Bolivien.

□■
□□
Opuntia marenae S. H. Parsons
Niedrig-buschige Pflanzen mit dünnen, zylindrischen Trieben und dicker Rübe. Areolen hell, zuerst mit wenigen, später mit 8–9 oder mehr verschieden langen Dornen, die äußeren ± angelegt, 1–2 mittlere, verschieden lange nach unten abstehend, manchmal der längste auch seitwärts spreizend. Blüten endständig, ziemlich groß, weit öffnend, cremefarben. Frucht in dem bei der Reife anschwellenden Triebende, seitlich aufreißend. Heimat: Mexiko (Sonora).

Untergattung Tephrocactus Lemaire

Niedrige Sträucher oder Polster mit kugeligen oder kurz zylindrischen Sproßgliedern (Glieder- oder Kugelopuntien), Dornen oft papier- oder pergamentartig. Frucht meist trocken, durch Überwallung der Areolen durch das Fruchtfleisch Früchte im Innern mit Glochiden.

□□
■□
Opuntia subterranea R. E. Fries
Einfacher oder nur wenig verzweigter, fast im Boden verborgener Körper mit dicker, bis 12 cm langer Wurzel und runden, 2–4 cm langen Gliedern. Höcker fast viereckig flach und dicht gestellt, mit 1–7 kurzen, zurückgebogenen und angepreßten, weißlichen bis bräunlichen Randdornen, ohne Mitteldorn. Blüten bräunlichweiß, rötlich getönt, 2,5 cm breit, außen grünlich. Frucht birnenförmig, bis 1,5 cm lang. Heimat: Nord-Argentinien.

□□
□■
Opuntia dimorpha Först. ***var. pseudorauppiana*** Backbg.
Mehr oder weniger kompakte, 15–20 cm hohe und bis 30 cm breite Polster aus rundlich-eiförmigen, 2,5 cm langen und breiten, bräunlichgrünen Gliedern. Areolen ziemlich dick, braunfilzig, mit dichten Büscheln kleiner, weißer Glochiden und 7 braunen, 2 cm langen und 3–4 weißlichen, kürzeren Dornen. Blüten hellgelb. Heimat: Chile (Coquimbo).

■□
Opuntia floccosa S. D. □□
Durch reiche akrotone Verzweigung bis 2 m breite und bis 30 cm hohe Polster bildend. Einzelglieder länglich, 5–10 cm lang und 3 cm dick, stark gehöckert, glänzend grün. Blätter klein, dick, 5 mm lang. Areolen mit langen, weißen, glänzenden Wollhaaren und 1–3 gelben, 1–3 cm langen dünnen Dornen. Blüten 3 cm lang und 3,5 cm breit, gelb bis orange. Frucht kugelig, 3 cm dick, gehöckert. Heimat: Peru bis Zentral-Bolivien in 4000 bis 4500 m Höhe.

□■
Opuntia articulata Pfeiff. ex. Otto ***var. papyracantha*** (Phil.) Backbg. □□
Lockere Polster aus länglich-runden, leicht abbrechenden, graugrünen Sproßgliedern von etwa 5 cm ∅. Areolen sehr groß, mit dichten, braunen Glochiden und 1–3 schneeweißen, papier- oder holzspanartigen, bis 7 mm breiten und 10 cm langen Dornen („Hobelspankaktus"). Blüten 3–3,5 cm breit, weiß bis rosa (erscheinen in Kultur nur selten). Frucht 1–1,5 cm lang, trocken. Heimat: West-Argentinien.

□□
Opuntia rauhii (Backbg.) Rowley ■□
Die dicht von schneeweißen, etwas abstehenden Wollhaaren eingehüllten, kurz zylindrischen, bis 25 cm langen und 8 cm dicken Sproßachsen vom Aussehen eines kleinen *Oreocereus* treten zu dichten Gruppen zusammen. Areolen meist mit 1 dünnen, weißen und gelb gespitzten, 1,5 cm langen Mitteldorn. Eine der schönsten Arten. Heimat: Peru, auf den Hochsteppen in 3800–4500 m Höhe.

□□
Opuntia crispicrinita (Rauh et Backbg.) Rowley □■
Große breite Polster aus ± verlängerten (nur anfangs ± kugeligen), bis 4 cm langen und 2 cm dicken, mäßig breit und länglich gehöckerten Gliedern mit abstehenden, gekräuselten, weißen Haaren und dünnen, wenig hervortretenden, bräunlichen bis hornfarbenen Dornen. Blüten karminrot. Heimat: Peru.

Untergattung Opuntia Mill. (= *Platyopuntia* Engelm.)
Sproßglieder scheibenförmig abgeflacht, ringsum mit Areolen besetzt, Blättchen stark reduziert, bald abfallend. Früchte fleischig, seltener saftlos trocken.

■□
□□

Opuntia stenopetala Eng.
Aufrecht oder niederliegend-buschig mit verkehrt-eiförmigen, 10–20 cm langen, graugrünen oder geröteten Gliedern. Areolen ziemlich entfernt, mit braunen Glochiden und meist 2–4, bis 5 cm langen, rotbraunen bis schwarzen, den größeren abgeflachten Dornen, untere Areolen ohne Dornen. Blüten 5 cm lang, feuerrot. Frucht umgekehrt eiförmig, scharlachrot, ohne oder mit wenigen Dornen. Heimat: Mexiko.

□■
□□

Opuntia microdasys (Lem.) Pfeiffer
Strauchig, bis 60 cm hoch, mit ziemlich kleinen, 10–15 cm langen elliptischen, flachen, weich behaarten Gliedern. Areolen ziemlich dicht gestellt, ohne Dornen, aber mit sehr zahlreichen, schön gelben Glochiden. Blüten 4–5 cm lang, blaßgelb. Frucht kugelig, tiefrot.
Dazu var. *rufida* mit rotbraunen, var. *albispina* mit weißen Glochiden. Die var. *monstrosa* ist eine kleintriebige Form mit kleineren, dicht gestellten und sich fast berührenden Areolen von goldgelber Farbe. Heimat: Mexiko.

□□
■□

Opuntia pycnantha Eng. ***var. margaritana*** Coult.
Niedrig-buschige Art mit runden bis ovalen, 10–20 cm langen und bis 15 cm breiten Gliedern. Areolen dicht stehend, bräunlich-filzig, mit auffällig roten Glochiden sowie bis 10 weißen oder rötlichen, ungleich bis 1 cm langen, schräg nach unten gerichteten Dornen. Blüten willig erscheinend, 4 cm breit, schwefelgelb. Frucht 4 cm lang, dornig. Heimat: Mexiko (Nieder-Kalifornien, Santa-Margarita-Insel).

□□
□■

Opuntia scheerii Weber
Breite, etwa meterhohe Büsche mit bis zu 30 cm langen, breit elliptischen Trieben von blaugrüner Farbe. Areolen mit kurzen braunen Glochiden, bis 12 nadeldünnen, 1 cm langen gelben Dornen und zahlreichen, nach allen Richtungen verlaufenden, der Oberfläche angeschmiegten gelben oder weißen Borstenhaaren. Blüten groß, 10 cm breit, hellgelb, Frucht kugelig, rot. Sämlinge mit langen weißen Haaren. Eine der schönsten, aber leider etwas größeren Arten. Heimat: Mexiko (Queretaro).

■□
□□

Opuntia rhodantha K. Schum.

Niederliegend, stark verzweigt, bis 30 cm hoch. Glieder fast eiförmig, 7–12 cm lang und 5–10 cm breit, ziemlich dick, grün bis graugrün. Areolen auf braunen Höckern, mit braunen Glochiden und 2–4 abstehenden, bis 3 cm langen, weißen, gelben oder braunen Dornen; untere Areolen ohne Dornen. Blüten groß, 7–8 cm lang und breit, purpurrot bis hellrosa, Narben grün. Frucht länglich, glatt, ± dornig. Bei uns winterharte, besonders schöne Art. Heimat: USA (West-Colorado, West-Nebraska, Utah, Arizona, Kalifornien), bis auf 2300 m Höhe.

□■
□□

Opuntia macrocentra Eng.

Bis 90 cm hoher Busch mit aufsteigenden Ästen. Triebe kreisrund oder etwas länglich, bis 20 cm lang, oft bläulich oder purpurn. Dornen fehlend oder 1–2 nur im oberen Triebteil, dünn, aufgerichtet, bis 7 cm lang. Blüten gelb, im Verblühen oft rötlich, 7,5 cm breit. Frucht bis 6 cm lang, purpurn. Heimat: USA (West-Texas bis Ost-Arizona), Nord-Mexiko (Chihuahua).

□□
■□

Opuntia phaeacantha Eng.

Niederliegend oder etwas aufsteigend verzweigt-buschig, mit verkehrt-eiförmigen, 10–15 cm langen, mattgrünen oder graugrünen, im unteren Teil gewöhnlich unbedornten Gliedern. Areolen entfernt, mit zahlreichen gelben bis braunen Glochiden und 1–4(–6) etwas abgeflachten, 1–6 cm langen, am Grund braunen, oben helleren bis fast weißen, abstehenden, an den randständigen Areolen ± zurückgerichteten Dornen. Blüten 5 cm breit, schön gelb. Frucht birnenförmig, unten stark verjüngt, 3–3,5 cm lang, rot.

In bezug auf Wuchsform, Ausbildung der Dornen und Form der Frucht sehr variable Art. Bei uns auch ohne Schutz absolut winterhart. Heimat: USA (Texas bis Arizona), Nord-Mexiko (Chihuahua).

□□
□■

Opuntia hystricina Eng. et Big.

Niederliegend-spreizend mit ± aufgerichteten Trieben. Glieder kreisrund bis verkehrt eiförmig, 6–10 cm lang und 6 cm breit. Areolen 1 cm entfernt, mit gelben Glochiden und zahlreichen strahlenden, oft etwas rückwärts gebogenen, kräftigen, etwas abgeflachten, 5–10 cm langen, blaßbraunen bis weißen Dornen. Blüten 6 cm lang und bis 7 cm breit, orange oder rosa. Frucht eiförmig bis länglich, 2,5–3 cm lang, oben bedornt. Heimat: USA (Neumexiko, Arizona, Nevada, Colorado).

Untergattung Nopalea Salm-Dyck

Sträucher oder Bäume mit gut ausgebildetem Stamm und flachen, länglichen Trieben; Blätter klein, bald abfallend, Areolen mit gelben bis bräunlichen Glochiden und wenigen, einfachen Dornen. Blüten zylindrisch mit aufrechten Blütenhüllblättern, rötlich; Staubblätter und Griffel weit herausragend. Frucht fleischig, meist dornenlos, eßbar.

■□
Opuntia auberi Pfeiff. □□

Bis 10 m hoch mit runden Stämmen und oft rechtwinklig abgehenden Zweigen. Glieder schmal, dick, bis 30 cm lang, blau- oder graugrün. Areolen mit braunen Glochiden, ohne oder mit 2–3 pfriemlichen, 2–3 cm langen, weißen, braun gespitzten Dornen. Blüten 9 cm lang, rosenrot. Heimat: Mittel- und Süd-Mexiko.

Untergattung Consolea Lemaire

Baumförmig mit etwas abgeflachtem, ohne Gliederung weiterwachsendem Stamm und ± kreuzförmig gestellten, dicht bedornten Trieben. Blüten mit kleinen Hüllblättern, Perikarpell ± flach, gliederartig; Griffel am Grund verdickt oder von einem napfförmigen Ring umgeben.

□■
Opuntia moniliformis (L.) Haw. □□

Bis 4 m hoher Baum mit oben etwas abgeflachtem Stamm und reich verzweigter Krone. Areolen am unteren Ende des Stammes mit bis 2 cm langer gelblich-weißer Wolle und spitzen, gelblichen oder grauen, bis 12 cm langen Dornen. Glieder länglich, oft sichelig gekrümmt, bis 30 cm lang, netzartig gehöckert. Ältere Areolen mit 5–8 gelblichen, bis 8 mm langen Dornen und braunen Glochiden. Blüten 2,5 cm breit, gelb bis orange, breit geöffnet. Frucht länglich-eiförmig, 6 cm lang. Heimat: Hispaniola und Insel Desecheo.

Untergattung Brasiliopuntia (K. Schum.) Berger

Baumartige Pflanzen mit rundem, durchlaufendem Stamm und wirtelig verzweigten Kronen; rundliche Seitenäste mit fast blattartigen, leicht abfallenden Flachtrieben. Blüten hellgelb, mit einem Haarkranz zwischen Blumenblättern und Staubfäden. Perikarpell seitlich zusammengedrückt, Schuppen mit kürzeren oder längeren Dornen, Früchte kugelig bis keulig, gelb oder rot mit sehr wenigen großen, runden, wollfilzigen Samen. – 3–4 Arten in Brasilien, Paraguay, Peru, Ost-Bolivien und Argentinien.

□□
Opuntia brasiliensis Haw. ■■

Bis 4 m hoher Baum mit zylindrischem Stamm und verschieden geformter Krone; Seitenäste flach bis rundlich, Seitensprosse höherer Ordnung vollkommen blattartig ausgebildet, 15 cm lang und bis 6 cm breit, mit entfernt stehenden weißen Areolen mit 1–2 nach oben gerichteten dünnen, 3–6 cm langen, braunen Dornen. Jungpflanzen ziemlich reich bedornt, mit gelben oder rötlichen, 3 cm langen Dornen. Die kleinen, bis 5,5 cm langen gelben Blüten erscheinen an älteren Pflanzen in Mengen aus den Rändern der blattähnlichen Triebe. Frucht kugelig, 2,5–4 cm dick, gelb, kurz braun bedornt. Heimat: Süd-Brasilien, Paraguay bis Bolivien und Nord-Argentinien.

Untergattung Grusonia F. Reichenbach

Bis 2 m hohe, reich verzweigte Büsche mit runden, gegliederten und gerippten Trieben; Blättchen bald abfallend, Areolen kräftig bedornt, nur blütentragende mit Glochiden. Blüten am Triebende, radförmig, gelb. Perikarpell mit Wolle, langen Dornen und Glochiden. Frucht beerenartig mit tiefem Nabel. – 1 Art in Mexiko.

Opuntia bradtiana K. Brand.

Von aufrechtem Wuchs, bis 2 m hoch werdend und große Kolonien bildend, mit 5–6 dicken, 8- bis 10rippigen Ästen. Areolen auf den Rippen mit 15–25 bis 3 cm langen glashellen Dornen, von denen die mittleren in der Jugend rotbraun sind; längste Dornen nach unten gerichtet. Knospen rötlich, Blüten leuchtendgelb, 3–4 cm breit, in Kultur kaum erscheinend. Heimat: Mexiko (Coahuila). (Bild Seite 71).

Opuntia bradtiana K. Brand (Text siehe Seite 68)

Unterfamilie Cactoideae K. Schumann

Tribus I Leptocereae F. Buxbaum

Leptocereus (A. Berger) Br. et R.

Sparrig verzweigte Sträucher, Triebe mit wenigen flügelartigen Kanten. Blüten groß, kurz glockig mit kurzen Blütenhüllblättern und aufrechten Staubfäden. Perikarpell und Rezeptakulum fleischig, dicht bedornt, Areolen mit herablaufenden Podarien. Frucht kugelig bis eiförmig, mit bei der Reife abfallenden Dornbüscheln. Samen zahlreich, Samenschale schwarz. – 10 Arten in Westindien.

Leptocereus weingartianus (Hartm.) Br. et R.

Kriechend oder klimmend, manchmal bis 10 m hoch mit später runden und verholzten Stämmen und dicken Rübenwurzeln. Endtriebe 1–2 cm dick mit 4–7 Rippen. Areolen 1,5 cm voneinander entfernt, mit 10–12 spreizenden, gelben bis rotbraunen Randdornen und bis 6 bis 1,5 cm langen Mitteldornen. Blüten klein, etwa 4 cm lang. Heimat: Hispaniola.

Armatocereus Backbg.

Hohe Bäume mit dickem Stamm und ± reichverzweigter Krone bzw. schon vom Grund zu aufrechten Säulen verzweigt oder wenig verzweigte Sträucher. Triebe entsprechend dem Jahreszuwachs deutlich gegliedert; Areolen gelegentlich mit lang andauerndem Wachstum und zapfenartig verlängert. Blüten sehr groß, trichterig, weiß oder rot. Perikarpell und Rezeptakulum einen langen zylindrischen, dickwandigen Körper bildend; Perikarpell dicht, Rezeptakulum lockerer mit ansehnlichen Podarien bedeckt, in der Achsel der winzigen Schüppchen borsten- bis nadelförmige Dornen. Frucht länglich eiförmig mit anhaftendem Blütenrest, dicht mit nadelförmigen Dornbüscheln besetzt. Nach Eintrocknen des Perikarpells Dornbüschel abfallend. Samen nierenförmig, mit basalem Hilum; Samenschale glänzendschwarz bis bräunlich-schwarz, warzig und runzelig. – 11 Arten in Peru.

Armatocereus cartwrightianus (Br. et R.) Backbg.

Bis 5 m hohe, eine große Krone bildende Bäume mit oft längerem und dickem Stamm, etwas wirren und reich verzweigten Ästen. Triebe 7- bis 8rippig von 8–15 cm Durchmesser, im Neutrieb dicht und fein bedornt, Dornen 16–20, dunkel, braun oder grauweiß, anfangs bis 2 cm, im Alter bis 12 cm und mehr lang. Blüten schlankröhrig, 7–9 cm lang, weiß. Frucht kugelig bis länglich, bis 9 cm lang. Heimat: Süd-Ekuador bis Nord-Peru.

Armatocereus rauhii Backbg.

4–6 m hoher Baum mit kurzem, dickem Stamm und steil aufgerichteten, spärlich verzweigten Seitentrieben. Triebe bis 20 cm dick, blaugrau bis -grün, 10rippig. Areolen mit 7–10, 2–3 mm langen schwarzen, aufgerichteten Dornen, nur selten ein Mitteldorn vorhanden. Blüten 4 cm breit, karminrot. Frucht kugelig, bis 5 cm dick, dunkelgrün. Heimat: Nord-Peru.

Samaipaticereus Cardenas

Baumförmig, mit wenigen, stark zusammengedrückten und besonders anfangs kräftig quer gefurchten Rippen. Blüten dick und derbröhrig, Perikarpell und Rezeptakulum dicht dachziegelig beschuppt mit krauser Wolle in den Schuppenachseln. Frucht kugelig, gehöckert, der Länge nach aufreißend. Samen mit breitem Hilum; Samenschale glänzenddunkelbraun oder schwärzlich, fein punktiert. – 2 Arten in Bolivien.

Samaipaticereus corroanus Cardenas

Bis 4 m hoher Baum mit niedrigem Stamm und zahlreichen langen, aufsteigenden, 4 cm dicken, dunkelgrünen Zweigen mit 4–6 schmalen Rippen. Areolen 1,5 cm entfernt, mit etwa 5 sehr kurzen, 2–3 mm langen bräunlichen, später grauweißen Dornen und einem bis 1 cm langen, abwärts gerichteten Dorn. Blüten 4,5–5 cm lang, weiß. Frucht kugelig, lachsrot. Heimat: Bolivien.

Neoraimondia Br. et R. (einschl. Neocardenasia Backbg.)

Bis 10 m hohe, vom Grund oder höher verzweigte dicke Säulen mit sehr großen, braunfilzigen und lang bedornten Areolen. Blütentragende Areolen mit lang andauerndem Wachstum, bis 10 cm lange zylindrische Blütenkurztriebe bildend. Blüten kurztrichterig, weiß, rosa oder purpurrot. Perikarpell und Rezeptakulum dicht beschuppt mit Wolle und wenigen unscheinbaren Dornen. Frucht kugelig bis länglich, mit braunen Filzpolstern und kurzen Dornen in den sich bei der Reife ablösenden Areolen. Die Gattung gliedert sich in 2 Untergattungen:

Neoraimondia Strauchig, vom Grund verzweigt; Blütenkurztriebe zu bis 15 cm langen Zapfen austreibend; Perikarpell und Rezeptakulum mit kurzen Borsten. 1 Art mit mehreren Varietäten in Peru.

Neocardenasia Baumförmig mit 1–2 m hohem Stamm; Blütenkurztriebe nicht zu langen Zapfen auswachsend; Perikarpell und Rezeptakulum mit langen Borsten. Samen halbelliptisch, mit breitem, basalem Hilum; Samenschale schwarz, warzig und runzelig. – 1 Art in Zentral-Bolivien.

■□
Neoraimondia arequipensis (E. Meyen) Backbg. □□
Gewaltige, vom Grund kandelaberartig verzweigte, bis 10 m hohe und 40 cm dicke, graugrüne 8rippige Säulen. Areolen sehr groß, braunfilzig, mit elastischen, bis 25 cm langen Dornen in wechselnder Zahl. Blüten grünlichweiß bis rosa. Frucht 7 cm groß, purpurn. Heimat: Peru.

□■
Neoraimondia arequipensis var. gigantea (Werd. et Backbg.) Rauh □□
Unterscheidet sich durch sehr dicke, ± parallel angeordnete, dicht aufstrebende, meist 4(–5)rippige Säulen und purpurrote Blüten. Heimat: Nord-Peru.

Neoabbottia Br. et R.

Baumförmig mit langem Stamm und großer Krone, Triebe gegliedert. Blüten einzeln aus seitlichen Areolen oder aus cephaloiden Kurztrieben am Triebende, röhrenförmig mit sehr kurzem Saum. Perikarpell und Rezeptakulum mit lang herablaufenden Schuppen, mit Filz und gelegentlich einer kleinen Borste in ihren Achseln. Frucht ziemlich groß, eirund, fast nackt, mit vertrocknetem Blütenrest. Samen klein, mit großem, seitlichem, vertieftem Hilum; Samenschale schwarz, kleinhöckerig. – 1 Art auf Santo Domingo und Haiti.

□□
Neoabbottia paniculata (Lam.) Br et R. ■□
Bis 10 m hoher Baum mit langem Stamm und großer Krone. Areolen der 4- bis 6rippigen Triebe mit 12–20 nadeligen, bis 2 cm langen bräunlichen bis grauen Dornen. Blüten am Triebende, bis 5 cm lang, grünlichweiß. Heimat: Hispaniola, Dominikanische Republik und Haiti.

Calymmanthium

Reich verzweigte Sträucher oder Bäume mit 3- bis 4rippigen Ästen und gekerbten oder gehöckerten Rippen. Rezeptakulum zu einem die inneren Blütenteile einhüllenden, an der Spitze fast geschlossenen Hohlkörper (Kappe) verlängert. Blütenblätter überwiegend aus umgewandelten Staubblättern gebildet und zu einer echten Perianthröhre verwachsen, die bei der Entfaltung durch Aufreißen der Kappe frei werden. Perikarpell und Rezeptakulum mit kleinen Schüppchen mit wolligen und bedornten Areolen bedeckt. Frucht 4- bis 5kantig, gurkenförmig, hellgrün, ohne oder mit nur wenigen Areolen, nach Abfallen des Blütenrestes tief genabelt. Samen wenige, schief eiförmig mit basalem, ovalem Hilum; Samenschale mattgrauschwarz, fein kugelwarzig. – 1 Art in Nord-Peru.

□□
Calymmanthium substerile Ritt. □■
Bis 8 m hoher reich verzweigter Strauch oder Baum mit 3- bis 4rippigen hellgrünen Ästen und dünnen, auffallend gekerbten oder gehöckerten Rippen. Areolen mit 3–8 bis 1 cm langen Randdornen und 1–6 bis 5 cm langen Mitteldornen. Blüten nächtlich, ziemlich zahlreich nahe den Sproßenden, Blütenblätter weiß bis rötlich bzw. grün gerandet. Heimat: Nord-Peru.

Tribus II Browningieae F. Buxbaum

Rauhocereus Backbg.

Bis 4 m hohe, meist strauchig aus der Basis verzweigte, aufrechte, 5- bis 6rippige, oft undurchdringliche Dickichte bildende Säulenkakteen. Rippen in vielflächige, warzenartige Abschnitte gegliedert, Areolen mit Wolle und wenigen derben Dornen. Blüten in Scheitelnähe, groß, glockig, Blütensaum waagerecht abstehend, weiß, Perikarpell dicht mit kleinen Schuppen bedeckt, auf dem Rezeptakulum Schuppen und herablaufende Podarien größer, Schuppenachseln mit krausen braunen Wollhaaren. Frucht eiförmig mit ansehnlichem Blütenrest, fleischig, rot. Samen klein, schief eiförmig, mit seitlichem Hilum; Samenschale schwarzglänzend, sehr flachwarzig mit Zwischengrübchen. – 1 Art in Peru.

■■
Rauhocereus riosaniensis Backbg. □□

Bis 4 m hohe und 8–15 cm dicke, 5- bis 6rippige Triebe. Rippen in 1,5 cm lange, kantige Warzen gegliedert. Areolen am oberen Rand der Warzenspitze mit etwas Filz, wenigen (bis 4) pfriemlichen Randdornen und 2–4 bis 5 cm langen, im Neutrieb blaßgelben Mitteldornen mit dunkelroter Spitze. Blüten 8–10 cm lang und bis 5 cm breit, weiß. Heimat: Nord-Peru.

Castellanosia Cardenas

Große, nur am Grund verzweigte, bis 6 m hohe Sträucher. Säulen deutlich gegliedert, nur an den unteren Gliedern kräftig bedornt, an den oberen, blühfähigen Gliedern nur Büschel borstenförmiger Dornen. Blüten mittelgroß, verlängert glockig, Blütenhüllblätter radförmig offen, rot. Perikarpell und Rezeptakulum dicht dachziegelig mit großen, breit eiförmigen, gewimperten Schuppen bedeckt. Frucht kugelig mit breiten Schuppen mit Wollfilz in den Achseln bedeckt, grünlichgelb, mit vertrocknetem Blütenrest. Samen sehr klein, schief eiförmig mit seitlichem Hilum; Samenschale rötlichbraun, fast glatt. – 1 Art in Bolivien.

□□
Castellanosia caineana Cardenas ■□

Graugrüne, durch tiefe Einschnürungen in 30–40 cm lange Abschnitte gegliederte, 8–11 cm dicke, 9rippige Triebe. Areolen der unteren 4–5 Abschnitte mit 15–16, 8–40 mm langen, braunen Randdornen und 3–4, 4–7 cm langen Mitteldornen; Areolen der oberen Abschnitte mit Büscheln von etwa 25 weißen, grauen oder braunen, 1–4 cm langen Borsten. Blüten aus der Mitte der Borstenbüschel, 3–5 cm lang, purpurrot. Frucht 3 cm lang, 2,5 cm breit, grünlichgelb. Heimat: Bolivien.

Browningia Br. et R. (*einschl. Azureocereus* Akers et Johnson, *Gymnocereus* Backbg.)

Mehrere Meter hohe Säulenkakteen, die sich nahe dem Grunde aus einem sehr kurzen oder höher oben aus einem ansehnlichen Stamm ± reich verzweigen und kandelaberartige Kronen oder lange bogenförmige bis herabgekrümmte Äste bilden. Rein vegetative Areolen sehr stark bedornt, nach Übergang zur Blütenbildung Areolen nur mit dünnen Dornen oder gänzlich dornenlos. Blüten ansehnlich, nächtlich, dick röhrenförmig mit radförmig ausgebreiteter kurzer Blütenkrone. Perikarpell und Rezeptakulum dicht mit dachziegelig angeordneten kahlen Schuppen bedeckt, Frucht saftig oder trocken, mit dem vertrockneten Blütenrest. Samen leicht gekrümmt-eiförmig; Samenschale meist schwarz, selten dunkelbraun, warzig oder glatt. Nach dem Bau der Frucht werden 2 Untergattungen unterschieden: *Azureocereus* mit trockenen Früchten und *Browningia* mit saftig-fleischigen Früchten. Die Untergattung *Browningia* gliedert sich in die beiden Reihen: *Acutisquamae* F. Buxb. mit lanzettlichen bis fast laubartigen Schuppen an der Blüte (sowie flachen bis grobwarzigen Samen) und *Rotundisquamae* F. Buxb. mit kurz gerundeten Blütenschuppen (und Samen mit glatter Samenschale). – 8 Arten in Peru und Chile.

Browningia hertlingiana (Backbg.) F. Buxbaum □□
Text siehe Seite 76. □■

Untergattung Azureocereus
Browningia hertlingiana (Backbg.) F. Buxbaum [= ***Azureocereus hertlingianus*** (Backbg.) Backbg.]
5–8 m hohe und bis 30 cm dicke, hellblaugrüne Säulen, die von etwa 1 m Höhe an wenige unverzweigt bleibende, senkrecht aufstrebende, ebenfalls sehr dicke Seitenäste mit bis 18 und mehr Rippen ausbilden. Rippen um die Areolen höckerig verdickt. Areolen an nicht blühenden Jungtrieben mit 4 stärkeren und bis 6 kürzeren Randdornen und 1–3, bis 8 cm langen Mitteldornen. In den blütentragenden Abschnitten Areolen mit bis 30 elastischen Dornen. Blüten 5 cm breit, nächtlich, weiß. Frucht trocken, 2,5 cm breit. Heimat: Süd-Peru. (Bild Seite 75.)

Untergattung Browningia ■■
Browningia candelaris (Meyen) Br. et R. □□
Bis 6 m hoher Baum mit bis 4 m hohem und bis 50 cm dickem, unverzweigtem, dicht und derb bedorntem Stamm und einer Krone dicker, manchmal auch abwärts gebogener, nicht mehr bedornter Seitenäste. Areolen am Hauptstamm mit 20–50, 6–15 cm langen, geraden, bräunlichen Dornen, an den Seitenästen mit dunklem Wollfilz und einigen sehr dünnen, bis 13 mm langen, braunschwarzen Dornen, blühbare Äste nackt oder nur mit borstenartigen Dornen. Blüten bis 12 cm lang, weiß. Frucht 7 cm lang und 4 cm breit, gelb, fleischig, aromatisch duftend, eßbar. Heimat: Süd-Peru und Nord-Chile.

Browningia microsperma (Werd. et Backbg.) Marshall □□
[= ***Gymnocereus microspermus*** (Werd. et Backbg.) Backbg.] ■□
4–6 m hohe Bäume mit bis 30 cm dicken Stämmen und zahlreichen, aufrecht abzweigenden Seitenästen. Rippen bis über 20, nicht gegliedert; Areolen weißfilzig, mit bis 30 und mehr gelbbraunen, bis 1,2 cm langen Dornen, an manchen Areolen auch einzelne kräftige und viel längere, nach unten weisende Dornen. Blüten bis 6 cm lang, weiß. Frucht 5–6 cm breit, grün. Heimat: Nord-Peru.

Browningia amstutziae (Rauh et Backbg.) Hutchison ex Krainz □□
[= ***Gymnocereus amstutziae*** Rauh et Backbg.] □■
5–7 m hoher Baum mit dickem Stamm und wenig verzweigter Krone aus anfangs nur 5–6 cm dicken, aufgerichteten, graugrünen, 11rippigen Trieben. Areolen weiß- bis braunfilzig, mit bis 15 fast borstenartigen, sehr biegsamen, anfangs bräunlichen, später dunkelgrauen bis schwärzlichen Dornen; einzelne der 6 mittleren bis 4,5 cm lang und schräg abwärts gerichtet. Blüten in Scheitelnähe, 4,5 cm lang und breit, weit trichterig, weiß; Perikarpellblätter am Rand nicht gewimpert, an der Spitze dunkelbraun-schwarz, gegen die Basis heller. Heimat: Nördliches Zentral-Peru.

Tribus III Pachycereae

Pterocereus MacDougall et Miranda

Einzelne oder wenig verzweigte aufrechte Stämme mit langen, aufrecht aufsteigenden flach 3- bis 4rippigen Trieben. Blüten nächtlich, zylindrisch-trichterig, grünlich-weiß; Perikarpell und Rezeptakulum mit dachziegelig angeordneten, etwas fleischigen, an der Spitze umgebogenen Schuppen, mit Filz und einigen sehr kurzen Dornen in den Achseln. Frucht eine kugelige hellkarminrote Beere mit dem vertrockneten Blütenrest. Samen eiförmig; Samenschale glänzendschwarz bis braun. – 2 Arten aus Mexiko.

Pterocereus foetidus MacDougall et Miranda
Bis 8 m hoher, einzelner oder wenig verzweigter Baum mit bis 1,5 m hohem und 14 cm dickem Stamm; Triebe senkrecht aufsteigend, mit 3–4 flachen, 4–7 cm hohen und 3–5 mm dicken, leicht gekerbten Rippen. Areolen. 2–2,5 cm entfernt, fast rund, mit weißem oder grauem Filz und 10(–20) pfriemlichen, grauen bis rotschwarzen, bis 5 cm langen, allseitig spreizenden Dornen. Blüten grünlichweiß, von üblem Geruch, 8,5–9,5 cm lang. Heimat: Mexiko (Chiapas).

Escontria Rose

Reich verzweigte Bäume mit kurzem Stamm und schlanken Ästen oder einfache bis wenig verzweigte Säulen mit wenigen Rippen. Blüten röhrig-glockig. Perikarpell und Rezeptakulum dicht mit pergamentartigen Schuppen dachziegelartig bedeckt, diese kahl oder mit einigen Borsten. Frucht fleischig oder ± trocken mit pergamentartigen Schuppen und bleibendem Blütenrest. Samen groß, gekrümmt, mit vorgestrecktem Hilum-Ansatz; Samenschale schwarz bis braunschwarz, rauhwarzig oder glänzend. – 2 Arten in Süd-Mexiko und Guatemala.

■□
Escontria chiotilla (Web.) Rose □□
Bis 7 m hoher Baum mit kurzem, bis 40 cm dickem Stamm und dicht verzweigter, fast flach-breiter Krone. Areolen einander fast berührend, mit grauem Wollfilz und 10–15 geraden, strahlenden, 5–10 mm langen Randdornen und 1–4 kräftigen Mitteldornen, deren unterster bis 7 cm lang werden kann. Blüten 3–4 cm lang und breit, schwefelgelb. Frucht eine kugelige, braunrote Beere. Heimat: Mexiko.

Lemaireocereus Br. et R. [*einschl. Stenocereus* (A. Berger) Riccobono, *Hertrichocereus* Backbg., *Isolatocereus* Backbg., *Heliabravoa* Backbg., *Polaskia* Backbg., *Marshallocereus* Backbg., *Ritterocereus* Backbg.]

Mächtige Bäume mit kurzem Stamm und aufrechten säulenförmigen Ästen oder an der Basis verzweigte oder einfache Säulen, selten strauchig. Blüten tag- oder nachtblütig, röhrig-trichterig mit kurzer Blütenhülle. Perikarpell mit kleinen Schuppen, Rezeptakulum ziemlich kurz. Schuppenareolen wollig mit einigen Dornen. Frucht kugelig oder eiförmig, ± fleischig, mit wolligen, häufig auch dornigen Areolen, die bei der Reife abfallen; Blütenreste abfällig. Samen groß, meist abgeflacht, ei-bis mützenförmig; Samenschale glänzendschwarz, glatt oder warzig. – Etwa 25 Arten von Mittelamerika, Westindien bis Venezuela und Kolumbien mit Hauptverbreitungsgebiet im südlichen Zentral-Mexiko.

□■
Lemaireocereus beneckei (Ehrenb.) Br. et R. □□
Säulenförmig, wenig oder gar nicht verzweigt, bis 1,5 m hoch und 6–9 cm dick, ganz dick mit weißem, mehlartigem, aber leicht abfallendem Wachsstaub bedeckt. Die 5–9 stumpfen Rippen sind im Neutrieb in warzenartige Höcker zerlegt; Areolen auf den Höckerspitzen, mit 5–7, 10–15 mm langen Randdornen und einem schräg abwärts gerichteten, stark stechenden, 1–2 cm langen Mitteldorn. Alle Dornen anfangs leuchtend rot, später braun oder grau. Blüten einzeln aus den oberen und seitlichen Areolen, nächtlich, bis 7,5 cm lang, 6 cm breit, elfenbeinweiß bis gelblich. Frucht bis 2 cm dick, kräftig gehöckert, mit Dornbüscheln in den Areolen, anfangs fleischig, später vertrocknend. Heimat: Zentral-Mexiko.

Lemaireocereus chende (Goss.) Br. et R. □□
[= ***Heliabravoa chende*** (Goss.) Backbg.] ■□
Etwa 4 m hoher Baum mit kurzem, 25–30 cm dickem Stamm und reich verzweigter Krone aus geraden oder leicht bogigen 7- bis 8rippigen Ästen. Rippen 2–3 cm hoch, mit ziemlich scharfen, etwas gewellten Kanten. Areolen 2 cm entfernt, kreisrund, mit rötlich-gelber Wolle und 5–6 pfriemlichen, 5–15(–30) mm langen braunen, später grauen Randdornen, nur selten ein rudimentärer Mitteldorn vorhanden. Blüten einzeln aus scheitelnahen Areolen, 4,5–5 cm lang und 5–6 cm breit, süßlich duftend, blaß rosenrot. Frucht kugelig, purpurrot. Heimat: Süd-Mexiko (Puebla, Oaxaca).

Lemaireocereus chichipe (Goss.) Br. et R. □□
[= ***Polaskia chichipe*** (Goss.) Backbg.] □■
Bis 5 m hoher Baum mit kurzem, bis 1 m dickem Stamm und reich verzweigter, breit ausladender Krone aus 7- bis 12rippigen, säulenförmigen, aufgebogenen Ästen. Rippen durch scharfe Furchen getrennt und an den Areolen verdickt. Jungpflanzen und Jungtriebe auf dunkelgrünem Grund rein weiß spitzbogenförmig bereift. Areolen dicht stehend, mit 6–9 kurzen, 1 cm langen Randdornen und 1 Mitteldorn. Blüten einzeln aus Areolen in Scheitelnähe, klein, nur 3 cm lang, weiß. Heimat: Mexiko (Puebla und Oaxaca).

Lemaireocereus stellatus (Pfeiffer) Br. et R. ■□
[= ***Stenocereus stellatus*** (Pfeiffer) Ricc.] □□
Aufrechter, vom Grund säulenförmig verzweigter, bis 4 m hoher Körper mit aufstrebenden, 6–7 cm dicken, im Neutrieb hell-, später dunkelgrünen Trieben mit 8–10(–15) scharf gefurchten, stumpfen, etwas gekerbten Rippen. Areolen 1–1,5 cm entfernt, etwas eingesenkt, weißfilzig, mit 8–10 spreizenden, geraden, bis 12 mm langen, weißen bis braunen Randdornen und 4–5 aufrechten, bis 2 cm langen, oben und unten braunen und am Grund zwiebelig verdickten Mitteldornen. Blüten in der Nähe des Scheitels, 4–6 cm lang, glockig, hellrosarot. Frucht kugelig, 3–4 cm dick, rot. Heimat: Zentral-Mexiko.

Pachycereus (A. Berger) Br. et R. (*einschl. Marginatocereus* Backbg., *Pseudomitrocereus* Bravo et F. Buxbaum)

Riesige, meist kandelaberförmig verzweigte, baumförmige Säulenkakteen. Blüten glokkig-röhrig mit dickfleischigem Perikarpell und Rezeptakulum, beide mit zahlreichen gegen den Schlund größer werdenden Schuppen besetzt, in ihren Achseln Wolle, Haare und Borsten. Frucht dicht mit großen filzigen Areolen mit langen und steifen Borsten besetzt, unregelmäßig aufplatzend und vertrocknend. Samen sehr groß, helmförmig; Samenschale glatt und glänzendschwarz. – 5 Arten in Mexiko.

□■
Pachycereus pringlei (S. Wats.) Br. et R. □□
Bis 11 m hoher mächtiger Baum mit kurzem, dickem Stamm und aufrechten, meist 13rippigen Ästen, gelegentlich schon nahe dem Grund verzweigt. Areolen groß, oval, fast zusammenlaufend, anfangs mit dichtem Wollfilz; Zahl und Ausbildung der Dornen sehr variabel: Randdornen bis 12, pfriemlich, bis 2 cm lang, Mitteldornen bis 8, stärker, bis 3,5 cm lang. Dornen später abfallend, blühende Areolen oft unbewehrt. An jungen Pflanzen Areolen durch eine feine filzige Furche verbunden. Blüten mehrere, seitlich, 60–90 cm unterhalb des vollkommen unbewehrten Scheitels, 6–8 cm lang, weiß, grün oder rot überlaufen. Frucht kugelig, dicht mit goldgelben Filz-Polstern und gelblichen Borsten besetzt. Heimat: Mexiko (Sonora und Niederkalifornien).

Pachycereus marginatus (DC.) Berger □□
[= ***Marginatocereus marginatus*** (DC.) Backbg.] ■□
Unverzweigte oder vom Grund verzweigte, 3–7 m hohe, gerade aufrechte, 8–15 cm dikke, glänzend dunkelgrüne Säulen mit 5–6 schmalkantigen, später breit gerundeten Rippen und scharfen Furchen. Areolen dicht, meist zusammenfließend, braun- oder graufilzig, mit meist 7 sehr kurzen, kaum 2 mm langen pfriemlichen, später abfallenden Randdornen und 1–2 geraden, anfangs roten, ebensolchen Mitteldornen. Blüten zu 1–2 aus einer Areole, bis 5 cm lang, derb, kurz-zylindrisch, schmutzigweiß, außen ± rot oder braun. Frucht kugelig, 4 cm dick, stark gehöckert, mit später abfallenden Areolen. Heimat: Mexiko (Hidalgo, Querétaro, Guajambo).

Pachycereus chrysomallus Br. et R. □□
[= ***Pseudomitrocereus fulviceps*** **(Weber) Bravo et F. Buxbaum]** □■
Bis 18 m hoher, reich verzweigter Baum mit bis 1 m dickem Stamm und einer bis 5 m Durchmesser großen Krone aus ziemlich tief abzweigenden, senkrecht aufsteigenden, graugrünen, bis 30 cm dicken Ästen mit 11–14 und mehr Rippen. Areolen ziemlich dicht stehend, mit 12 dünnen, strahlenden Randdornen und 3 oder mehr bis 13 cm lang werdenden, steifen, kräftigen Mitteldornen, die gegen den Scheitel dünner und länger und ± gebogen werden und von dichtem, gelbem Filz durchsetzt sind. Blüten einzeln aus scheitelnahen wolligen und dünner bedornten Areolen, nächtlich, 8 cm lang, cremeweiß, in einen dichten Haarpelz eingehüllt. Heimat: Mexiko (Puebla und Oaxaca).

Carnegiea Br. et R.

Bis 15 m hohe, dicke, vielrippige Säulen, die in mittlerer Höhe einige, manchmal bis 12 kandelaberartige, aufrechte Seitenäste bilden. Blüten am Ende der Triebe, ziemlich groß, weiß, glockig-trichterig, von Mitternacht bis zum späten Nachmittag geöffnet. Rezeptakulum und Perikarpell mit den herablaufenden Podarien der Schuppen bedeckt, in den Schuppenachseln kleine Filzpolster. Frucht eiförmig-länglich, mit kleinen eiförmigen Schuppen, ohne oder mit wenigen kurzen Dornen, hartfleischig, von oben mit Längsrissen aufspringend. Blütenrest bei Fruchtreife noch vorhanden, aber nicht abfallend. Samen zahlreich, abgestutzt schief eiförmig mit wulstigem Hilumende; Samenschale glänzend schwarz, glatt, feinskulpturiert. – 1 Art in USA (Arizona und Südost-Kalifornien), Mexiko (Sonora).

■■
Carnegiea gigantea (Engelm.) Br. et R. □□

Aufrechte, bis 15 m hohe, nach oben allmählich verjüngte, dicke, vielrippige Säulen, in der Mitte mit 1–12 kandelaberförmig aufsteigenden, 30–65 cm dicken, dunkelgrünen Ästen; 12–30 stumpfe, 1–3 cm hohe Rippen, Areolen 2,5 cm entfernt, mit 12–16 schräg aufrechten, 1–2 cm langen Randdornen und 6 kräftigen, bis 7 cm langen Mitteldornen; an blühenden Sprossen hellere und dünnere Dornen. Blüten einzeln, 10–12 cm lang und breit, weiß. Frucht 5–6 cm lang und 3,5–4,5 cm dick, grün, oben rötlich bis braunrot. Heimat: USA (Arizona, Südost-Kalifornien), Mexiko (Sonora).

Lophocereus (A. Berger) Br. et R.

Große, vom Grund aus verzweigte, dichte Büsche unverzweigter Säulen, seltener baumförmig mit kurzem Stamm und wenig verzweigter Krone. Untere Areolen deutlich getrennt mit kurzen Dornen, obere, blühfähige sehr groß und dicht gestellt mit vielen langen, borstigen Dornen. Blüten zu mehreren aus einem zu einer Riesenareole heranwachsenden Seiten-Blütenstand. Blüten klein, breit trichterförmig, nächtlich, gelblich bis rötlich mit dicht behaarter cauliner Zone. Perikarpell und Rezeptakulum mit mehreren kleinen, kahlen Schüppchen auf dicken Podarien. Frucht kugelig bis länglich mit vertrocknetem Blütenrest, fast ohne Dornen in den breiten fleischigen Schuppen, unregelmäßig aufspringend. Samen schief eiförmig; Samenschale glänzendschwarz, glatt mit feinliniger Felderung. – 4 zum Teil sehr variable Arten aus Nordwest-Mexiko und Niederkalifornien.

□□
Lophocereus schottii (Engelm.) Br. et R. ■■

Große, vom Grund verzweigte dichte Büsche aus aufrechten oder aufsteigenden, bis 7 m hohen und bis 8 cm dicken, hellgrünen, schwach spitzbogenartig bereiften Trieben; 5–7(–9) Rippen mit tiefen Furchen, gewölbten Flanken und gekerbtem First. Areolen 5–10 mm entfernt, wenig filzig, mit 4 bis 7 kegeligen, am Grund zwiebelig verdickten, 5–8 mm langen schwarzen, später grauen Randdornen und 1 ebensolchen Mitteldorn. An blütentragenden Trieben sind die Areolen größer, mit 10–25 derben, graubraunen, biegsamen, bis 6 cm langen Borsten. Blüten zu mehreren an einer Areole, 3–4 cm lang, weiß, nächtlich. Frucht kugelig, rot. Heimat: Mexiko (Niederkalifornien, Sonora, Sinaloa), USA (Süd-Arizona).

Myrtillocactus Console

Große Bäume mit kurzem Stamm und reich verzweigter Krone aus dicken, meist 5- bis 6rippigen, in der Jugend schön blau bereiften Ästen. Blüten aus mehrere Jahre weiterwachsenden, blumenkohlähnlichen Seitenblütenständen, verhältnismäßig klein, mit sehr kurzer Röhre, weit offen, Staubblätter vorstehend. Perikarpell fast kugelig, mit wenigen sehr kleinen Schüppchen mit winzigen Wollbüscheln. Früchte fast kugelig, mit vertrocknetem Blütenrest, blauviolett bereift (an Heidelbeeren erinnernd). Samen klein, etwa kugelförmig; Samenschale mattschwarz und warzig. – 4 Arten von Zentral-Mexiko bis Niederkalifornien, Süd-Mexiko bis Guatemala.

■□
□□

Myrtillocactus geometrizans (Martius) Console
Bis 6 m hohe Bäume mit kurzem 50 cm dickem Stamm und vielästiger, flacher Krone aus aufrechten, 6–10 cm dicken, 5- bis 6kantigen Trieben. Areolen mit etwas Filz und 5 strahlenden, bis 2 cm langen Randdornen und einem seitlich zusammengedrückten, säbelartig abwärts gebogenen, bis 6 cm langen Mitteldorn; alle Dornen im Neutrieb schwarz, weiß bereift, im Alter gräulich. Blüten aus den seitlichen Areolen zu 5–9, 2 cm lang und 2,5 cm breit, weiß. Frucht klein, kugelig, dunkel weinrot, sehr süß, eßbar. – Heimat: Mexiko.

Bergerocactus Br. et R.

Reich verzweigte Büsche mit kräftigen, vielrippigen und dicht bedornten Trieben. Blüten klein, gelb, mit ausgebreitetem Saum. Perikarpell und kurzes Rezeptakulum mit Schuppen, Wollbüscheln und Dornen. Frucht kugelig, stark bedornt, mit vertrocknetem Blütenrest. Samen verkehrt-eiförmig, scharf gekielt; Samenschale glänzendschwarz, feinwarzig punktiert. – 1 Art in SW-Kalifornien. NW-Niederkalifornien.

□■
□□

Bergerocactus emoryi (Engelm.) Br. et R.
Reich verzweigte Büsche mit bis 60 cm langen und 3–6 cm dicken, niederliegenden oder aufstrebenden Ästen mit 20–25 niederen Rippen. Areolen mit 10–30 gelben Randdornen und 1–4 kräftigeren, 3–4 cm langen Mitteldornen. Blüten seitlich nahe dem Scheitel, 2 cm lang und breit, gelb. Heimat: USA (Südwest-Kalifornien), Mexiko.

Machaerocereus Br. et R.

Buschig verzweigte, aufrechte oder niederliegende und auf der Unterseite wurzelnde, mehrere Meter lange, dicke Äste bildende Säulenkakteen. Areolen behaart und dicht bedornt. Blüten groß, schlank trichterförmig und strahlend offen, weiß oder gelb, am Tag geöffnet. Perikarpell und Rezeptakulum mit dichtstehenden, vorspringenden Podarien mit sehr kleinen Schüppchen, Areolen mit Wolle und Dornen, die mit der Frucht heranwachsen. Frucht kugelig, mit vertrocknetem Blütenrest, scharlach- bis dunkelrot, überaus stark bedornt, Dornbüschel bei Vollreife abfallend. Samen schief nierenförmig mit seitlichem Hilum; Samenschale mattschwarz, flachwarzig. – 2 Arten in Niederkalifornien und den angrenzenden Inseln.

□□
■□

Machaerocereus eruca (Brandegee) Br. et R.
Niederliegende, nur wenig verzweigte, auf der Unterseite wurzelnde, 1–3 m lange und 4–8 cm dicke Stämme mit aufsteigender Spitze. 12 Rippen, Areolen groß, 2 cm entfernt, mit etwa 20 strahlenden, blaßgrauen Randdornen und einem sehr kräftigen, bis 3 cm langen und 3 mm breiten, dolchartigen, schräg rückwärts gerichteten Mitteldorn. Blüten 10–14 cm lang und 4–6 cm breit, weiß. Frucht 4 cm lang, scharlachrot. Heimat: Mexiko.

Rathbunia Br. et R.

Einfache oder vom Grund aus buschige, 2–3 m hohe Säulenkakteen mit schlanken, aufrechten, später bogenförmigen Sprossen, die bei Berührung der Spitze mit dem Boden wieder anwurzeln und zu einem neuen Busch heranwachsen und so Dickichte von ca. 8 m Durchmesser bilden. Blüten scharlachrot, tags offen, ziemlich groß, röhrenförmig, etwas gekrümmt mit schiefem Saum und sehr kurzen, zurückgerollten Blütenblättern, Staubfäden pinselartig vorstehend. Perikarpell mit dicht stehenden Podarien der kleinen Schuppen bedeckt; Rezeptakulum mit lang herablaufenden Podarien. Frucht kugelig bis verkehrt birnförmig, mit Blütenrest, dünnwandig, rot, kahl oder mit feinen Dornbüscheln. Samen schief eiförmig bis fast kugelig; Samenschale glänzend schwarz, fast glatt, etwas gefeldert, mit winzigen Zwischengrübchen. – 4 Arten von der Westküste Mexikos.

□□
□■

Rathbunia alamosensis (Coult.) Br. et R.
Große, 2 bis fast 4 m hohe Büsche mit überhängenden, bis 8 cm dicken grünen Trieben. Areolen mit 11–18 spreizenden weißlichen Randdornen und 1–4 abstehenden, viel kräftigeren, bis 3,5 cm langen Mitteldornen. Blüten 4–10 cm lang, scharlachrot. Heimat: Mexiko.

Neobuxbaumia Backbg. (*einschl. Rooksbya* Backbg.)

Große verzweigte oder unverzweigte Säulen mit meist zahlreichen niedrigen Rippen und dichtstehenden Areolen. Blüten klein, zylindrisch-glockig, nächtlich, oft bräunlichrot. Perikarpell und Rezeptakulum mit lang herablaufenden fleischigen Schuppen mit winzigen Haarbüscheln und einer Nektardrüse auf der Spitze. Frucht etwas kantig-eiförmig mit anhaftendem Blütenrest, bei der Reife nach Abspringen eines Deckels sternförmig aufplatzend. Samen schief nierenförmig mit seitlichem, ziemlich großem Hilum; Samenschale glänzend dunkler oder heller braun, fein strukturiert. – 5 Arten im östlichen und südlichen Mexiko.

■□
Neobuxbaumia polylopha (DC.) Backbg. □□

Unverzweigte, bis 13 m hohe und bis 50 cm dicke, im Neutrieb hellgrüne, später lauchgrüne und im Alter graue Säulen mit 10–20(–30) schmalen, durch scharfe Furchen voneinander getrennten, an den Kanten wenig gebuchteten Rippen. Areolen 6–8 mm entfernt, sehr klein, mit gelblich-weißem, bald abfallendem Wollfilz, 7–8 spreizenden, biegsamen, honiggelben oder bräunlichen, später vergrauenden, 1–2 cm langen Randdornen und 1 (bzw. 0) meist kürzerem Mitteldorn; in der Blütenregion ab 2 m über dem Boden am Scheitel 7 cm lange, dichtstehende gelbe Dornen, aber kein Wollschopf. Blüten in der Nähe des Scheitels, meist zu mehreren, 4–6 cm lang und 3–3,5 cm breit, dunkelrot. Frucht violettbraun. Heimat: Ost-Mexiko (Hidalgo).

Neobuxbaumia euphorbioides (Haw.) F. Buxbaum □■
[= **Rooksbya euphorbioides** (Haw.) Backbg.] □□

Fast stets unverzweigte, 3–5 m hohe und 10–11 cm dicke, mattgrüne Säulen mit 8–10 stark vorspringenden, gebuchteten Rippen; Areolen 8–10 mm entfernt, mit kurzem, weißem Wollfilz und meist 7–9 geraden weißgrauen, schwarz gespitzten, 5–7 mm langen Randdornen und einem kräftigeren, 3 cm langen schwarzbraunen Mitteldorn; alle Dornen am Scheitel aufrecht, sonst horizontal abstehend (und dadurch gewissen sukkulenten Euphorbien ähnlich). Blüten gegen den Scheitel, zahlreich, 8 cm lang, 7 cm breit, trübrosa. Heimat: Mexiko (Tamaulipas).

Backebergia H. Bravo

Baumförmig, kandelaberartig verzweigt, Scheitel nicht blühfähiger Äste von einem kegelförmig zusammengeneigten Dornbüschel und langen weißen Haaren bedeckt. Blüten aus seitlichen Areolen eines Cephaliums mit spiralig gestellten Areolen, diese mit reichlich bernsteinfarbiger Wolle und langen Borsten; Blüten klein, glockig, nächtlich, rötlich; Perikarpell und Rezeptakulum mit Schuppen und reichlich Wollhaarbüscheln und dünnen Borsten. Frucht länglich, fleischig, aber bald vertrocknend mit anhaftendem, später abfälligem Blütenrest, Schuppen mit langen Wollhaarbüscheln und sehr zahlreichen stechenden Borsten; lange zwischen den Borsten des Cephaliums verbleibend. Samen groß, schief eiförmig, seitlich etwas abgeflacht und gekielt; Samenschale glänzend-schwarz, zart strukturiert. – 1 Art aus West-Mexiko.

Backebergia militaris (Audot) Bravo □□
[= **Backebergia chrysomallus** (Lem.) Bravo] ■■

Zunächst einfach, später reich verzweigter, 12–18 m hoher Baum mit aufrechten, dicht gestellten, eine fast kompakte Masse von bis zu 5 m Durchmesser bildenden Ästen. 11–14 Rippen, Areolen genähert, mit kurzem Wollfilz und langen weißen Wollhaaren und 10–12 biegsamen, borstenförmigen, bis 1,5 cm, nach unten 3–4 cm langen Randdornen und 3–4 kräftigeren, aufrechten, gelben bis bräunlichen Mitteldornen, von denen einer über 10 cm lang werden kann. Cephalien bilden eine mächtige Kappe aus gelbbrauner Wolle von nahezu 20 cm Durchmesser und 30 cm Länge. Blüten nächtlich, orangerötlich, 5 cm lang, 3,5–4 cm breit. Heimat: West-Mexiko (Guerrero, Michoacan).

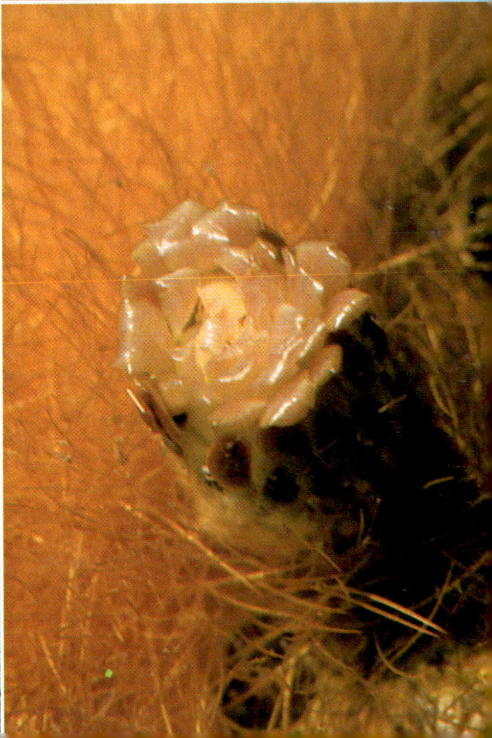

Cephalocereus Pfeiffer (*einschl. Pilosocereus* Byles et Rowley p.p., *Neodawsonia* Backbg., *Haseltonia* Backbg.)

Große bis riesige, einfache oder nur wenig verzweigte, vielrippige Säulenkakteen, die bei Erreichen der Blühfähigkeit ein einseitiges oder allseitiges, bei *C. apicicephalium* periodisch durchwachsenes Cephalium ausbilden. Blüten glockig bis glockig-trichterig, Schuppenbildung auf Perikarpell und Rezeptakulum innerhalb der Gattung fortschreitend reduziert. Frucht zum Teil mit kleinen Haarbüscheln, sonst je nach Beschuppung des Perikarpells ± skulpturiert bis glatt und kahl, fleischig, mit bleibendem Blütenrest. Samen zahlreich, schief birnförmig, seitlich zusammengedrückt; Samenschale glatt, glänzendschwarz. – Etwa 12 (?) Arten in Mexiko bis zum nördlichen Süd-Amerika.

■□
Cephalocereus senilis (Haw.) Pfeiff. □□
Bis 15 m hohe und 30 cm dicke, aufrechte, nur aus dem untersten Grund verzweigte Säulen; oben nicht oder höchstens nach Verletzungen verzweigt. Rippen 20–30, niedrig, etwas gekerbt, hellgrün, später grau. Areolen gedrängt, anfangs filzig, bald verkahlend, mit 20–30 und mehr weißen oder grauen, lockigen oder gedrehten, 6–12 cm, später bis 30 cm langen Borstenhaaren, die am Scheitel besonders dicht zusammentreten, dazu 3–5 kräftigen, gelblichen oder grauen, pfriemlichen, 2–4 cm langen Dornen. Erst bei 6–8 m Höhe bildet sich das anfangs einseitige, später den ganzen Stamm wie ein Schaffell einhüllende Cephalium aus bräunlichen Wollbüscheln und Borsten. Blüten 5 cm lang, nächtlich, rosa. Heimat: Mexiko (Guanajuato, Hidalgo, Puebla).

Cephalocereus palmeri var. sartorianus (Rose) Krainz □■
[= **Pilosocereus sartorianus** (Rose) Byl. et Rowl.] □□
3–5 m oder mehr hohe Bäume mit fast senkrecht aufsteigenden 7–10 cm dicken, im Neutrieb blau bereiften Ästen. Rippen 6–8 mit schmalen Querfurchen. Areolen weiß wollfilzig und gegen den Scheitel mit zahlreichen seidigen, weißen und oft seitlich gedrehten Haaren, mit 7–8 strahlenden, bis 1 cm langen, geraden Randdornen und einem etwas längeren Mitteldorn; alle Dornen strohfarben, später grau. Blühende Areolen mit dicken Flocken seidiger, 4–6 cm langer Wollhaare. Blüten 6–8 cm lang, schlank trichterig bis kreiselförmig, 4 cm breit, außen rötlichgrün, Blütenblätter gelblich-rosa mit dunklerer Rückseite. Frucht bis 4 cm Durchmesser, dunkel schmutziggrün mit dunkelrotem Fruchtfleisch. Heimat: Östliches Mexiko zwischen Vera Cruz und Jalapa.

Cephalocereus hoppenstedtii (Web.) K. Schum. □□
[= **Haseltonia columna-trajani** (Karw.) Backbg.] ■□
Einfache, 6–10 m hohe Säulen mit 16 oder mehr, durch Querfurchen fast in Warzen zerlegten Rippen. Areolen, bald verkahlend, mit 14–18 weißen, bis 1 cm langen Randdornen und 5–8 bis 8 cm langen, gebogenen und zuletzt abwärts gerichteten gelblichen, später weißen Mitteldornen. Cephalium von 2–3 m Höhe an bis zum Scheitel sich erstreckend, schmal, nach Norden gerichtet, mit gelblichen, 4–6 cm langen Wollhaarpolstern. Blüten 7 cm lang und breit, glockig-trichterig, blaß schwefelgelb. Heimat: Süd-Mexiko.

Cephalocereus apicicephalium Dawson □□
[= **Neodawsonia apicicephalium** (Daws.) Backbg.] □■
Anfangs einfacher, dann nahe dem Grund verzweigter, höchstens bis 10triebiger, 1–3 m hoher, dunkel bläulichgrüner Körper. Triebe 6,5–10 cm dick, mit 22–27 Rippen und bis 4 cm vom Scheitel herabreichender weißer Wollhaube. Areolen unterhalb des Schopfes völlig kahl, 6–10 mm entfernt, mit 9–12 dünn borstenartigen, unregelmäßig gebogenen, anfangs strohfarbenen, im Alter dunkelbraunen, am oberen Areolenende bis 1 cm, unten 2–3 cm langen Randdornen und 2–6 herabgebogenen bzw. vorragenden, fast geraden, steiferen, 2–4 cm langen Mitteldornen. Blüten 5–6 cm lang und bis 3 cm breit, im Schopf ringförmig um den Scheitel, gelblichrosa. Heimat: Mexiko (Oaxaca).

Tribus IV Hylocereae F. Buxbaum

Nyctocereus (A. Berger) Br. et R.

Aufrechte oder aufsteigend-niederliegende, schlanke, verzweigte, vielrippige Triebe mit rübenartig verdickter Wurzel. Blüten nächtlich, groß, schlank trichterförmig. Perikarpell und Rezeptakulum mit abstehenden Schuppen, stark bedornt und borstig. Frucht kugelig oder eiförmig, beschuppt, mit Dornen oder Borsten. Samen sehr groß; Samenschale glänzend schwarz, glatt. – 6 Arten in Mexiko und Zentral-Amerika.

■□
Nyctocereus serpentinus (Lagasca et Rodrigues) Br. et R. □□
Anfangs eintriebig, später vom Grund verzweigt, bis 3 m lang, 2–5 cm dick, 10–12 Rippen, Areolen mit 10–12, 1–3 cm langen Dornen. Blüten aus den oberen Areolen, 25 cm lang und bis 15 cm breit, innere Blütenblätter weiß, nach außen karminrosa und rotgrün. Heimat: Mexiko.

Brachycereus Br. et R.

Niedrigtriebige, reich verzweigte, Gruppen bildende Säulenkakteen mit schlanken, zylindrischen Trieben. Blüten engtrichterig, Perikarpell und Rezeptakulum mit kleinen Schuppen und großen dornigen Areolen. Frucht eiförmig, fleischig, anfangs sehr stark bedornt. Samen klein, verkehrt eiförmig; Samenschale glänzend braun, glatt. 1 Art auf Galapagos.

□■
Brachycereus nesioticus (K. Schum.) Backbg. □□
Die schlanken, 30–60 cm langen Triebe bilden dichte rasenförmige Gruppen mit bis zu 300 Trieben. Die 13–16 niedrigen Rippen sind fast in Höcker aufgelöst, Areolen mit mehr als 40 bis 3 cm langen, pferdehaarähnlichen Dornen. Blüten 7 cm lang, weiß. Heimat: Galapagos-Inseln auf Lavafelsen.

Peniocereus (A. Berger) Br. et R. (*einschl. Neoevansia* W. T. Marshall, *Cullmannia* C. Distefano)

Dünntriebige, strauchige Säulenkakteen mit knolligem Wurzelsystem, halb aufrechten oder niederliegenden Ästen, meist 1–2 m, seltener 3–4 m hoch. Einige Arten mit Jugend- und Altersform. Blüten nächtlich bis morgendlich, zum Teil groß, weiß, oft grünlich oder rötlich bis bräunlich gezeichnet oder rot. Das längliche Perikarpell dicht, das schlank röhrenförmige Rezeptakulum lockerer mit warzig vorspringenden, herablaufenden Podarien bedeckt, deren Schüppchen mit Haaren und Borsten. Früchte saftig, rot, länglich eiförmig und ± stark geschnäbelt, mit Blütenrest, Dornareolen früher oder später abfallend, mit Längsriß aufplatzend. Samen verhältnismäßig groß, schief nierenförmig mit basalem Hilum; Samenschale glänzendschwarz, glatt oder mit feiner Zellstruktur. 2 Untergattungen. *Peniocereus* (Dist.) F. Buxb.: Rezeptakulum relativ lang und schlank zylindrisch, gegen den Schlund plötzlich zu einem Trichter erweitert. Schuppen und Areolen der Rezeptakulum-Röhre in größeren Abständen. 12 Arten in N-Mexiko und SW-USA. – *Cullmannia* (Dist.) F. Buxb.: Rezeptakulum im unteren Teil bis zum Ansatz der untersten Staubblätter zylindrisch, darüber nur wenig glockig-zylindrisch, nicht trichterig erweitert, dicht mit kurzdornigen Areolen besetzt. – 2 Arten in Mexiko.

Peniocereus greggii (Eng.) Br. et R. □□
(Untergattung *Peniocereus*) ■□
Aus riesiger Rübenwurzel mit bis zu 60 cm Durchmesser und 60 kg Gewicht bis 3 m lange, 2–2,5 cm dicke, 3- bis 6kantige Triebe; Areolen mit 6–9 kegeligen Randdornen und einem 2 mm langen Mitteldorn. Blüten 15–20 cm lang, weiß. Frucht eiförmig, geschnäbelt, bis 6,5 cm lang und 2–3,5 cm dick, scharlachrot. Heimat: Nord-Mexiko bis USA (Arizona).

Peniocereus viperinus (Weber) F. Buxbaum □□
(Untergattung *Cullmannia*) □■
Aus starken Rübenwurzeln locker buschig verzweigte, bis 8 mm dicke, feinsamtig behaarte Triebe, die bis 3 m lang werden. 8–10 niedrige Rippen. Areolen mit etwa 8 anliegenden kleinen Dornen. Blüten nächtlich, rot, bis 8 cm lang. Heimat: Mexiko.

Acanthocereus (A. Berger) Br. et R.

Strauch- oder baumartig, später überhängend oder klimmend mit wenigen, meist dünnen Rippen, kräftig bedornt. Blüten groß, nächtlich, weiß, schlank und langröhrig. Perikarpell und Rezeptakulum mit kurzen Schuppen und großen herablaufenden Podarien. Schuppenareolen ± bedornt. Früchte kugelig oder eiförmig, fleischig, dunkelrot, beschuppt mit Dornen in den Achseln, mit Blütenrest. Samen groß, Samenschale glänzendschwarz. – 8 Arten von Florida, Mexiko bis Süd-Amerika.

Acanthocereus colombianus Br. et R.

Bis 3 m hohe, aufrechte, größere Büsche mit bis 9 cm dicken, scharf 3- (bis 4-)flügeligen, an den Kanten tief gebuchteten Trieben. Areolen mit 5–8 sehr kurzen, derben Randdornen und 1–2 sehr starken, bis 5,5 cm langen Mitteldornen. Blüten groß, weiß, außen bräunlich, bis 25 cm lang. Frucht groß, rot, derb, bedornt. Heimat: Kolumbien.

Dendrocereus Br. et R.

Baumförmig mit dickem Stamm und weit ausladender Krone aus zahlreichen aufrechten oder überhängenden, reich verzweigten Ästen, diese mit 3–5 flügelartigen, gekerbten Rippen. Blüten groß, nächtlich, weiß, trichterig. Perikarpell und Rezeptakulum mit kurzen, nach dem Verblühen abfallenden, nur wenig bedornten Schuppen besetzt. Frucht birnförmig, grün, nackt mit harter, dicker Schale, nicht aufspringend, anfangs mit Blütenrest, der später glatt abfällt. Samen groß, schief nierenförmig, mit seitlichem Hilum; Samenschale schwärzlich rotbraun, am Rücken groß halbkugelig-warzig. Samen von einer dünnen, in Wasser zu einer mächtigen Schleimmasse aufquellenden Arillushaut umgeben. – 1 Art in Kuba.

Dendrocereus nudiflorus (Eng.) Br. et R.

Bis 10 m hoher Baum mit kräftigem Stamm von bis zu 60 cm Durchmesser und sehr großer Krone aus aufrechten oder überhängenden, reich verzweigten Ästen. Triebe dunkelgrün, 3- bis 5flügelig, bis 12 cm dick. Areolen mit 2–15 nadeligen, bis 4 cm langen, später oft fehlenden Dornen. Blüten 10–14 cm lang, nahe dem Triebende, weiß. Heimat: Kuba.

Harrisia Britton

Aufrechte, bis 7 m hohe Bäume mit schlankem Stamm mit aufrechten bis überhängenden Ästen, nur 1 Art (*H. earlii*) niederliegend. Stamm und Äste zylindrisch. Große, lang-trichterförmige, nächtliche Blüten, Rezeptakulum sehr schlank und dünnwandig. Perikarpell und Rezeptakulum dicht mit dreieckigen bis spitzigen Schuppen und vorspringenden Podarien besetzt, in den Schuppenachseln Wollhaare. Früchte kugelig bis eiförmig, bei der Reife fast glatt, dünnwandig, ohne Blütenrest. Samen sackförmig zylindrisch, ohne Kiel, mit basalem Hilum, Hilumsaum zu einem zylindrischen Hohlraum verlängert; Samenschale glänzendschwarz, großwarzig. – Etwa 12 Arten von Westindien bis Florida.

Harrisia gracilis (Mill.) Britt.

Bis 7 m hoher, stark verzweigter Baum, oft mit deutlichem Stamm und auseinanderstrebender Krone. Triebe ziemlich schlank, mit 9–11 gerundeten Rippen, Areolen mit 10–16 weißlichen, schwarz gespitzten, 2–2,5 cm langen Dornen. Blüten 20 cm lang, nächtlich, weiß. Heimat: Jamaika.

Eriocereus Riccobono

Strauchig, ± reich verzweigt mit schlanken bogenförmigen oder niederliegenden, oft kletternden Trieben. Wenige derbe Rippen mit nur geringer Bedornung. Große trichterige, weiße, nächtliche Blüten. Rezeptakulum dick mit zum Teil laubartigen Schuppen und Wolle in den Achseln. Perikarpell dicht von den Podarien der kleinen Schuppen mit Wolle und manchmal einzelnen Dornen in ihren Achseln besetzt. Frucht stark gehöckert, dickwandig mit Blütenrest, der später abfallen kann, reif mit Längsrissen aufspringend. Samen helmförmig mit deutlichem, großzelligem Kiel und basalem Hilum; Samenschale mattglänzend schwarz, kleinwarzig. – 7 Arten aus dem mittleren Süd-Amerika.

■□
Eriocereus tortuosus (Forb.) Riccobono □□
Strauchig, nur anfangs aufrecht, später überhängend oder niederliegend und oft schlangenartig sich windend. Äste bis 1 m lang und 2–4 cm dick, dunkelgrün, meist 7rippig, Areolen 2 cm entfernt, mit 6–10 spreizenden, bis 2 cm langen Dornen, 1–3 kräftigeren, bis 3–4 cm langen Mitteldornen, anfangs rot, später fast schwarz. Blüten 16 cm lang, weiß. Heimat: Argentinien.

□■
Eriocereus pomanensis (Web.) Berg. □□
Ziemlich aufrechte, blau- oder graugrüne, fast runde, in der Jugend 2–4 cm dicke Triebe mit 4–6 stumpfen, nicht gehöckerten Rippen. Areolen 1,5–2 cm entfernt, mit 6–8 strahlenden, 1 cm langen, pfriemlichen, anfangs roten oder weißen, später grauen und schwarz gespitzten Randdornen und einem ebensolchen 1–2 cm langen Mitteldorn. Blüten 15 cm lang, weiß. Frucht plattrund, schwach gehöckert und beschuppt. ohne Dornen, rot. Heimat: Nordwest-Argentinien.

Aporocactus Lemaire

Schlanke, nahe der Basis reich verzweigte, hängende oder aufsteigende, ± rundliche Triebe mit niedrigen Rippen und dichtstehenden, feindornigen Areolen, manchmal mit Luftwurzeln. Blüten groß, mit S-förmig gekrümmter Röhre. Perikarpell und Rezeptakulum mit kleinen Schuppen und borstiger Behaarung, Schuppen im oberen Teil des Rezeptakulums kahl. Staubfäden in 2 Gruppen, pinselartig zusammengeneigt, mit dem Griffel weit aus der Blüte hervorragend. Frucht beerenartig, klein, kugelig, borstig, rot. Samen wenige, verkehrt eiförmig; Samenschale rotbraun. – 5 Arten in Mexiko.

□□
Aporocactus flagelliformis (L.) Lem. ■□
Bis 1 m lange schlanke, bis fingerdicke, stielrunde Triebe mit 8–13 Rippen, von hängendem Wuchs („Schlangenkaktus", „Peitschenkaktus"); Areolen 3–7 mm entfernt mit 15–20 zuerst rötlichen, dann braunen, feinen Dornen. Blüten bis 10 cm lang, rot. Heimat: Mexiko.

□□
Aporocactus martianus (Zucc.) Br. et R. □■
Ziemlich kräftige, etwas verzweigte, bis 1 m oder darüber lange und bis 2 cm dicke Stämmchen mit 8 niedrigen, stumpfen Rippen, hängend oder mit Wurzeln kletternd. Areolen 6–10 mm entfernt, mit 6–10 honiggelben, am Grund bräunlichen, 5–7 mm langen nadelförmigen Randdornen und 3–4 kräftigeren, dunkleren Mitteldornen. Blüten 10–12 cm lang, fast gerade, scharlachrot, schmal violett gerandet. Heimat: Mexiko (Oaxaca).

Heliocereus (A. Berger) Br. et R.

Sparrig wachsende Sträucher mit wenig-kantigen, weichfleischigen, schwach bedornten Trieben. Blüten groß, weit geöffnet, mehrere Tage dauernd, meist rot. Perikarpell und Rezeptakulum mit kleinen Schüppchen mit Dornen oder Borsten. Frucht kugelig oder eiförmig, fleischig, höckerig, mit vertrockneten Schüppchen und Dornen. Samen ei- bis nierenförmig; Samenschale schwarz mit feiner Zellstruktur. – 3 Arten (mit mehreren Varietäten) aus Mexiko.

■□
Heliocereus speciosus (Cavan.) Br. et R. □□

Reich verzweigter Strauch mit aufrechten, anlehnenden oder hängenden, bis über 1 m langen vierkantigen, oft rötlich überlaufenen Trieben mit stark gesägten Rippen. Areolen auf den Kerben mit 5–8, später 25 und mehr schräg aufrechten, stark stechenden, 1–1,5 cm langen, gelben oder bräunlichen Dornen. Blüte weit trichterig geöffnet, prächtig karminrot und vom grünen Grund her mit einem blendenden blauen Schimmer überhaucht. Wegen seiner einmaligen Blütenfarbe viel zu Kreuzungen mit „Blattkakteen" verwendet. Heimat: Zentral-Mexiko.

□■
Heliocereus speciosus var. amecamensis (Heese) Weingt. □□

Unterscheidet sich von der Art durch die hellgrünen, 3- bis 5kantigen Triebe und die großen, reinweißen Blüten mit einem grünlichen Schein am Grund. Heimat: In Amecameca am Iztaccihuatl einmal gesammelte herrliche Mutante.

Nopalxochia Br. et R. (*einschl. Lobeira* Alexander)

Am Grund stielartig verschmälerte, blattartig abgeflachte, am Rand stumpf gesägte oder buchtig gekerbte, aufrechte oder hängende Triebe. Blüten sehr groß, glockig-trichterig, Tagblüher. Perikarpell und kurzes Rezeptakulum schlank, mit abstehenden Schuppen besetzt, diese ohne Borsten. Frucht eiförmig, fleischig, etwas kantig und beschuppt. Samen groß, schwarz. – 3 Arten in Mexiko.

□□
Nopalxochia ackermannii (Haw.) Knuth ■□

Etwa fußlange, buchtig gekerbte, am Grund stielartige, dunkelgrüne, im Umriß manchmal etwas eichenblattähnliche Triebe. Blüten groß, etwa 14 cm lang, scharlachrot mit grünlichem Schlund. Selten echt. Heimat: Mexiko.

□□
Nopalxochia phyllanthoides (DC.) Br. et R. □■

Reich verzweigter, kaum meterhoch werdender Strauch mit lanzettlichen, zugespitzten, stumpflich gesägten und am Grund stielartig verschmälerten, hellgrünen, oft geröteten Flachtrieben, an denen die Mittel- und Seitennerven deutlich hervortreten. Blüten 10 cm lang, glockig-trichterig, rosenrot. Eine der beliebtesten Formen ist unter dem Namen „Deutsche Kaiserin" bekannt. Heimat: Mexiko.

Epiphyllum Haworth (*einschl. Marniera* Backbg.)

Epiphytische, reich verzweigte, aufrechte bis hängende oder mit Luftwurzeln kletternde Sträucher. Triebe aus stielrunder bis kantiger Basis in gekerbte oder stark eingebuchtete Flachsprosse übergehend, seltener lange, stielrunde, wurzelkletternde Langsprosse mit kurzen seitlichen Flachsprossen. Areolen in den Kerben mit etwas Wolle oder – seltener – Borsten. Blüten nächtlich, manchmal noch am folgenden Tag geöffnet, trichter- bis stieltellerförmig mit sehr langer, schlanker Röhre. Perikarpell beschuppt mit lang herablaufenden Podarien, Schuppen kahl oder mit einigen feinen Borsten. Rezeptakulum mit nur wenigen Schuppen der gleichen Art. Früchte ziemlich groß, beerenartig, eiförmig, etwas kantig, vertrocknend und verrottend, vertrockneter Blütenrest meist abfallend. Samen zahlreich, ei- bis nierenförmig; Samenschale bräunlichschwarz, glatt oder grubig punktiert. – Etwa 20 Arten in tropischen Regenwäldern in Zentral-Amerika, im nördlichen Süd-Amerika und in Mexiko.

■□
Epiphyllum anguliger (Lem.) G. Don □□
Reich verzweigt mit lanzettlichen, ziemlich fleischigen, frischgrünen, aus stielrunder Basis sich verbreiternden Sprossen mit starkem Mittelnerv und tief und breit gezähnten Rändern; Lappen ± rechtwinklig abstehend, Buchten ± tief und spitz. Areolen manchmal mit 1–2 weißen Börstchen. Blüten 15–16 cm lang mit 8 cm langer Röhre, wohlriechend, äußere Blütenblätter gelblich-fleischfarben, innere rein weiß. Heimat: Mexiko.

Epiphyllum chrysocardium Alex. □■
[= ***Marniera chrysocardium*** (Alex.) Backbg.] □□
Epiphytisch wachsend mit sehr kräftigen, bis 30 cm breiten, sehr breitlappig gesägten Trieben, Lappen bis 15 cm lang, 4 cm breit, am Ende ± kahnförmig spitz; Areolen klein, manchmal mit 2–3 Borsten. Blüten 32 cm lang mit 16 cm langer Röhre, äußere Blütenblätter schmutzig purpurrosa, innere weiß. Heimat: Mexiko (Chiapas)

Disocactus Lindley (*einschl. Bonifazia* Standley et Steyermark, *Chiapasia* Br. et R.)

Stielrunde Stämmchen mit abgeflachten Seitengliedern oder vom Grund verzweigt. Glieder aus stielartigem Grund verbreitert mit kräftiger Mittelrippe, Ränder gekerbt und gesägt, Triebe aufrecht oder überhängend. Blüten gewöhnlich einzeln, seitlich, sitzend, röhrenförmig, stielteller- oder schmal glockenförmig. Perikarpell und Rezeptakulum mit wenigen, fest anliegenden Schuppen. Blütenhüllblätter wenige, aufrecht, spreizend oder zurückgekrümmt. Frucht kugelige oder eiförmige Beere mit scharf abgesetztem Blütenrest, mit kleinen Schuppen oder ± nackt. Samen eiförmig bis schwach nierenförmig; Samenschale schwarz, fein runzelig oder mit Zwischengrübchen. – 5 Arten im tropischen und subtropischen Amerika, Westindien.

Disocactus nelsonii (Br. et R.) Lindinger □□
[= ***Chiapasia nelsonii*** (Br. et R.) Br. et R.] ■□
Reich verzweigte, bis 1,2 m lange, schlanke, oben flache und dünne Langtriebe. 10–25 cm lange und 3–4 cm breite, geschweift gekerbte Seitentriebe. Blüten seitlich nahe der Spitze, 7–8 cm lang, karminrot mit violettem Hauch. Heimat: Mexiko (Chiapas).

Disocactus quezaltecus (Standl. et Steyerm.) Kimn. □□
(= ***Bonifazia quezalteca*** Standl. et Steyerm.) □■
Buschig verzweigt mit stielrunden, am Ende abgeflachten Langtrieben und abgeflachten, entfernt schwach gekerbten, an der Spitze verjüngten oder etwas gerundeten Seitentrieben. Blüten 8,5–9 cm lang, engröhrig, am Grund scharf abgebogen, weißlich-purpurn, Staubblätter und Griffel weit herausragend. Frucht kugelige, 18 mm große, gelbrote Beere. Heimat: Guatemala.

Disocactus ramulosus (S.-D.) Kimn. ■□
[= ***Rhipsalis ramulosa*** (S.-D.) Pfeiff.] □□
Vom Grund reich verzweigter Strauch mit stielrunden, bis 1,5 m langen Langtrieben und zahlreichen, am Grund in einen 1–6 cm langen Stiel verjüngten, 10–25 cm langen und 2 cm breiten, frischgrünen, am Rand schwach gesägten Kurztrieben. Areolen anfangs oft mit Borsten, später kahl. Blüten seitlich, einzeln, klein, radförmig, weißlichgrün, Perikarpell mit 2–3 kleinen Schuppen. Frucht erbsengroß, anfangs grün, später weißlich. Heimat: Bolivien, Peru.

Wittia K. Schum.

Epiphytische Sträucher mit blattartigen, länglichen, am Rand gekerbten, sehr dünnen, aufrechten, später hängenden Gliedern. Areolen ohne Dornen. Blüten klein, röhrig-trichterig, Blütenblätter bis zur Hälfte zu einer Röhre verwachsen. Perikarpell glatt oder gehöckert, mit kleinen Schuppen, aber ohne Haare und Borsten. Frucht birnförmige, stumpfkantige Beere mit bleibendem oder abfallendem Blütenrest. Samen birnförmig; Samenschale schwarzbraun mit vieleckigen, flach konvexen Zellen, aber ohne Zwischengrübchen. – 1 Art in Panama, Kolumbien bis Nord-Peru.

□■
Wittia amazonica K. Schum. □□
Strauchartig reich verzweigt mit aufrechten, später hängenden, lanzettlichen, am Grund stielartigen, ± stark gekerbten, laubgrünen, 15–40 cm langen und 5–9 cm breiten Gliedern mit starker Mittelrippe. Blüten klein, 3–4 cm lang; äußere Blütenblätter leuchtend karminrot, Spitzen zurückgeschlagen, lebhaft kornblumenblau, innere Blütenblätter aufrecht, weiß. Frucht bis 1,5 cm lang, schmutzigweiß. Heimat: Costa Rica, Panama, Venezuela, Ekuador bis Nordost-Peru.

Pseudorhipsalis Br. et R.

Strauchig, überhängend mit langen, an der Basis runden, blattförmigen, am Rande gekerbten Trieben, ohne Dornen. Blüten klein, mit kurzer, deutlicher Röhre, Blütenblätter spreizend. Perikarpell mit einigen kleinen Schuppen. Frucht kugelige bis eiförmige Beere. Samen eiförmig; Samenschale braunschwarz, glatt mit vereinzelten, kleinen Zwischengrübchen. – 3 Arten aus Mexiko, Costa Rica und Jamaika.

□□
Pseudorhipsalis macrantha Alex. ■□
Buschig verzweigt mit überhängenden, an der Basis runden Stämmen. Triebe blattförmig, hellgrün, bis 90 cm lang und 4,5 cm breit, an der Spitze verjüngt, mit 2–3 cm entfernten Kerben. Areolen winzig, graufilzig. Blüten einzeln, 3 cm breit, mit zurückgebogenen Blütenblättern, cremeweiß, im Abblühen goldgelb, äußere Blütenblätter bräunlich, außen rötlich. Frucht kugelige, 7–8 mm dicke rote Beere. Heimat: Süd-Mexiko.

□□
Pseudorhipsalis himantoclada (Rol.-Goss.) Br. et R. □■
Große hängende Büsche von 1 m und mehr Länge, mit dünnen und flachen, 4–5 cm breiten, am Rand gekerbten, lebhaft grünen, glänzenden, im Neutrieb an der Spitze rötlichen Trieben mit stärker hervortretender Mittelrippe; seitliche Triebe nur 2–3 cm lang gestielt, kaum länger als 20 cm. Areolen spärlich filzig, mit kleinen, ausdauernden rötlichen Schuppen. Blüten einzeln, 2,6 cm lang, Blütenblätter etwas spreizend, innere weiß, äußere bräunlich bis rötlich. Heimat: Costa Rica.

Weberocereus Br. et R. (*einschl. Werckleocereus* Br. et R.)

Schlanke, mit Luftwurzeln klimmende oder überhängende, runde, 3- bis 4kantige oder auch abgeflachte Triebe mit gekerbt-gesägten Kanten; Areolen klein, nur schwach bedornt. Blüten mittelgroß bis groß, kurztrichterig, nächtlich. Areolen auf Perikarpell und Rezeptakulum mit Wollfilz und Dornen oder Borstenhaaren. Frucht kugelig, gehöckert, mit bedornten Areolen oder behaart, mit vertrocknetem Blütenrest. Samen – soweit bekannt – eiförmig; Samenschale schwarz, mit feiner Zellstruktur. – 5 Arten in Costa Rica, Panama und Guatemala.

■□ □□

Weberocereus biolleyi (Web.) Br. et R.
Sehr lange und schlanke, herabhängende, 7–15 mm dicke, stielrunde oder undeutlich gekantete, bräunlich-rote Triebe. Areolen klein, entfernt, meist dornenlos, nur selten mit 1–3 schwachen, kurzen, gelben Dornen. Blüten 3–5 cm lang, glockig, Blütenblätter fleischig, gelblich-grün bis rötlich-braun. Perikarpell weiß bedornt. Heimat: Costa Rica.

□■ □□

Weberocereus trichophorus Johns. et Kimn.
Rankende, runde oder undeutlich 6- bis 7kantige, 8–12 mm dicke, kräftig grüne Triebe. Areolen mit 10, im Alter bis 20 steifen, mäßig kräftigen, 3–12 mm langen, gelben Dornen und 30–40 ± kräuseligen, 5–20 mm langen Haaren. Blüten glockig-trichterig, bis 6 cm lang, 3,5 cm breit, fleischrot, außen purpurn. Perikarpell dicht feinhöckerig, mit ziemlich langen und lockeren Haaren. Frucht länglich, 3 cm lang, 2,5 cm breit, purpurrötlich. Heimat: Costa Rica.

Eccremocactus Br. et R.

Epiphyten mit flachen und dicklichen, hängenden, am Rand flach gekerbten Trieben. Blüten mittelgroß, trichterförmig, nächtlich, nur wenig öffnend. Perikarpell mit dicken Schuppen und kurzen Haaren in ihren Achseln, durch die verlängerten Podarien kantig. Kurzes Rezeptakulum mit kleinen, etwas abstehenden, dornenlosen Schuppen. Frucht länglich, saftig, mit wenigen dornenlosen Areolen, rot, ohne Blütenrest. Samen klein, länglich bis mützenförmig, mit basalem Hilum; Samenschale schwarz, flachwarzig mit Zwischengrübchen. – 1 Art in Costa Rica.

□□ ■□

Eccremocactus bradei Br. et R.
Aufrecht, später hängend wachsender kleiner Strauch mit gegliederten, gekerbten Trieben; Triebe flach und dicklich, 15–30 cm lang, 5–10 cm breit, hell mattgrün mit beiderseits etwas hervortretender Zentralachse. Areolen klein, mit 1–3 dunkelbraunen, bis 6 mm langen Dornen. Blüten nächtlich, 5–7 cm lang, etwas asymmetrisch, äußerste Blütenblätter dick, leuchtend rosa, die folgenden dünner, rosa-weiß bis fahlgelb, innerste weiß. Heimat: Costa Rica.

Hylocereus (A. Berger) Br. et R.

Mit Luftwurzeln kletternde, reich verzweigte Sträucher mit sehr langen (bis 10 m) dreikantigen oder -flügeligen Sprossen. Rippen oft gekerbt, Areolen mit kurzem Filz und wenigen kurzen Dornen oder Borsten. Blüten sehr groß, trichterförmig, nächtlich. Perikarpell und Rezeptakulum mit breiten, blattartigen Schuppen, aber ohne Wollhaare oder Dornen. Früchte groß, breit beschuppt, meist rot, unregelmäßig aufplatzend. Blütenrest bleibend oder abfällig. Samen zahlreich, langgestreckt ei- bis nierenförmig; Samenschale glänzendschwarz, glatt oder zart gefeldert mit feinen Zwischengrübchen. Etwa 20 Arten von Mexiko und Westindien bis zum nördlichen Süd-Amerika.

□□ □■

Hylocereus undatus (Haw.) Br. et R.
Sehr kräftige, dunkelgrüne, bis 7 cm breite Triebe mit 3 dünnen Flügeln und wellig gebuchteten, im Alter hornigen Kanten. Areolen in den Kerben, mit 1–3 kegeligen, 2–4 mm langen Dornen. Blüten bis 30 cm lang, äußere Blütenblätter gelblichgrün, innere weiß, breit, grannenspitzig. Frucht länglich, 10–12 cm dick, rot, mit breiten Schuppen, Fleisch weiß. Heimat unbekannt; wegen der eßbaren Früchte und als Zierpflanze in allen warmen Ländern angebaut.

Wilmattea Br. et R.

Mit Luftwurzeln kletternde, schlanke, dreikantige Triebe. Areolen mit wenigen kurzen Dornen. Blüten klein, sehr kurzröhrig, nächtlich. Das kurze Perikarpell und das sehr kurze Rezeptakulum mit breit dreieckigen Schuppen mit etwas Wolle und spärlichen Dornen besetzt. Frucht beschuppt. Samen unbekannt. – 1 Art in Guatemala und Honduras.

Wilmattea minutiflora (Br. et R.) Br. et R. ■□ □□
Triebe mit fast geraden Kanten. Areolen mit 1–3 winzigen bräunlichen Dornen. Blüten 5 cm lang, wohlriechend, außen rötlich, innen weiß. Heimat: Guatemala, Honduras.

Selenicereus (A. Berger) Br. et R. (*einschl. Deamia* Br. et R.)

Mit Luftwurzeln kletternde, schlanktriebige Sträucher mit 5- bis 7kantigen oder -rippigen Trieben (*Selenicereus*) oder Sprosse mit 3–5–8 dünnen, flügelartigen Rippen (*Deamia*). Kurzhaarige Areolen mit meist feinen Dornen. Große bis riesige, nächtliche Blüten. Perikarpell und Rezeptakulum mit zahlreichen winzigen Schuppen und großen vorspringenden Podarien, in den Areolen ± lange Wollhaare oder feine Borsten. Frucht groß, eiförmig, durch Podarien gehöckert, die behaarten Areolen mit Borsten oder stechenden Dornen, Fruchtwand dickfleischig, rötlich, Blütenrest meist abfällig. Samen birnförmig; Samenschale mattschwarz, körnig-warzig mit undeutlichen Zwischengrübchen. Nach dem Bau der Sprosse wird die Gattung in 2 Untergattungen unterteilt: *Selenicereus* (Berger) Br. et R.: Triebe kantig oder fast stielrund, Rippen nie geflügelt. –*Deamia* (Br. et R.) F. Buxbaum: Rippen hoch geflügelt, Triebe der Unterlage dicht angepreßt kriechend.
Etwa 20 Arten von Texas über Mexiko und Westindien bis Argentinien.

Selenicereus grandiflorus (L.) Br. et R. (Untergattung *Selenicereus*) □■ □□
Die bis 2,5 cm starken, 5- bis 8rippigen Triebe mit einem bräunlichen Wollschopf an der Spitze können bis 5 m lang werden. Areolen weißfilzig mit 7–11, 4–6 mm langen, gelblichen, später grauen Dornen. Blüten bis 30 cm lang, äußere Blütenblätter bräunlichorangegelb, innere reinweiß. Heimat: Jamaika, Kuba, Haiti, Mexiko. (Bild um 90° gedreht.)

Selenicereus inermis (Otto) Br. et R. □□ ■□
Schlanke, 1–2,5 cm dicke, glänzend hellgrüne Triebe mit 3–5 scharfen, geraden oder etwas gebuchteten Kanten. Areolen bis 6 cm entfernt, nur in der Jugend mit einigen Borsten, ohne Dornen. Blüten 15 cm lang, Perikarpell und Rezeptakulum mit Schuppen und einzelnen Dornen, ohne Haare. Äußere Blütenblätter gelblichgrün, innere weiß, beide am Grund rötlich. Griffel dick, Narben gelblichgrün. Heimat: Venezuela, Kolumbien.

Selenicereus testudo (Karw.) F. Buxbaum □□
[= ***Deamia testudo*** (Karw.) Br. et R.] (Untergattung *Deamia*) □■
Auf Bäumen oder Felsen kletternder oder auch hängender, reich verzweigter Epiphyt. Triebe bis 25 cm lang von wechselnder Gestalt, 5- bis 8rippig, meist breit 3- oder mehrflügelig, kriechend und der Unterlage dicht angedrückt, mit stark verbreiterten Seitenflügeln und kleineren unterseitigen Flügeln, aus deren Furchen die Wurzeln kommen. Blüten bis 25 cm groß, weiß. Heimat: Süd-Mexiko bis Kolumbien.

Mediocactus Br. et. R.

Epiphyten mit langen, überhängenden, meist dreikantig-flügeligen dünnen Trieben. Areolen mit kurzen Dornen und Borsten. Blüten sehr groß, trichterig. Perikarpell und Rezeptakulum mit kleinen Schuppen, wenig Filz und kurzen Dornen, Perikarpell gehöckert. Frucht eiförmig, rot, mit bleibendem Blütenrest. Areolen filzig und bedornt. Samen verkehrt eiförmig; Samenschale schwarz, feingrubig punktiert. Etwa 4 Arten von Brasilien bis Argentinien.

Mediocactus coccineus (S.-D.) Br. et R.
Meist dreikantig-flügelige, bis 2 cm breite hellgrüne, überhängende Glieder mit leicht geschweiften Kanten. Areolen erhaben, mit 2–4 kegeligen, 1–3 mm langen rötlichen, später bräunlichen Dornen und 8–10 anliegenden weißen Borsten. Blüten 25 cm lang, weiß, am Grund gelblich, außen grün. Heimat: Brasilien bis Argentinien.

Strophocactus Br. et R.

Dünne, breit abgeflachte, am Rande nicht gekerbte Triebe, die mit Luftwurzeln aus der Mitte der Triebe der Unterlage eng angeschmiegt sind. Areolen mit Wollhaaren, Borsten und zahlreichen kurzen Dornen. Blüten nächtlich, mit sehr langer, schlanker Röhre. Perikarpell und Rezeptakulum mit wenigen länglichen Schuppen, mit Haaren, Borsten und Dornen in ihren Achseln. Frucht eiförmig mit borstigen Dornen. Samen ohrenförmig; Samenschale schwarz. – 1 Art in den feuchten Wäldern Brasiliens.

■□
Strophocactus wittii (K. Schum.) Br. et R. □□
Epiphytischer, hoch aufsteigender, reich verzweigter und gegliederter Strauch mit blattartigen, selten dreikantigen Trieben. Triebe elliptisch bis eilanzettlich, bis 10 cm breit und 3- bis 4mal so lang, dicht der Unterlage angeschmiegt, gekerbt. Areolen mit weißem Wollfilz und zahlreichen, bis 12 mm langen, stark stechenden Dornen. Blüten bis 25 cm lang, außen fleischrot, innen schneeweiß. Heimat: Brasilien.

Cryptocereus Alexander

Mit Luftwurzeln kletternd und in Abständen büschelig verzweigt mit tief eingeschnittenen Flachtrieben. Areolen klein mit 3 kurzen Dornen. Blüten groß, nächtlich. Perikarpell und Rezeptakulum mit kleinen Schuppen, mit Wolle und Borsten in den Achseln, am Perikarpell auch kräftige Dornen. Frucht länglich-kugelig, mit Blütenrest, Areolen mit Filz und langen Dornen. Samen länglich bis keulig; Samenschale glänzendschwarz, glatt. – 1 Art in Mexiko.

□■
Cryptocereus anthonyanus Alex. □□
Kletternder Stamm mit bis 1 m oder längeren 7–15 cm breiten, glänzendgrünen Ästen; Äste flach und etwas dicklich mit abwechselnd vorgezogenen, 2,5–4,5 cm langen und 1–1,5 cm breiten, gegen die Spitze abgerundeten und sich etwas verschmälernden Flügeln. Blüten 12 cm lang, äußere Blütenblätter rot, zurückgebogen, innere cremefarben, aufrecht. Heimat: Mexiko (Chiapas).

Pfeiffera Salm-Dyck (*einschl. Acanthorhipsalis* Br. et R.)

Kleinere, reich verzweigte Sträucher mit aufrechten bis hängenden 4rippigen, dreiflügeligen oder aus stielrundem Grund abgeflachten und am Rand gekerbten Trieben, ohne Luftwurzeln. Areolen mit Filzhaaren, kurzen Borsten oder kräftigeren Dornen. Blüten klein, seitlich, engglockig mit äußerst kurzem oder ganz fehlendem Rezeptakulum. Perikarpell dickwandig, kantig, mit Schuppen, in ihren Achseln Wolle und Borsten, gelegentlich ein einzelner Dorn. Frucht kugelige oder eiförmige, stark kantige Beere mit wolligen und borstig bedornten Areolen und kleinem, vertrocknetem Blütenrest. Samen langgestreckt zylindrisch oder eiförmig; Samenschale glänzendschwarz, flachwarzig gefeldert oder mit Zwischengrübchen. – 6 Arten in Argentinien, Südost-Peru und Bolivien.

□□
Pfeiffera ianthothele (Monv.) Web. ■□
Strauchig, mäßig verzweigt, epiphytisch oder bodenbewohnend. Triebe 1,5–2 cm dick und einige Dezimeter lang, 4-, seltener 3kantig, ohne Luftwurzeln. Kanten gebuchtet, Areolen mit 6–7 dünnen, 4–5 mm langen, borstigen Dornen. Blüten seitlich, selten endständig, klein, 2–2,4 cm lang, weiß oder gelblich, außen rosa überlaufen. Frucht rund, violettrosa. Heimat: Argentinien.

Pfeiffera monacantha (Griseb.) Hutch. □□
[= **_Acanthorhipsalis monacantha_** (Griseb.) Br. et R.] □■
Reich verzweigter, aufrechter, später hängender Strauch mit 2–3 cm breiten und bis 45 cm langen, flachen, blattartigen oder dreikantigen, gesägten und am Grund in einen geflügelten Stiel verschmälerten Trieben. Areolen mit gelblichem Wollfilz und 1–2 kräftigen, aufrechten, schwärzlichen, 6–10 mm langen, stark stechenden Dornen. Blüten seitlich aus den Areolen der oberen Glieder, bis 15 mm lang, hellorange. Frucht kugelig, orange bis blaßrosa. Heimat: Argentinien.

Rhipsalis Gärtner (*einschl. Erythrorhipsalis* A. Berger, *Lepismium* Pfeiffer)

Meist epiphytische, reich nach der Spitze zu verzweigte, aufrechte, später überhängende Sträucher mit sehr vielgestaltigen Sprossen, mit oder ohne Luftwurzeln. Areolen klein bis winzig mit einer winzigen Schuppe, oberflächlich oder von einer dicken Rindenzone ± umwallt. Areolen mit wenig kurzem Filz, vereinzelt Haaren oder kurzen Borsten. Bei wenigen Arten am Sproßende eine Sammelareole, aus der die Verlängerung der Sprosse und Blüten entspringen. Blüten einzeln oder durch Beiknospenbildung zu mehreren (bis 5). Blüten radiär, winzig bis ansehnlich, weiß, gelblichweiß bis rötlich mit wenigen Blütenblättern. Perikarpell etwas kantig, kreiselförmig bis zylindrisch, sehr dickwandig. Rezeptakulum fehlt. Früchte erbsengroße weiße, rosa bis dunkelpurpurne saftige Beeren mit dem vertrockneten Blütenrest. Samen länglich, oval bis spindelförmig, meist leicht gekrümmt; Samenschale schwarz oder dunkel- bis hellbraun, leicht strukturiert oder etwas flachwarzig. Etwa 50 Arten aus dem warmen Süd-Amerika, hauptsächlich Brasilien, durch Verschleppung in Florida, Mexiko, Zentral-Amerika und Westindien sowie in der Alten Welt: West- und Ost-Afrika, Madagaskar bis Ceylon.

Nach dem vegetativen Bau der Sprosse wird die Gattung in 5 Untergattungen eingeteilt: *Goniorhipsalis* K. Schum.: Glieder deutlich drei- bis mehrkantig, gerippt oder flügelrippig, dick. –*Phyllorhipsalis* K. Schum.: Glieder blattartig zweischneidig, an der Spitze fortwachsend, auch wenn der Sproß sich in schmälere und breitere Abschnitte gliedert. Schmälere Abschnitte mitunter stengelartig dünn. – *Phyllarthrorhipsalis* F. Buxb.: Sproßglieder blattartig mit akrotoner Verzweigung ausschließlich aus Areolen. – *Rhipsalis* Gärtner: Sproßglieder drehrund oder höchstens rippenähnlich faltig, sehr verschieden im Aussehen. – *Lepismium* Pfeiffer: Glieder blattartig oder 3- bis 4kantig, verlängert. Perikarpell in der Sproßachse eingesenkt.

Wieweit die hier im Anschluß an Buxbaum gegebene Einteilung der Gattung *Rhipsalis* in Untergattungen berechtigt ist, wird erst die in Gang befindliche Neubearbeitung der Gattung *Rhipsalis* durch Barthlott (mündl. Mitt.) ergeben.

■□
Rhipsalis pentaptera Pfeiff. □□

Reich verzweigter Strauch. Zweige einzeln, zu zweien oder dreien, 7–12 cm lang, 6–15 mm dick, 5- (seltener) 6kantig, gerippt oder fast geflügelt, lebhaft dunkelgrün. Areolen in kleinen Querfurchen. Blüten aus dem oberen Teil der Glieder, gewöhnlich zu 3 oder mehr an einer Areole nacheinander aufblühend, 7–8 mm lang, weiß. Frucht durchscheinend weiß, oben hellrosenrot. Heimat: Süd-Brasilien und Uruguay.

□■
Rhipsalis cereoides Backbg. et Voll. □□

Scharf dreikantige, selten 4flächige, kräftig grüne, 4–10 cm lange und bis 17 mm dicke Glieder, die oft kantenverdreht aufeinander sitzen, in den Gelenken mit Luftwurzeln. Areolen klein, mit etwas Filz und 2–4 ganz kurzen Börstchen. Blüten zu 3–4 gleichzeitig, 2 cm breit, weiß. Frucht durchsichtig hellrosa. Heimat: Brasilien (Rio de Janeiro).

□□
Rhipsalis houlletiana Lem. ■□

Bis 2 m oder länger hängender Strauch mit unten stielrunden, oben dünn blattartig verbreiterten Sprossen; die lanzettlichen Teile bis zu 40 cm lang, 3–5 cm breit, beiderseits zugespitzt, grob gezähnt, lebhaft grün, bisweilen am Rand rot überlaufen, Zähne 2–3 cm lang, bis 1 cm breit. Areolen mit kaum wahrnehmbarem Filz und ohne Borsten. Blüten 2 cm lang, trichterig, nicht weit geöffnet, hängend, rahmweiß. Beeren erbsengroß, karminrot. Heimat: Ost-Brasilien (Rio de Janeiro).

□□
Rhipsalis robusta Lem. □■

Aufrecht strauchartig mit elliptischen oder eiförmigen, oben gerundeten und am Grund verjüngten, bisweilen 3flächigen, verhältnismäßig tief (1 cm und mehr) gekerbten, 20 cm langen, 10 cm breiten, bis 4 mm dicken, dunkelgrünen Gliedern. Areolen mit spärlichem Wollfilz und einem oder mehreren Börstchen. Blüten bis zu 6 aus einer Areole, 1,2–1,4 cm lang, 1,5–1,8 cm breit, weit geöffnet, hellgelb. Heimat: Brasilien (Rio de Janeiro).

Rhipsalis platycarpa (Zucc.) Pfeiff.
Reich verzweigter, aufrechter, bis 80 cm und höherer Strauch vom Aussehen eines Epiphyllum phyllanthus. Glieder blattartig, 8–30 cm lang, 4–5 cm breit, grob gekerbt, mit deutlichem Mittelnerv, dunkelgrün, bisweilen rot gerandet. Areolen mit spärlichem Wollfilz, ohne Borsten. Blüten seitlich, einzeln, etwa 2 cm lang, kaum geöffnet, schmutzigweiß. Frucht grünlich-weiße, halbkugelförmige Beere. Heimat: Brasilien (Orgelgebirge).

Rhipsalis hadrosoma Lindbg.
Reich verzweigter, hängender oder über Felsen kriechender, kräftiger Strauch mit bis 10 cm langen und 1,5–2 cm dicken, am Ende abgestumpften, matthellgrünen Trieben. Areolen klein, rot umrandet, mit wenigen Borsten. Blüten zahlreich, weitgeöffnet, bis 2 cm breit, weiß. Frucht große, bis 10 mm breite, dunkelpurpurne Beere. Heimat: Brasilien (São Paulo).

Rhipsalis fasciculata (Willd.) Haw.
Reich buschig verzweigt mit hängenden, zylindrischen, schwach gerippten, 4–5 mm dicken Trieben. Areolen zahlreich, 1 cm entfernt, mit einem Büschel weißlicher, 3–4 mm langer Haare. Blüten zahlreich, sehr klein, 6–8 mm lang, 5 mm breit, weißlichgrün. Frucht kugelig, 6 mm dick, weiß. Heimat: Brasilien, Madagaskar.

Rhipsalis cereuscula Haw.
Reich verzweigte Büsche mit meist hängenden, 20–30(–60) cm langen und 3–4 mm dicken, dunkelgrünen Langtrieben und zahlreichen dichtgestellten, spiralig oder wirtelig angeordneten, kurz zylindrischen, 4- bis 5kantigen, 1–3 cm langen, hellgrünen Kurztrieben. Areolen auf den Langtrieben entfernt, auf den Kurztrieben gedrängt, mit sehr spärlichem Wollfilz und 2–4 kurzen, weißen Börstchen. Blüten einzeln, endständig oder fast endständig, glockig, 1,5 cm lang, 2 cm breit, weiß. Frucht umgekehrt-kegelförmige, weiße Beere. Heimat: Uruguay bis Zentral-Brasilien.

■□
Rhipsalis mesembryanthemoides Haw. □□
Reich verzweigte, zuerst aufrechte, dann hängende, dicht kugelförmige, bis 40 cm lange Büsche mit stielrundem, verholzendem Stämmchen. Langtriebe stielrund, bis 20 cm lang und 2 mm dick, mit Luftwurzeln; daran dicht spiralig gestellt spindelförmige, 7–15 mm lange und 2–4 mm dicke, hellgrüne Kurztriebe; Areolen an den Langtrieben zerstreut, mit spärlichem Wollfilz und 1–2 kleinen Börstchen, an den Kurztrieben mit reichlicherem Wollfilz und 3–4 Börstchen. Blüten einzeln und seitlich an den Kurztrieben, 8 mm lang, bis 15 mm breit, weiß. Frucht kugelig, weiß oder rötlich überhaucht. Durch die – Blätter vortäuschenden – Kurztriebe an ein *Mesembryanthemum* erinnernd. Heimat: Ost-Brasilien (Rio de Janeiro).

□■
Rhipsalis capilliformis Web. □□
Außerordentlich reich verzweigter, dicht rasenförmiger, hängender Strauch mit fadenförmigen, 10–15 cm langen und 2–3 mm dicken Langtrieben und spiraligen oder quirligen, schlanken, herabhängenden, 2–3 cm langen, 1–1,5 mm dicken, manchmal schwach vierkantigen Kurztrieben. Diese mit einigen kleinen Areolen mit kaum sichtbaren Wollhaaren, ohne Borsten, an der Spitze mit einem weißen Wollflöckchen. Blüten zahlreich, meist an der Spitze der Zweige, 6–7 mm lang, weißlich. Frucht kugelige, weiße Beere. Die ganze Pflanze hat eine gewisse Ähnlichkeit mit einer Perücke. Heimat: Ost-Brasilien.

□□
Rhipsalis epiphyllanthoides Backbg. ■□
2–4 cm lange, kurz aufeinander sitzende, stielrunde bis schwach kantige Triebe; Areolen auf schwach rötlichen Vorsprüngen, weißfilzig, anfangs mit 12 nach oben anliegenden, 4 mm langen, feinen, weißen Borsten. Blüten bis 3 cm breit, gelblichweiß, dunkler gespitzt. Heimat: Brasilien.

Rhipsalis pilocarpa Loefgren □□
[= ***Erythrorhipsalis pilocarpa*** (Loefgr.) Berg.] □■
Kleiner epiphytischer Strauch mit stielrunden, 3–6 mm dicken, 5–12 cm langen, gegliederten und quirlig verzweigten, hängenden Trieben. Areolen dichtstehend, mit etwas Wolle und 3–10 grauen Haardornen. Blüten zu mehreren aus den endständigen Areolen, 2,5 cm breit, weiß. Heimat: Ost-Brasilien.

Rhipsalis megalantha Loefgren
Hängender, reich wirtelig verzweigter Strauch mit bis 35 cm langen und 1 cm dicken, zylindrischen, lebhaft grünen, in der Jugend rötlichbraun überlaufenen Zweigen und 8–15 cm langen Endgliedern. Areolen mit sehr kleiner Schuppe und wenig Wolle. Blüten seitlich, zahlreich, sehr groß, radförmig, bis 3,5 cm breit, gelblichweiß, in die Sproßachse eingesenkt, Frucht 13 mm breite, am Grund von weißen Borsten umgebene, leuchtendrote Beere, die nach dem Abfallen ein Loch hinterläßt. Heimat: Brasilien (São Paulo).

Rhipsalis cruciformis (Vell.) Cast.
[= ***Lepismium cruciforme*** (Vell.) Miqu.]
Mäßig verzweigter, kletternder oder hängender Strauch mit 10–30 cm langen und 1–2,5 cm breiten, 3kantigen oder flachen, sattgrünen oder graugrünen, häufig rot überlaufenen Trieben mit Luftwurzeln. Areolen mit einem pinselartigen Büschel weißlicher Wolle und Borsten. Blüten zahlreich, glockig-radförmig, 10 mm lang, weiß. Frucht kugelig, 7 mm dick, violett, am Grund von Wolle umgeben, nach dem Abfallen ein Loch hinterlassend (Untergattung *Lepismium*). Etwas variable Art. Heimat: Brasilien bis Paraguay.

Hatiora Br. et R. (*einschl. Pseudozygocactus* Backbg.)

Reich verzweigte, aufrechte, später spreizende und überhängende Sträucher, im Alter aus gleichartigen, 2–5 cm langen, keulen- bis flaschenförmigen oder ganz zylindrischen, in einem Fall (*H. epiphylloides*) flach zweischneidigen Sproßgliedern bestehend. Areolen winzig, seitliche wenige oder fehlend, am Scheitel der Sproßglieder zu einer großen, meist vertieften Sammelareole vereinigt. Verzweigung und Blüten nur aus diesen endständigen Areolen. Blüten trichterig-glockig, gelb oder blau- bis dunkelviolett, ohne Rezeptakulum, aber Staub- und Blütenblätter an der Basis zu einer sehr kurzen Röhre verwachsen. Perikarpell kurz kreiselförmig, durch die herablaufenden Basen der am oberen Rand entspringenden Schuppen schwach kantig. Früchte durchscheinende kreiselförmige Beeren ohne anhaftenden Blütenrest. Samen schief eiförmig, seitlich stark abgeplattet; Samenschale rötlich braunschwarz, glänzend, mit langgestreckten Warzen. – Etwa 3 sehr variable Arten aus Brasilien.

Hatiora salicornioides (Haw.) Br. et R.
Überaus reich verzweigter, anfangs aufrechter, dann spreizender und schließlich überhängender, bis über 1 m langer Strauch; Glieder 2–3 cm lang, aus stielförmig dünnem Grund keulenförmig angeschwollen, zu zweien oder in mehrzähligen Wirteln stehend. Areolen winzig mit kurzen Borsten. Blüten gelb, Früchte weiß. Im Wuchs sehr variable Art. Heimat: Brasilien (Rio de Janeiro, Minas Geraes).

Hatiora herminiae (Porto et Cast.) Backbg.
Aufrechter und überhängender, bis 30 cm großer, gabelig bis quirlig verzweigter Strauch mit zylindrischen, nicht keulig verdickten, matt dunkelgrünen, am Ende fein graufilzigen Trieben. Einige kleine Seitenareolen mit Schüppchen und je 1–2 winzigen Borsten. Blüten einzeln, selten zu zweien aus der filzigen Endareole, groß, 2 cm lang und 2,5 cm breit, blauviolett. Frucht 8 mm breite olivgrüne Beere mit grauem, häutigem Deckel. Heimat: Brasilien (Campos do Jordão).

Rhipsalidopsis Br. et R. (*einschl. Epiphyllopsis* Gärtner)

Kleine bis zwergige epiphytische, reich verzweigte Sträucher mit 3- bis 4(–2)kantigen Sproßgliedern mit winzigen, borstigen Randareolen oder nur zweikantigen, abgeflachten Gliedern. Am Ende der Sproßglieder eine Sammelareole, aus der allein die Verzweigung und Blütenbildung erfolgt. Blüten verhältnismäßig groß, kurz trichterförmig, radförmig geöffnet, ohne Rezeptakulum (aber unterste Blütenhüllblätter und äußere Staubblätter zu einer kurzen Röhre verwachsen). Perikarpell 4- bis 5kantig. Frucht 4- bis 5kantige Beere, Blütenrest später leicht abbrechend. Samen langgestreckt, schief eiförmig, seitlich etwas abgeplattet; Samenschale glatt, rotbraun. – 2 Arten in Süd-Brasilien.

Rhipsalidopsis rosea (Lag.) Br. et R.

Bis 25 cm hoher, dicht buschiger Zwergstrauch mit 3- bis 5kantigen oder flachen, 2–4 cm langen, aufrechten oder spreizenden bis überhängenden Gliedern; untere oft cereiform, obere flach, spatelförmig, oben gerundet, nach unten allmählich verjüngt, 2–3 mm dick, mit 2–3 Kerben am Rand. Areolen mit kurzem Wollfilz und einigen abfälligen Börstchen. Blüten endständig, 3–4 cm breit, rosa. Heimat: Süd-Brasilien (Paraná).

Rhipsalidopsis gaertneri (Regel) Moran
[= **Epiphyllopsis gaertneri** (Reg.) Berg.]

Stark verzweigter Strauch mit überhängenden, gegliederten Zweigen. Untere Glieder 3- bis 6kantig, eiförmig oder elliptisch, gerundet, 1–2 cm lang, Areolen mit etwas Wollfilz und 6–20 kaum stechenden Borsten. Obere Glieder blattartig, breit-linealisch oder umgekehrt eiförmig, gekerbt mit 3–6 Einkerbungen auf jeder Seite, 3–6 cm lang, 1,5–3,5 cm breit. Areolen mit 3–12 kurzen Borsten, endständige Sammelareole mit bis 1,5 cm langen Borstendornen. Blüten einzeln oder zu mehreren an der Spitze der jüngsten Glieder, 4–7,5 cm lang, leuchtend-scharlachrot. Frucht verkehrt eiförmig, scharf 5kantig, fleischig, rot, später vertrocknend und hart werdend. Heimat: Süd-Brasilien (Sa. Catharina, Minas Geraes).

Schlumbergera Lemaire (*einschl. Zygocactus* K. Schum., *Epiphyllanthus* A. Berger)

Kleine epiphytische Sträucher mit gabelig verzweigten, aufrechten, später überhängenden Ästen aus gleich langen Sproßgliedern. Diese blattartig flach, am Rand gekerbt oder stark gezähnt mit randständigen Areolen oder rundlich bis abgeflacht und mit allseitig stehenden Areolen. Am Scheitel der Sproßglieder eine Gruppe von Areolen oder eine längliche, umwallte Sammelareole, aus der allein die Verzweigung und Blütenbildung erfolgt. Basis der Sproßglieder oft mit Luftwurzeln. Blüten radiär bis stark zygomorph. Perikarpell glatt, kreiselförmig, drehrund oder kantig. Rezeptakulum sehr kurz, in eine gerade oder stark gekrümmte echte Blumenkronröhre verlängert. Bei zygomorphen Blüten Schlund stark schief gestutzt, Blütenhüllblätter gerade oder ungleich zurückgebogen und dann eine vorgeschobene Oberlippe und eine zurückgeschlagene Unterlippe bildend. Staubblätter gebündelt, eingeschlossen oder unter der Oberlippe herausragend. Frucht birnförmig, drehrund oder kantig, rot oder gelbgrün, häufig mit haftenbleibendem Blütenrest. Samen nieren- oder halb eiförmig; Samenschale dunkelbraun bis schwarz, glänzend, durch Zwischengrübchen punktiert. – Etwa 6 Arten in Brasilien.

Schlumbergera opuntioides (Loefgren et Dusen) Moran
[= **Epiphyllanthus obovatus** (Engelm.) Br. et R.]

Aufrechter bis überhängender kleiner Strauch mit verkehrt eiförmigen, 5–6 cm langen, bis 2,3 cm breiten und 6 mm dicken, dunkelgrünen Gliedern. Areolen seitlich und auf der Fläche der Glieder, weißlich-filzig mit bis 30 spreizenden, 5 mm langen Dornen. Blüten zygomorph, bis 6 cm lang, 4,5 cm breit, hellkarminrot. Frucht stumpfkantige, grüngelbe Beere. – Größe, Form und Bedornung der Sproßglieder in Abhängigkeit von Alter und Umweltbedingungen sehr variabel. Heimat: Brasilien (Sierra de Mantiqueira).

Schlumbergera orssichiana Barthlott et McMillan

Reich verzweigter Strauch mit halbaufrechten bis überhängenden, gegliederten Sprossen und blattartig abgeflachten, bis 5 cm langen, am Rand lang gezähnten und oft auch etwas gewellten Sproßgliedern. Blüten zygomorph, sehr groß, 9 cm lang und breit, Blütenblätter weiß, an den Rändern leuchtend hellkarminrot, nicht zurückgebogen. Frucht stumpfkantige, blaß grüngelbe Beere. Heimat: Brasilien (Sierra do Mar).

Tribus V Cereae F. Buxbaum

Jasminocereus Br. et R.

Baumförmig mit dickem Stamm und einer Krone dick säulenförmiger, gegliederter, aufrechter Äste. Blüten groß, stieltellerförmig, schokoladenbraun. Perikarpell dicht, Rezeptakulum zerstreut mit breit-ovalen, abstehenden Schüppchen bedeckt, in deren Achseln Wollhaare. Frucht eiförmig, glatt, mit winzigen, häutigen Schüppchen besetzt. Fruchtwand dünn, sehr hart, Blütenrest meist vorhanden. Samen klein, gekrümmt-eiförmig; Samenschale glänzendschwarz, stark warzig. – 1 sehr variable Art auf den Galapagos-Inseln.

■□
Jasminocereus thouarsii (Weber) F. Buxbaum □□
Bis 8 m hohe Bäume mit bis 30 cm dickem Stamm und dichtstehenden und spreizenden oder weniger zahlreichen und dann senkrecht gestellten Ästen. Äste durch tiefe Einschnitte gegliedert, mit schlankeren, 15rippigen oder dickeren 18rippigen Gliedern. Areolen mit kurzem Wollfilz und bis 10 oder mehr, etwa 4,5 cm langen Dornen. Blüten in ihrer Größe sehr variabel, 5–10 cm lang, schokoladenbraun mit gelben Streifen. Frucht pflaumenähnlich, rotviolett, 7 cm lang, 3 cm dick. Heimat: Galapagos-Inseln.

Stetsonia Br. et R.

Mächtige Bäume mit kurzem, dickem Stamm und reichverzweigter Krone aufrechter, dikker, langer Äste. Blüten groß, stieltellerförmig, offen, weiß. Perikarpell dicht mit breiten, gewimperten Schuppen, Rezeptakulum mit breiteren Schuppen in größeren Abständen bedeckt. Frucht dick eiförmig, hell gelbgrün, gleichmäßig mit Schuppen bedeckt, Blütenrest mit brauner Abbruchnarbe abfallend. Samen schief verlängert eiförmig, mit breitem seitlichem Hilum; Samenschale schwarz, grobwarzig. – 1 Art in NW-Argentinien.

□■
Stetsonia coryne (Salm-Dyck) Br. et R. □□
5–8 m hoher Baum mit kurzem, bis 40 cm dickem Stamm und bis 100 und mehr bis 60 cm langen und 9–10 cm dicken, 8- bis 9rippigen Ästen. Areolen mit 7–9 pfriemlichen, 3 cm langen, spreizenden Randdornen und einem bis 5 cm langen Mitteldorn. Blüten 15 cm lang, weiß. Heimat: NW-Argentinien.

Praecereus F. Buxbaum

Meist ± stark verzweigte Säulenkakteen mit schlanken, mehrere Meter hohen, aufrechten bis überhängenden Trieben. Blüten nächtlich, dick und gedrungen glockig-trichterig, manchmal etwas gekrümmt. Perikarpell und dickwandiges Rezeptakulum mit mehreren breitrunden, fleischigen, kahlen Schuppen mit lang herablaufenden Podarien bedeckt, Frucht fleischig, kurz eiförmig, rot, einseitig aufspringend, anfangs mit vertrocknetem Blütenrest. Samen langgestreckt eiförmig, seitlich etwas abgeflacht; Samenschale schwarz, warzig. Die Gattung umfaßt im wesentlichen die dick- und kurzblütigen Arten, die bisher in der Untergattung *Hummelia* von *Monvillea* zusammengefaßt waren. Etwa 7 Arten in Venezuela, Ecuador, Peru, Bolivien, Süd-Brasilien.

Praecereus smithianus (Br. et R.) F. Buxbaum □□
[= ***Monvillea smithiana*** (Br. et R.) Backbg.] ■□
Strauchförmig mit anlehnenden, bis 8 cm dicken, spitz zulaufenden Trieben. Triebe mit (8–)9–11 stark gekerbten Rippen, Areolen filzig mit bis 13, 3–4 cm langen, dunklen, später weißgrauen Dornen. Blüten 6–8 cm lang, weiß. Frucht eiförmig, 3–4 cm dick, rot. Heimat: Venezuela.

Praecereus diffusus (Br. et R.) F. Buxbaum □□
(= ***Monvillea diffusa*** Br. et R.) □■
Zuerst aufrechte, dann überbiegende, bis 2 m lange und 4–5 cm dicke und oft starke Dikkichte bildende, schlanke Triebe mit meist 8 hohen und dünnen Rippen; Areolen mit 6–10 ungleich langen und starken, 6–12 mm langen Randdornen und 1–3 pfriemlichen, 2–3 cm langen, weißgrauen Mitteldornen mit schwarzen Spitzen. Blüten 7,5 cm lang, weiß. Frucht kurz birn- bis eiförmig. Heimat: Süd-Ekuador und Nord-Peru.
(Bild um 90° gedreht.)

Praecereus maritimus (Br. et R.) F. Buxbaum ■□
(= **Monvillea maritima** Br. et R.) □□
Bis 4–5 m hohe, 5–8 cm dicke, zuerst aufrechte, zwischen Bäumen und Sträuchern oft hoch kletternde Säulenkakteen mit einzelnen oder wenigen ziemlich weichen Trieben. Triebe mit 4–6 etwas wellig-kantigen Rippen, Areolen vertieft stehend, 2–3 cm entfernt mit 8 grauen, schwarz gespitzten, ungleich langen Randdornen und 1(–2) stärkeren, 5–6 cm langen Mitteldorn. Blüten 6 cm lang, weiß. Frucht länglich, ziemlich kantig. Heimat: Süd-Ekuador und Nord-Peru.

Monvillea Br. et R.

Meist reichverzweigte Sträucher mit schlanken, halbaufrechten bis niederliegenden oder kletternden Trieben. Areolen mit schwachen nadelförmigen Dornen. Blüten ansehnlich, schlank trichterförmig mit weit ausgebreiteten Blütenblättern, nächtlich. Perikarpell und Rezeptakulum mit nur wenigen kleinen bis winzigen kahlen Schuppen, Röhre nach dem Verblühen nicht abfallend. Früchte rot, länglich birnförmig oder rundlich, mit vertrocknendem Blütenrest. Samen schief eiförmig; Samenschale glänzendschwarz, feinwarzig bis fast glatt mit Zwischengrübchen. – Etwa 12 Arten im nördlichen und mittleren Süd-Amerika (Paraguay, Süd-Brasilien mit brasilianischen Inseln, Nordost-Argentinien und Nordost-Bolivien).

Monvillea calliantha Fuaux et Backbg. □■ □□
Kräftige, aufrechte, 4–5 cm dicke grüne Triebe mit 8–9, 8 mm hohen Rippen. Areolen 1,5 cm entfernt, mit 6–9 steifnadeligen bzw. den 3–4 untersten borstenähnlichen Randdornen und meist 3 Mitteldornen, davon die beiden oberen 3,5–4 cm lang und vorgestreckt oder abwärts geneigt, der unterste 1,5 cm lang und herabgebogen. Blüten 7 cm lang, 9 cm breit, hellgelb bis cremefarben. Heimat: unbekannt.

Monvillea rhodoleucantha (K. Sch.) Berger □□ ■□
Anfangs aufrechte, später niederliegende, kriechende oder kletternde, 1–2 m lange und 2–4 cm dicke, 7- bis 9rippige Triebe. Rippen schwach gekerbt, Areolen 5–15 mm entfernt, mit 6–7, später bis 12 pfriemlichen, anfangs gelbbraunen, dann weißen und schwarz gespitzten, 7–10 mm langen Randdornen und 1–3 ähnlichen, bis 2 cm langen Mitteldornen. Blüten 13 cm lang, 5–6 cm breit, weiß, außen rosarot. Frucht ellipsoidisch, bis 7 cm lang, rot. Heimat: Nord-Paraguay.

Monvillea spegazzinii (Web.) Br. et R. □□ □■
Aufrecht, dann anlehnend oder kriechend, jüngere Triebe bis 2 m lang und 1,5–2 cm dick, blaugrün, weiß marmoriert, mit 4 gehöckerten Kanten. Areolen auf den Höckern, 2,5 cm entfernt, an Jungtrieben mit 3 am Grund verdickten, schwärzlichen, 4 mm langen Dornen, an älteren Zweigen mit 5 1,5 cm langen Randdornen und einem Mitteldorn. Blüten 11–12 cm lang, weiß, außen rötlich. Frucht keulig-ellipsoidische, fast gestielte bereifte Beere. Heimat: Nord-Argentinien und Paraguay.

Monvillea haageana Backbg.
Bis über 3 m lange, 2–3 cm dicke, stark verzweigte, aufrecht oder klimmend wachsende, am Gipfel verjüngte, bläulichgrüne 5rippige Triebe. Rippen schwach gehöckert, Areolen bis 3 cm entfernt, mit 5–8 schwarzbraunen, dünnen, bis 2 mm langen Dornen. Blüten bis 20 cm lang, elfenbeinweiß und außen bläulichgrün. Heimat: Paraguay.

Cereus Miller

Meist große, kandelaberartig verästelte Bäume mit kurzem Stamm und dichter Krone aufrechter Säulenäste oder wenige Meter hohe, schon am Grund verzweigte Sträucher oder niederliegende bis aufsteigende niedrige Büsche; Äste mit meist wenigen dicken Rippen. Areolen wollig mit wenigen kräftigen Dornen. Blüten groß bis sehr groß, trichterförmig, nächtlich, weiß bis rosa. Perikarpell und Rezeptakulum bei den ursprünglichen Arten mit kleinen bis sehr reduzierten Schüppchen, bei den abgeleiteten Arten Schuppen auf einen schmalen Saum und lang herablaufende Podarien reduziert. Rezeptakulum nach dem Verblühen ohne, manchmal auch zusammen mit dem Griffel abfallend. Frucht glatt, fleischig, rot oder gelb, mit Längsriß aufspringend oder pflaumenartig und nicht aufspringend. Samen zahlreich, groß, gekrümmt eiförmig; Samenschale glänzendschwarz, warzig, mit sehr unterschiedlich großen Warzen. Etwa 40 Arten in Süd-Amerika: Nord-Argentinien, Paraguay, Uruguay, Ost- und Süd-Brasilien.

Cereus jamacaru P. DC.
Bis 10 m hoher Baum mit bis 60 cm dickem Stamm und großer, dichter Krone aufstrebender Äste oder vom Grund aus verzweigt. Äste im Neutrieb blaugrün, bis 15 cm dick und gegliedert, mit 4–6 zusammengedrückten, bis 3,5 cm hohen und durch scharfe Furchen getrennten, leicht gekerbten Rippen. Areolen in den Kerben gerade über den Vorsprüngen, 2–4 cm entfernt, graufilzig, mit 5–7 pfriemlichen, bis 15 mm langen, hellgelben oder bräunlichen, später schwarzen Randdornen und 2–4 gespreizten, 8–20 cm langen Mitteldornen. Blüten seitlich, nächtlich, 20–30 cm lang, schräg abstehend, weiß, außen hellgrün. Frucht bis 12 cm lang, 8 cm breit, leuchtendrot. Heimat: Brasilien.

Cereus peruvianus (L.) Miller ***var. monstruosus*** Hort.
Strauchig verzweigt, mehrere Meter hoch, Seitenäste zum Teil kaum entwickelt und häufig miteinander verwachsen, im Neutrieb hellgrün mit bläulichem Hauch; die etwa 12 scharf voneinander geschiedenen, 3,5 cm hohen Rippen sind oft verbogen und schon sehr bald durch tiefe Einbuchtungen zwischen den Areolen in rundliche oder längliche Warzen gegliedert. Areolen 1–4 cm entfernt, mit 5 Randdornen und 1(–3) Mitteldornen, alle Dornen dunkelbraun mit helleren Spitzen, meist fein nadelförmig, 8–14 mm lang, an älteren Gliedern bis über 2 cm lang. Blüten 13–15 cm lang, weiß. Frucht abgeplattet kugelig, 4,5–5,5 cm dick, gelb, mit feinem bläulichem Hauch fein hell punktiert. Wegen seines bizarren Aussehens unter dem Namen „Felsenkaktus" häufig in Kultur, vor allem zwergige, noch stärker verzweigte Formen von ganz bizarrem Aussehen. Heimat: unbekannt. Ähnliche Formen sind auch von *C. jamacaru* P. DC. und *C. obtusus* Haw. bekannt.

Brasilicereus Backbg.

1–4 m hohe, nur 1 bis wenige cm dicke, aufrecht-anlehnende, hellgrüne Säulen. Blüten kurz glockig, aufwärts gekrümmt, gelblich-grün, das sehr kurze Perikarpell und das dickwandige Rezeptakulum mit verhältnismäßig wenigen Schuppen, die nur gelegentlich 1–2 lange Borsten tragen. Frucht birnförmig, wulstig, mit einigen Schuppenresten, unter dem Blütenrest sehr tief genabelt. Samen nicht beschrieben. – 2 Arten in Brasilien.

Brasilicereus markgrafii Backbg. et Voll
Meist unverzweigte, bis 1,5 m hohe, max. 2,5 cm dicke, graugrüne, etwa 13rippige Triebe. Areolen 5–10 mm entfernt, graufilzig, mit 12–18 schräg vorstehenden, 6–10 mm langen Randdornen und meist 1(–4) bis 4 cm langen Mitteldorn; alle Dornen nadeldünn, brüchig, anfangs hell hornfarben, später dunkel graubraun. Blüten 6 cm lang und 5 cm breit, glokkig-trichterig, hellgrünlich, Perikarpell gebogen. Heimat: Brasilien (Minas Geraes).

Pseudopilocereus F. Buxbaum

Stammbildend und baumförmig oder nahe dem Grund verzweigt, selten einfach säulenförmig, niedrig bleibend oder bis 10 m hoch werdend. Äste mit 4–12 Rippen. Blühfähige Areolen meist ± stark wollig. Blüten aus einzelstehenden Areolen oder aus Cephalien. Blüten röhrig bis glockig, meist radiär, manchmal gekrümmt bis zygomorph, nächtlich. Perikarpell und unterer Teil des Rezeptakulums meist vollkommen nackt und glatt, oberster Teil des Rezeptakulums mit mehreren Reihen großer, breitgerundeter fleischiger Schuppen, die kurzen Hüllblätter weit ausgebreitet bis zurückgeschlagen. Bei *P. nobilis* untere Blütenblätter vorgestreckt. Früchte abgeplattet kugelig, fleischig, glatt mit fest anhaftendem Blütenrest, unregelmäßig aufplatzend. Samen sehr variabel, langgestreckt, gebogen-eiförmig, mit seitlichem Hilum bis gedrungen mit subbasalem Hilum; Samenschale schwarzglänzend, flachwarzig mit Zwischengrübchen. – Etwa 24 Arten in den Trockengebieten des östlichen Brasilien (*P. nobilis* auf den Westindischen Inseln).

Pseudopilocereus glaucochrous (Werderm.) F. Buxbaum ■□
[= ***Pilosocereus glaucochrous*** (Werd.) Byl. et Rowl.] □□
Kaum verzweigte, stangenförmige, bis 4 m hohe und 5–7 cm dicke, aufrechte oder schwach gebogene, schön hellblau bereifte, später graugrüne 9rippige Säulen. Areolen 1 cm entfernt, mit dichtem, gelblichweißem Wollfilz, 9–12 strahlenförmig ausgebreiteten, 15–20 mm langen, strohgelben, dann vergrauenden Randdornen und 3–4 schräg nach vorn stehenden, 2–3(–5) cm langen Mitteldornen. Scheitel von strohgelben Dornen überragt und von bis 4 cm langer Wolle verdeckt. Blüten oft reihenweise untereinander stehend, schlankröhrig, 4,5–5,5 cm lang, weißlich, außen karminrosa. Frucht abgeplattet kugelig, 3–5 cm dick, grünlich oder etwas rötlich, bereift. Heimat: Brasilien (Bahia).

Pseudopilocereus salvadorensis (Werderm.) F. Buxbaum □■
[= ***Pilosocereus salvadorensis*** (Werd.) Byl. et Rowl.] □□
Freistehend bis 4 m hoher Baum mit kurzem Stamm und reich verästelter Krone oder im Gebüsch mehr langtriebig und wenig verzweigt, mit grünlichgrauen, bis 10 cm dicken, 7- bis 9rippigen Trieben. Areolen mit weißgrauem Wollfilz, 10–11 fast dem Körper anliegenden, bis 1 cm langen, erst gelblichen, dann graubraunen Randdornen und 4 übers Kreuz gestellten, bis 2,5 cm langen, stechenden Mitteldornen; am Scheitel weißgrauwollig und von gelblichen Dornen überragt. Blüten oft zu mehreren unterhalb des Scheitels, glockigtrichterig, 6,5–7 cm lang, weiß. Frucht etwas abgeplattet kugelig, 3,5–5 cm dick, dunkelblau, mit blauem Wachs bereift. Heimat: Brasilien (Bahia).

□□
Pseudopilocereus fulvilanatus Buin. et Bred. ■□
Bis 3 m hohe, baumartig verzweigte Säulen mit 10–11 cm dicken, grünen, im oberen Teil blau bereiften, 5- bis 6rippigen Ästen. Areolen dicht zusammenstehend mit kurzen grauen Filzhaaren, etwa 11 kräftigen, 10–25 mm langen, strahlig gestellten Randdornen und einem bis 45 mm langen, nach oben gerichteten Mitteldorn. Blühfähige Areolen mit dichten Polstern goldbrauner bis brauner Wolle. Blüten glockenförmig, 5 cm lang, 3 cm breit, weiß, außen grün. Frucht flachrund, 3 cm hoch, 4,5 cm dick, stark gerunzelt und gefurcht, dunkelbraun, violett bereift. Heimat: Brasilien (Minas Geraes).

□□
Pseudopilocereus azureus Buining et Brederoo □■
Baumförmig verzweigte, 6–7 m hohe, aufrechte, 11–12 cm dicke, unten grüne, nach oben azurblaue Säulen mit 7–8 schmalen, oben runden, zwischen den Areolen etwas erhöhten Rippen. Areolen rund, anfangs weiß-, später hellbraun-wollfilzig, unten mit ± gebündelten, weißen bis hellcremefarbenen, 2 cm langen, senkrecht abstehenden Haarbüscheln und zahlreichen, 1,5–2,5 cm langen, nadelförmigen gelben Dornen und einem mittleren, 3 cm langen, nach oben gerichteten Dorn. Blüten breit trichterförmig, 6 cm lang und 4 cm breit, grünlich-weiß, Rezeptakulum und Perikarpell blaugrün. Frucht flachrund, 3 cm hoch und 5,5 cm breit, kahl, ± gefurcht, rot. Heimat: Brasilien (Bahia).

Stephanocereus A. Berger

Einfache, selten verzweigte 2–5 m hohe, durch Borstenkränze gegliederte Säulen. Blüten aus dem endständigen, später durchwachsenen und den Borstenkranz bildenden Cephalium, röhrig-glockig, weiß, nächtlich. Lange Haare und Borsten aus der untersten Zone der Blüten. Perikarpell und Rezeptakulum mit nur wenigen winzigen Schüppchen. Blütenblätter nach außen gebogen. Frucht länglich, grün, blau bereift, mit dem schwärzlichen Blütenrest. Samen groß, ei- oder birnförmig; Samenschale mattschwarz, grob kugelwarzig. – 1 Art aus Brasilien.

■□
□□

Stephanocereus leucostele (Gürke) Berger

Meist einfache, selten verzweigte, 2–5 m hohe und 4–8 cm dicke, ungleich lang gegliederte Säulen mit 13–18 niedrigen Rippen und Borstenkränzen an den Gliedenden. Areolen mit 1–1,5 cm langen, den Körper fast verhüllenden weißen Wollhaaren, bis 20 weißen, 0,5–1,5 cm langen Randdornen und 1–2 starren, weißen bis goldgelben, 3–4 cm langen Mitteldornen. Blüten aus dem endständigen oder einem älteren Cephalium, 6–7 cm lang, weiß. Heimat: Brasilien (Süd-Bahia).

Coleocephalocereus (Backbg.) emend. F. Buxbaum et Buining

Aufrechte, unverzweigte bis 5 m hohe Säulen oder niederliegend bis aufsteigend, bis 2 m lang, vom Grund sprossende Gruppen bildend. Blüten aus einseitigem, ± vertieftem Cephalium mit langen Haaren und dünnen, langen, gebogenen Borsten oder aus dem flaschenhalsähnlich verengten blühfähigen Abschnitt mit niedrigeren und schmäleren Rippen. Blüten ansehnlich, schlank trichterförmig bis trichterförmig-glockig, nächtlich. Perikarpell nackt, Rezeptakulum gestreift. Früchte eiförmig, glatt und kahl, mit vertrocknetem Blütenrest, zerfließend. Samen kugelig bis verlängert glocken- oder birnförmig, mit breitem basalem Hilum; Samenschale schwarz, sehr derbwarzig. – Etwa 6 (?) Arten in Brasilien.

□■
□□

Coleocephalocereus fluminensis (Miqu.) Backbg.

Bis 2 m lange und 10 cm dicke, halb niederliegende und aufgebogene, am Grund verzweigte, 10- bis 17rippige, dunkelgrüne Triebe. Areolen dichtstehend, mit weißem Wollfilz, 4–7 Randdornen und einem Mitteldorn; an blühfähigen Trieben 2–10 stärkere und 2–4 kleine, aufrechte Dornen; alle Dornen hell- bis graugelb, bis 3 cm lang, biegsam. Cephalium mit reichlich weißer Wolle und kürzeren und längeren Borsten, bis 5 cm breit und oft 1 m weit herabreichend. Blüten bis 7 cm lang, weißlichrosa. Frucht schlank kreiselförmig, 2–3 cm lang, glänzend violettrosa. Heimat: Brasilien.

Coleocephalocereus luetzelburgii (Vaupel) F. Buxbaum □□
[= ***Pilosocereus luetzelburgii*** (Vpl.) Byl. et Rowl.] ■□

1(-1,5) m hoch, meist einfach, mitunter vom Grund sprossend. In der Jugend kugel-, dann verlängert eiförmig; bei einer Höhe von 15–20 cm kegelförmig auswachsend und zu einem dünnen, 60–80 cm langen Hals mit 13–16 Rippen sich verlängernd. Areolen am dicken Körperabschnitt mit weißlichem Wollfilz, 15–18 nadelförmigen, bis 1,5 cm langen, gelblichen bis grauen Randdornen und etwa 4 stärkeren, bis 3 cm langen Mitteldornen. Im schlanken, blühfähigen Abschnitt Scheitel wollig, Areolen mit 1–2 cm langen, spärlichen weißen Wollhaaren. Blüten meist dicht unter dem Scheitel, 4,5–5 cm lang, glockig-trichterig, weiß bis hell rosafarbig. Frucht abgeplattet kugelig, 2,5–3,5 cm dick, hellgrün und etwas bläulich bereift. Heimat: Brasilien (Mittel-Bahia).

□□
□■

Coleocephalocereus pluricostatus Buining et Bred.

Bis 3,5 m hohe und bis 9 cm dicke, vom Grund sprossende, aufrechte Säulen mit 20–25, am Cephalium alter Pflanzen bis 34 Rippen. Areolen graufilzig, später verkahlend, mit 5 dünnen, nadelförmigen, bis 11 mm langen, gelblichen Randdornen und einem 6 mm langen Mitteldorn. Cephalium bis 1,3 m lang, bis 6 cm breit, etwa 7 Rippen umfassend, mit dichter, seidiger Wolle und gelben, braunen bis schwarzbraunen gekräuselten Borsten. Blüten trichterig-glockig, etwa 26 mm lang, 15 mm breit, weiß, außen rötlich. Frucht verkehrt kreiselförmig, 17 mm lang, 15 mm dick, rötlich. Heimat: Brasilien (Minas Geraes).

Coleocephalocereus aureispinus Buining et Bred.

1–2 m hohe und 5–6 cm dicke, grüne, vom Grund sprossende Säulen mit etwa 22 Rippen. Rippen mit Einschnitten direkt über den Areolen, Areolen mit cremeweißem, später hellgrauem Wollfilz, schließlich verkahlend, mit etwa 50 nadelförmigen, gold- bis hellgelben, 7–16 mm langen strahlenden Dornen und auf der Unterseite der Areolen einigen etwa 1 cm langen grauweißen Haaren. Blühfähige Areolen mit hellorangegelbem Wollkissen und zusätzlich hellbraunen bis goldgelben, 2,5–3,5 cm langen, bizarr gebogenen Borsten. Blüten 34 mm lang und 22 mm breit, weiß, außen hell- bis gelblich-rosa. Frucht kugelig, 38 mm lang und 25 mm breit, mattglänzend blau. Heimat: Brasilien (Bahia).

Buiningia F. Buxbaum

Schlanke, bis 75 cm lange, halbliegende, von der Basis reichlich sprossende Säulen oder zunächst jahrelang halbkugelig bis kugelig, nach Beginn der Cephalienbildung dick säulenförmig und konisch verjüngt, mit weiteren kugeligen Sprossen an der Basis. Blüten aus einem seitenständigen Cephalium mit dichter Wolle und dünnen langen Borsten. Blüten mittelgroß, schlankröhrig, insgesamt gefärbt. Perikarpell nackt, Rezeptakulum mit wenigen kleinen Schüppchen, leicht gerieft. Äußere Blütenblätter trichterig ausgebreitet, innerste zu einer aufrechten engen Röhre zusammengeschlossen. Frucht kreisel- bis eiförmige rote Beere mit aufsitzendem Blütenrest, die erst nach dem Abfallen zerfällt. Samen variabel, schief ei- bis sackförmig, mit basalem Hilum; Samenschale glänzendschwarz, warzig. – 3 (?) Arten in Brasilien.

Buiningia aurea (Ritter) F. Buxbaum

Reichlich vom Grund sprossende, 20–40 cm hohe, 6–7 cm dicke, grüne, 10- bis 16rippige Triebe. Rippen schwach gehöckert. Areolen in den Kerben, weißfilzig, mit 10–15 goldgelben, nadelförmigen, 5–15 mm langen Randdornen und 1–4 dick nadelförmigen, abstehenden, 2–5 cm langen Mitteldornen. Cephalium bei einer Höhe von 15–20 cm beginnend, sehr breit, auf der Seite der stärksten Besonnung, mit dichten Ballen aus 1–2 cm langer Wolle und zahlreichen, 2–3 cm langen, nadelfeinen, gekrümmten, goldgelben Borsten. Blüten 30–37 mm lang, 15–20 mm breit, grüngelb. Frucht 16–22 mm lang, 12–15 mm dick, blutrot. Heimat: Brasilien (Minas Geraes).

Buiningia brevicylindrica Buining

Erst kugeliger, später kurz-zylindrischer, vom Grund sprossender, bis 30 cm hoher, 17 cm dicker, frischgrüner Körper mit ± konischem Kopf und bis 18 senkrecht verlaufenden, über den Areolen gebuckelten Rippen. Areolen mit kurzer weißlichgelber Wolle, später verkahlend, 7, 2–3 cm langen Randdornen und 4 im Kreuz stehenden, bis 6 cm langen Mitteldornen. Nach der Cephaliumbildung alle Dornen bedeutend kürzer. Cephalium schon am Scheitel 8 cm hoher kugeliger Pflanzen, bis 7 cm breit, 20 cm lang, mit weißer Wolle und goldgelben, meist geraden Dornen. Blüten röhrenförmig, bis 32 mm lang, 15 mm breit, cremeweiß. Frucht kugelig, 17 mm dick, glänzendrot. Heimat: Brasilien (Nordost-Minas Geraes).

Buiningia purpurea Buining et Bred.

Vom Grund reichlich sprossende, bis 90 cm lange, 10 cm dicke, grüne bis dunkelgrüne, 13rippige Säulen. Areolen mit 12 strahlig gestellten, nadelförmigen, vielfach etwas gebogenen, goldgelben bis roten, später grauen, 12–25 mm langen Randdornen und 4, 30–35 bzw. 70 mm langen Mitteldornen. Cephalium in südwestlicher Richtung, bis 50 cm lang, mit grauer Wolle und Borsten in der Farbe der Dornen. Blüten röhrenförmig, 30 mm lang, bis 12 mm breit, purpurrot. Frucht kugelig bis oval, 17–25 mm lang, 17 mm dick, glänzendrot. Heimat: Brasilien (Nordost-Minas Geraes).

Tribus VI Trichocereae F. Buxbaum

Trichocereus (A. Berger) Riccobono (*einschl. Helianthocereus* Backbg. p.p., *Leucostele* Backbg.)

Einfache oder vom Grunde bzw. kandelaberartig verzweigte, bis einige Meter hohe, mehrrippige Säulenkakteen von aufrechtem, selten niederliegend-kriechendem Wuchs. Rippen oft mit Querrinnen zwischen den meist kräftig bedornten Areolen. Blüten aus dem oberen Teil der Sprosse, glockig-trichterig oder kurz trichterförmig, groß, weiß, rot oder gelb, zum Teil Tagblüher, zum Teil Nachtblüher. Perikarpell und Rezeptakulum mit schmalen Schuppen, die in ihren Achseln reichlich krause Haare tragen. Frucht halbtrocken, aufplatzend, mit oder ohne Blütenrest, bräunlich bis grünlich, behaart, aber ohne Borsten und Dornen. Samen groß, eiförmig; Samenschale schwarz, warzig. – Etwa 50 Arten in den Anden Süd-Amerikas, besonders Argentinien und Bolivien, ferner Peru und Chile bis Ecuador.

■■
Trichocereus candicans (Gill.) Br. et R. □□
Am Grund verzweigt und oft umfangreiche Kolonien bildend, Triebe 0,35–1 m hoch, 6–8–12–15 cm dick, hellglänzendgrün, später dunkler, am Scheitel mit weißem Wollfilz und glänzendgelben Dornen. 9–11 stumpfe Rippen, Areolen 1,5–2 cm entfernt, groß, weißfilzig mit 10–14 honiggelben bis weißen, 2–4 cm langen, spreizenden Randdornen und 1–4 stärkeren, dunkler gespitzten, bis zu 10 cm langen Mitteldornen. Blüten am Scheitel, bis 25 cm lang, weiß und wohlriechend, nach Lilien duftend. Frucht ellipsoidisch-kugelig. In bezug auf Gestalt, Umfang und Bedornung sehr variable Art. Heimat: Nordwest-Argentinien.

□□
Trichocereus thelegonus (Weber) Br. et R. ■□
Niederliegende oder aufsteigende, wenig verzweigte, bis 2 m lange und 7–8 cm dicke, im Neutrieb hell-, später dunkelgrüne Säulen mit 12–13 durch Querfurchen in 6eckige Höcker zerlegten Rippen. Areolen 8–10 mm entfernt, mit gelblichweißem Wollfilz, bald verkahlend, 6–8 spreizenden, nadelförmigen, 1–2 cm langen, honiggelben, später braunen bis schwärzlichen Randdornen und einem geraden, 2–4 cm langen Mitteldorn. Zahl der Dornen im Alter vermehrt. Blüten seitlich, 20 cm lang, weit offen, weiß, außen grünlich. Frucht eiförmig, 5 cm lang, gelblich bis rot, dicht behaart. Heimat: Argentinien. (Bild um 90° gedreht.)

□□
Trichocereus macrogonus (Salm-Dyck) Riccobono □■
Bis 6 m hoher, wenig verästelter Baum (in Kultur bis 2 m hoch und 7 cm dick) mit aufrechten, säulenförmigen, blaugrünen, meist 7rippigen Trieben. Areolen 1–1,5 cm entfernt, graufilzig, mit 6- bis 9 strahlenden, bis 2 cm langen, hornfarbenen, später schwarzen Randdornen und 1–3 kräftigeren, nach unten gerichteten, 2,5 cm langen Mitteldornen. Blüten nächtlich, zu 2–4 am Scheitel, bis 17 cm lang, 7 cm breit, weiß. Frucht niedergedrückt kugelig, bis 3 cm lang, 4,5–5 cm dick. Heimat: Brasilien (Rio de Janeiro).

Trichocereus spachianus (Lem.) Riccobono ■□ □□

Aufrechte, vom Grund verzweigte, bis über 2 m hohe und 6–8 cm dicke, glänzend grüne, 10- bis 15rippige Säulen. Areolen 6–10 mm entfernt, mit goldgelber, später weißer Wolle, 8–10 dünnen, 6–10 mm langen, nadelförmigen, bernsteingelben bis bräunlichen Randdornen und 1 stärkeren und längeren Mitteldorn. Blüten zu mehreren am Scheitel, 20 cm lang, weit offen, weiß, außen grün mit schwarzen Haaren. Frucht grün, schwarz behaart. Heimat: West-Argentinien.

Trichocereus huascha (Web.) Br. et R. ***var. grandiflorus*** (Br. et R.) Rausch □■
[= ***Helianthocereus grandiflorus*** (Br. et R.) Backbg.] □□

Vom Grund verzweigte, 20(–30) cm lange und bis 6 cm dicke, kleine Gruppen bildende, sattgrüne, 14rippige Säulen. Areolen 6 mm entfernt, gelbfilzig, mit 8–9(–12) dünnen, bis 1 cm langen, weißlichgelben, braun gespitzten Randdornen und meist einem 1 cm langen Mitteldorn (später noch 3–4 schwächeren). Blüten meist einzeln am Scheitel, 8–10 cm lang, blutrot. – In Körper und Bedornung täuschend einem kleinen *Trichocereus spachianus* gleichend. Heimat: Argentinien.

Trichocereus chilensis (Colla) Br. et R. □□ ■□

Strauchig oder baumförmig, vom Grund aufrecht verzweigt mit zahlreichen aufsteigenden, bis 3 m oder höheren 10–12 cm dicken, samtartig mattgrünen, 10- bis 17rippigen Trieben; Rippen über den Areolen gekerbt und fast in kantige Warzen zerlegt. Areolen 2–2,5 cm entfernt, filzig, mit 8–12 anfangs bernsteingelben, später grauen, kräftigen, 1–2 zum Teil bis 4 cm langen Randdornen und 1–4, 4–7(–12) cm langen Mitteldornen. Blüten seitlich gegen die Spitze, 14 cm lang, reinweiß, außen bräunlichweiß. Frucht kugelig. Wirtspflanze der parasitischen Loranthacee *Phrygilanthus aphyllus.* Im Wuchs und vor allem in der Bedornung sehr variable Art. Heimat: Chile.

Weberbauerocereus Backbg.

Strauchige, selten baumförmige Säulenkakteen, im Alter zum Teil mit kräftigen Dornen. Blüten groß, radiär oder zygomorph, weißlich, bräunlich oder rötlich. Perikarpell und Rezeptakulum dicht beschuppt und behaart. Früchte kugelig, gelblich-orange bis rötlich, vertrockneter Blütenrest deckelartig abfallend. Samen klein; Samenschale schwarz, glatt. – Etwa 6 Arten in Peru.

Weberbauerocereus weberbaueri (K. Schum.) Backbg. □□ □■

Bis 4 m hoher Strauch mit aufrechten oder gebogenen, 6–10 cm dicken Trieben mit 25 scharf quergefurchten Rippen. Areolen dick graufilzig, mit 6–8 bis 6 cm langen, biegsamen, anfangs rötlichen, dann gelbbraunen Mitteldornen und etwa 20 schwächeren und kürzeren Randdornen. Blüten in Scheitelnähe, bis 11 cm lang, leicht gekrümmt, innere Blütenhüllblätter weiß, äußere grün bis schokoladenbraun. Frucht bis 4 cm dick, gelblich-orange mit grünen Schuppen. Ziemlich variable Art. Heimat: Süd-Peru.

Haageocereus Backbg. (*einschl. Binghamia* Br. et R., *Neobinghamia* Backbg., *Peruvocereus* Akers)

Mittelgroße, einfache oder vom Grund verzweigte aufrechte oder niedrigere halbaufrechte Säulen oder niederliegend und auf der Unterseite wurzelnd. Rippen zahlreich, sehr dicht bedornt. Blüten meist in Scheitelnähe, vom späten Nachmittag bis zum nächsten Morgen oder Mittag geöffnet, trichterig bis glockig erweitert, radförmig flach geöffnet, weiß, rosa bis rot, seltener grünlich. Perikarpell und Rezeptakulum mit zahlreichen kleinen Schüppchen und deutlich herablaufenden Podarien, in ihren Achseln meist sehr kleine Haarbüschelchen. Früchte eirund oder verlängert kugelig, fleischig, unter dem vertrockneten Blütenrest zusammengezogen, meist schmutziggrünrot, daneben grasgrün oder karminrosa, Podarien nicht mehr hervortretend. Samen etwas gekrümmt oder schief eiförmig; Samenschale glänzendschwarz, mit ziemlich unregelmäßig gelagerten Zwischengruben. – Etwa 50 zum Teil sehr variable Arten aus Peru, von denen aber mit Sicherheit eine größere Anzahl bestenfalls den Rang von Varietäten haben dürften!
(Die unter dem Namen *Neobinghamia* Backbg. beschriebenen Pflanzen sind natürliche Bastarde zwischen *Espostoa* und *Haageocereus*.)

■□
Haageocereus chosicensis (Werderm. et Backbg.) Backbg. □□

Vom Grund verzweigte, bis 1,5 m hohe, schlanke, bis 6 cm dicke 19rippige Triebe, Scheitel mit dichtem Wollfilz, von rotgelben bis bräunlichen oder weißlichen Borstenhaaren oder Dornen überragt. Areolen 1 cm entfernt, dicht gelblichweiß-filzig, mit 30- bis 50 strahlenden, borstenförmigen, weißlichgelben bis gelblichen, dunkler gespitzten Randdornen und 3–4 bis 2 cm langen, bernsteingelben, dann gelbgrauen, dunkler gespitzten Mitteldornen. Blüten unterhalb des Scheitels, engtrichterig, 6–7 cm lang, 2,5–3 cm breit, lilarot. Frucht kugelig, bis 4 cm dick, grün bis rosa, schließlich weinrot. Heimat: Peru.

□■
Haageocereus divaricatispinus Rauh et Backbg. □□

Bis 1,2 m hohe, vom Grund reichlich verzweigte Gruppen aufrechter, 10–15 cm dicker, 18- bis 19rippiger Triebe. Areolen etwas weißfilzig, mit zahlreichen, den Körper nicht umspinnenden, 2,5–3 cm langen weißen Haarborsten und abstehenden, verschieden gefärbten, gelben bis purpurrötlichen Randdornen und meist einem anfangs aufrechten, später abwärts gerichteten, bis 4 cm langen, kräftig-nadeligen, hellbräunlichen Mitteldorn sowie 3–6 kürzeren, graugelben, an der Spitze bräunlichen Dornen. Blüten 10 cm lang, dunkelpurpurn. Frucht eiförmig, bis 6 cm lang, 4 cm dick, blaßweinrot. Heimat: Mittel-Peru.

□□
Haageocereus versicolor (Werderm. et Backbg.) Backbg. ■□

Gruppenbildend mit bis 1,5 m hohen und 8 cm dicken, aufrechten, zuweilen kriechenden, 16- bis 22rippigen Trieben. Areolen etwas filzig, mit 20–30 feinen, 5 mm langen Randdornen und 1–2, 1–4 cm langen, nach oben bzw. unten gerichteten Mitteldornen; alle Dornen gelb bis dunkelbraunrot, in ± abgesetzten Zonen. Blüten in Scheitelnähe, schlankröhrig, 8–10 cm lang, 6,5 cm breit, weiß, außen grünlich. Frucht rundlich, 3 cm dick, gelb. Heimat: Nord-Peru.

□□
Haageocereus zonatus Rauh et Backbg. □■

Bis 1,5 m hohe, buschig verzweigte Sträucher mit 7–13 cm dicken, aufrechten, 13- bis 14rippigen Trieben. Areolen dichtstehend, gelbbraunfilzig, mit 15–25(–40) gleichmäßig strahlenden, dünnen, bis 5 mm langen, blaßgelben Randdornen und 1–2(–4) derben, 2–2,5 cm langen, waagrechten oder abwärts gerichteten, braunen Mitteldornen. Blühareolen mit starker Wollbildung, Wollbüschel in Zonen angeordnet und stehenbleibend. Blüten 7 cm lang, weiß. Heimat: Nördliches Zentral-Peru.

Haageocereus acranthus (Vaupel) Backbg.
Bis 2 m hohe, aufgebogene oder auch aufrechte, wenig verzweigte, bis 8 cm dicke, 12- bis 14rippige Säulen. Rippen im Scheitel stark gehöckert, Areolen dichtstehend, gelb- bis dunkelbraunfilzig, mit 20–30 gelben, 1 cm langen Randdornen und einem (– mehreren) kräftigeren, nach unten gerichteten, bis 4 cm langen Mitteldorn. Blüten 6–8 cm lang, grünlichweiß. Frucht breitrund, anfangs grün. Heimat: Peru.

Haageocereus repens Rauh et Backbg.
Niederliegende, auf der Unterseite wurzelnde, bis 2 m lange, 5–8 cm dicke, oft vom Sand halb verwehte Triebe mit 19 sehr schmalen, zwischen den Höckern eingeschnürten Rippen und meist leicht aufgerichteten Spitzen. Areolen klein, ockergelb, später grau, mit zahlreichen, etwa 40, dünnen, fast borstenförmigen, nach allen Seiten strahlenden, bernsteingelben, später grauen Randdornen und 1–2(–4) bis 2 cm langen, bernsteingelben, schräg abwärts gerichteten Mitteldornen. Blüten 6–7 cm lang, 3,5 cm breit, weit ausgebreitet, reinweiß, außen schmutzig purpurn. Frucht rot. Heimat: Nord-Peru.

Haageocereus decumbens (Vaupel) Backbg.
Niederliegende, am Grund verzweigte, gebogene, nicht aufgerichtete, oft gegliederte und auf der Unterseite wurzelnde, 0,5–1 m lange, 5 cm dicke, 15- bis 20rippige Triebe. Areolen dichtstehend, kurz wollfilzig, mit 20–30 horizontal spreizenden, bis 5 mm langen, dünnen, am Grund weißen bis gelblichen, gegen die Spitze braunen bis roten Randdornen und 5 stärkeren, schräg aufrechten, 2–5 cm langen, dunkelroten und schwarz gespitzten Mitteldornen. Blüten in Scheitelnähe, 6–8 cm lang, 5–6 cm breit, weiß, außen schokoladebraun. Frucht länglich, 2,5 cm lang, 1,5 cm dick, dunkelbraunrot. Heimat: Süd-Peru. (Bild um 90° gedreht.)

Haageocereus setosus (Akers) Backbg.
Bis 3 m hohe, 6 cm dicke, 20- bis 21rippige Säulen in Gruppen bis zu 25 Trieben, am Scheitel mit einem Schopf langer Borstenhaare; Areolen mit 90–100 Borsten und nadelförmigen, gelben, 1 cm langen Randdornen und 1–2 bräunlichen, stechenden, bis 2 cm langen Mitteldornen; Borsten zum großen Teil über 2 cm lang, gelb oder rot, später grau. Blüten 5 cm lang, leuchtend rot. Frucht 4 cm dick, unten grün, oben rosa. Heimat: Mittel-Peru.

Neobinghamia climaxantha (Werderm.) Backbg.
(= ***Espostoa melanostele*** × ***Haageocereus chosicensis***)
Vom Grund verzweigte, über 1 m hohe, 6–8 cm dicke, von weißer Wolle ± stark umhüllte, 19- bis 27rippige Säulen. Areolen dichtstehend, mit zahlreichen bis zu 1 cm langen weißen Wollhaaren, 50–70 honiggelben, 5–8 mm langen Randdornen und 1–3 stechenden, 1,5–2 cm langen, honiggelben Mitteldornen. Blüten aus stark dornigen und wolligen, in regelmäßigen Zonen angelegten Areolen; Blütenzone meist 1/3 bis 1/2 des Körperumfangs betragend. Blüten 5,5–6,5 cm lang, tiefrosa. Heimat: Peru, in dem beiden Eltern gemeinsamen Areal.

Espostoa Br. et. R. (*einschl. Pseudoespostoa* Backbg., *Facheiroa* Br. et R., *Vatricania* Backbg., *Thrixanthocereus*• Backbg.)

Säulenförmige, an der Basis oder höher ± reich verzweigte, bis 4 m hohe Kakteen mit aufrechten Ästen. Areolen dicht bedornt, zum Teil mit langen, den Körper ganz umspinnenden Haaren. Blüten aus einem seitlichen, dichtwolligen und mit Borsten durchsetzten Cephalium. Blüten mittelgroß, röhrig-glockig, rötlich bis weiß. Perikarpell und Rezeptakulum dicht mit langen Schuppen und Haaren bedeckt. Früchte kugelig bis eiförmig, saftig, grünlich oder karminrot, ± schuppig, mit vertrocknetem Blütenrest. Samen meist gekrümmt eiförmig mit abgestutzter Basis; Samenschale schwarz, warzig punktiert bis fast glatt. Bei 2 Arten mützenförmig mit übergroßem Hilum; Samenschale mattbraun, flachwarzig. – Nach dem vegetativen Bau werden 2 Untergattungen unterschieden: *Espostoa* Br. et R.: Areolen bedornt und sehr langhaarig, Cephalium vorzugsweise weichwollig mit nur spärlichen Grannendornen. –*Facheiroa* (Br. et R.) F. Buxb. Areolen nur bedornt, nicht langhaarig, Cephalium wollig oder borstig, mitunter auch mit nadelförmigen Dornen. Etwa 12 zum Teil sehr variable Arten hauptsächlich in Peru, daneben in Brasilien und Bolivien.

Espostoa melanostele (Vaupel) Borg
[= ***Pseudoespostoa melanostele*** (Vpl.) Backbg.] (Untergattung *Espostoa*)
Vom Grund verzweigter, 1–2 m hoher Strauch mit 10(–15) cm dicken, weißfilzig behaarten, 18- bis 20rippigen Säulen. Areolen sehr dichtstehend, mit dichter weißer oder bräunlicher, bis 1 cm langer, den Stamm umhüllender Wolle, sehr zahlreichen (40–50) 5–10 mm langen, bernsteingelben, später schwärzlichen Randdornen und 1–3 meist schräg nach oben gerichteten, 4–10 cm langen, bernsteingelben Mitteldornen. Cephalium 50–70 cm lang, bis zu 10 cm (8 Rippen) breit, (selten ein Doppelcephalium aus 2 sich gegenüberstehenden Cephalien), mit einer kompakten, anfangs weißlichen, später intensiv gelbbraunen Wollmasse. Blüten 5–6 cm lang, 5 cm breit, weiß, nächtlich. Frucht rundlich bis birnförmig, bis 5 cm lang, weißlichgelb bis rötlich. Heimat: Nord- bis Mittel-Peru.

Espostoa lanata (HBK) Br. et R. (Untergattung *Espostoa*)
Bis 4 m hoher Baum mit bis 20 cm dickem Stamm und dichter, kandelaberartiger Krone aus bis 15 cm dicken, 20- bis 30rippigen Trieben. Areolen dichtstehend, mit langen, weißen, den Stamm umhüllenden Wollhaaren, zahlreichen nadelförmigen, 4–7 mm langen, gelblichen, rötlich gespitzten Randdornen und meist 2 sehr kräftigen, abstehenden, mehrere cm langen, gelblichen, rotbraun gespitzten Mitteldornen. Cephalium mehrere Meter lang werdend. Blüten 6 cm lang, weißlich. Frucht erdbeerähnlich, karminrot. Heimat: Nord-Peru.

Espostoa guentheri (Kupper) F. Buxbaum
[= ***Vatricania guentheri*** (Kupper) Backbg.] (Untergattung *Facheiroa*)
Vom Grund verzweigte, bis 2 m hohe, 10 cm dicke, 27rippige Säulen. Rippen schwach gehöckert. Areolen 1 cm entfernt, mit kurzem, gelblichweißem Filz und etwa 15, 5–22 mm langen, dunkelhoniggelben Dornen. Cephalium bis 50 cm lang, rötlichbraun bis weißlich, mit gelblichweißer Wolle und zahlreichen, 4–6 cm langen Dornen. Blüten 8 cm lang, 2,5–3 cm breit, röhrig-glockig, gelblichweiß, nächtlich. Frucht ± beschuppt. Heimat: Bolivien.

Espostoa blossfeldiorum (Werderm.) F. Buxbaum ■□
[= ***Thrixanthocereus blossfeldiorum*** (Werd.) Backbg.] (Untergattung *Facheiroa*) □□
Einfache, nur selten am Grund verzweigte, 3–4 m hohe, bis 10 cm dicke, 18- bis 25rippige Säulen. Areolen dichtstehend, 5 mm entfernt, mit 20–25 dünnen, nadelförmigen, glashellen, 6–8 mm langen Randdornen und 1–4 bis 3 cm langen, bräunlichen bis schwärzlichen Mitteldornen. Cephalium nach Südwesten gerichtet, etwa 1 m lang, 3–4 cm (4–8 Rippen) breit, mit dichter, gelblichweißer Wolle und zahlreichen dichtstehenden, dünneren, glashellen und stärkeren, schwarzbraunen, 4–5 cm langen Borsten. Blüten bis 6 cm lang, 5 cm breit, schlank trichterförmig, creme-, außen grünlichweiß, nach Aas riechend, nächtlich. Frucht kirschgroße Kapsel. Heimat: Nord-Peru.

Austrocephalocereus Backbg.

Aufrechte, vom Grund verzweigte, 1–5 m hohe Säulen mit reicher Haarbildung aus den Areolen. Blüten aus einem einseitigen Cephalium, klein bis mittelgroß, breitröhrig-glockig bzw. eiförmig-glockig, nächtlich. Die untere Hälfte des sehr kurzen Perikarpells und des dickwandigen Rezeptakulums ohne oder nur mit ganz wenigen rudimentären Schuppen, obere Hälfte mit etwas gewölbten Schuppen bedeckt. Blütenhülle sehr kurz, radförmig, halb offen. Frucht fleischig, breit eiförmig bzw. flachkugelig, glatt und glänzend, mit vertrocknetem Blütenrest. Samen verlängert gekrümmt bzw. eiförmig; Samenschale schwarz, kleinwarzig und matt bzw. abgeflacht kleinwarzig mit Zwischengrübchen und etwas glänzend. – Die Gattung zerfällt in 2 Untergattungen. Die wesentlich ursprünglichere *Espostoopsis* (F. Buxb.) F. Buxb. (Blüten ansehnlich, glockig-trichterig) und die höher abgeleitete *Austrocephalocereus* Backbg. (Blüten klein, sehr vereinfacht, fast eiförmig-glokkig mit sehr kurzem Perianth). Dazu kommen noch weitere Unterschiede im Bau der Primärstaubblätter und der Scheidewand (Diaphragma). – 3 Arten in Brasilien.

□■
Austrocephalocereus dybowskii (Goss.) Backbg. □□
Zahlreiche vom Grund aufsteigende, bis 4 m hohe, selten verzweigende, 8–10 cm dicke, ganz von weißen, später grauweißen Haaren umsponnene, über 20rippige Triebe. Areolen dichtstehend mit zahlreichen kurzen gelben, von den Haaren bedeckten Randdornen und 2 bis 3 nadeligen, gelblichen bis bräunlichen, bis 3 cm langen Mitteldornen. Cephalium bis 60 cm lang, aus einer dichten Masse weißer Wollbüschel, ohne Borsten. Blüten röhrig-glockig, 4 cm lang, weiß. Frucht kugelig, bis 2,5 cm dick, rosa. Heimat: Brasilien (Bahia).

□□
Austrocephalocereus purpureus (Gürke) Backbg. ■□
Aufrechte, bis 5 m hohe, nur ausnahmsweise verzweigte, bis 12 cm dicke, 25rippige Säulen. Rippen über den Areolen eingekerbt. Areolen in der Blütenregion dichtstehend, sonst weiter, mit 15–20 oder mehr bis 15 mm langen Randdornen und 4–6 gelblich- oder dunkler braunen, bis 5 cm langen Mitteldornen. Cephalium bis 1 m lang, 12 cm breit, aus kompakter grauweißer Wolle, die fast völlig von braunroten bis schwärzlichen Borsten verdeckt wird. Blüten 3,5 cm lang, blaßrosa. Frucht schlank kreiselförmig, 2 cm lang, purpur-violett. Heimat: Brasilien.

Zehntnerella Br. et R.

Meist von unten her verzweigte, bis 4 m hoch werdende Säulen mit bis 7 cm dicken, schlank zulaufenden, reichbedornten Ästen. Blüten klein, mit fast zylindrischer Röhre, weiß. Perikarpell und Rezeptakulum mit kleinen Schuppen bedeckt, in ihren Achseln weiße Haare. Am Grund des Röhreninneren ein Ring langer, weißer Haare. Frucht klein, kugelig, mit vertrocknetem Blütenrest. Samen sehr klein, gekrümmt eiförmig; Samenschale braun bis schwarz, deutlich warzig. – 1 Art aus Nordost-Brasilien.

□□
Zehntnerella squamulosa Br. et R. □■
Von unten her stärker verzweigte, bis 4 m hohe Säulenkakteen mit bis 20 cm dickem Stamm und aufgerichteten, schlank zulaufenden, bis 7 cm dicken, 17- bis 20rippigen Ästen. Areolen mit 10 bis 15 nadeligen, nußbraunen, bis 3 cm langen Dornen. Blüten 3 cm lang, weiß. Frucht kugelig, 2 cm dick. Heimat: Nordost-Brasilien.

Borzicactus Riccobono (*einschl. Akersia* Buining, *Bolivicereus* Cardenas, *Clistanthocereus* Backbg., *Loxanthocereus* Backbg., *Maritimocereus* Akers, *Seticereus* Backbg., *Hildewintera* Ritter)

Einfache oder vom Grund sprossende, aufrechte oder niederliegend-anlehnende, bis 1,5 m hohe schlanke Säulen oder zunächst breit flachkugelig und später zu einer sehr kurzen, dicken Säule heranwachsend. Rippen manchmal mit Querfurchen zwischen den Areolen. Dornbildung sehr unterschiedlich. Blüten röhren- bis trichterförmig, leicht oder stark zygomorph. Röhre manchmal S-förmig gekrümmt, einschließlich des Rezeptakulums lebhaft orange bis scharlach- oder hellrot gefärbt. Perikarpell und Rezeptakulum von dreieckigen oder spitzen Schuppen mit dichten, langen, krausen Haaren in ihren Achseln bedeckt. Am Grund der Röhre (als Abschluß der Nektarkammer) in einigen Fällen ein Ring echter (nicht staminodialer) Haare. Frucht kugelig, mit dem vertrockneten Blütenrest, fleischig bleibend oder später vertrocknend, mit zahlreichen Schuppen, Haaren und Borsten oder ± nackt. Samen meist schief eiförmig oder verlängert gekrümmt, sehr selten mützenförmig mit aufgeblähtem Hilum; Samenschale glänzend- oder bräunlichschwarz, mit großen halbkugeligen Warzen, kleinwarzig oder abgeflacht warzig mit Zwischengrübchen. – 30–40 Arten in Ecuador, Bolivien und Peru.

Borzicactus sepium (HBK) Br. et R.

Einfache oder am Grund etwas verzweigte, bis 1,5 m hohe, 4 cm dicke, frischgrüne Säulen mit bis 9 durch schmale Querfurchen über den Areolen etwas gegliederten Rippen. Areolen 1,5–2 cm entfernt, anfangs gelblichweiß wollfilzig, mit 8–11 schräg nach vorn stehenden, bis 1 cm langen, anfangs roten, später braunen und grauen Randdornen und einem stärkeren, bis fast 3 cm langen Mitteldorn. Blüten bis 7,5 cm lang, rosa, außen rot. Frucht kugelig, 1,5–2 cm dick (eßbar). Wegen ihres aufrechten Wuchses als Heckenpflanze verwendet. Heimat: Ecuador.

Borzicactus sepium var. morleyanus (Br. et R.) Krainz
(= **Borzicactus morleyanus** Br. et R.)

Meist aufrecht-buschig, im Alter anlehnende und niederliegende, 4–6 cm dicke Triebe mit 11–16, durch V-förmige Einschnitte über den Areolen in Warzen aufgelösten Rippen. Areolen etwa 1 cm entfernt, weißfilzig, mit 15–20 nadelförmigen, ungleich bis 5–10 cm langen, braunen, später grauen oder weißen Dornen. Blüten 5–7,5 cm lang, dunkel karminrot. Frucht kugelig, 1,5–2 cm dick. Heimat: Ecuador.

Borzicactus samaipatanus (Card.) Kimn.
(= **Bolivicereus samaipatanus** Card.)

Aufrechte, vom Grund sprossende, bis 1,5 m hohe, 3,5–4 cm dicke Triebe mit 14–16 niedrigen, leicht gekerbten Rippen. Areolen 3–4 mm entfernt, hellbraunfilzig, mit bis 20 fein nadelförmigen, ungleich 4–10–30 mm langen, gelblichbräunlichen Dornen. Blüten 3,5 cm lang, S-förmig, leuchtendrot, Staubfäden purpurfarben, Staubbeutel violett. Frucht kugelig, 9–11 mm lang, 7–9 mm breit, dicht weiß- und braunwollig. Heimat: Bolivien (Santa Cruz).

Borzicactus roezlii (Hge. jr.) Kimn.
[= **Seticereus roezlii** (Hge. jr.) Backbg.]

Bis 2 m hoher, breit und locker verzweigter Strauch mit graugrünen, bis 7 cm dicken, 9rippigen Trieben. Areolen bis 2 cm entfernt, durch Querfurchen voneinander getrennt, anfangs gelbfilzig, mit 9 bis 12 strahlenden, bis 1 cm langen, hellbraunen, pfriemlichen Randdornen und einem 1–4 cm langen, waagrechten oder nach unten weisenden Mitteldorn. Blüten zahlreich um den Scheitel, dunkelkarminrot, 6–7 cm lang, meist zygomorph mit geradem oder gekrümmtem Rezeptakulum, schiefem Saum und etwas zurückgebogenen Blütenblättern. Frucht 2–4 cm lang, 2,5–4 cm breit, gelb- bis rötlichorange. Nord-Peru.

Borzicactus acanthurus (Vaupel) Br. et R. ■□
[= **Loxanthocereus acanthurus** (Vpl.) Backbg.] □□
Niederliegende, zum Teil aufsteigende oder über Felsen hängende, bis 30 cm lange, 2–5 cm dicke Triebe mit 15–18 gerundeten, durch scharfe Kerben quergefurchten Rippen. Areolen mit bis 20 gelblichen, kurzen, dünnen Randdornen und 2–5 bis 1,5 cm langen, wenig unterschiedenen Mitteldornen. Blüten 4–5 cm lang, engröhrig, scharlachrot. Frucht kugelig, 2–2,5 cm dick. Heimat: Zentral-Peru.

Borzicactus aureispinus (Ritter) Hutchison et Kimnach □■
[= **Hildewintera aureispina** (Ritt.) Backbg.] □□
Überwiegend unten reichlich verzweigte, von überhängenden Felsen herabhängende, bis 1,5 m lange, 2–2,5 cm dicke, 16- bis 17rippige Triebe. Areolen 3–5 mm entfernt, hellbraunfilzig, mit etwa 30 zarten, strahlenden, 4–10 mm langen, goldgelben, nicht vergrauenden Randdornen und etwa 20 etwas stärkeren, 5–10 mm langen Mitteldornen. Dornen an älteren blühenden Trieben oft verlängert. Blüten seitlich an den Trieben, 4–6 cm lang, 5 cm breit, äußere Blütenblätter orangegelb mit zinnober- bis blutrotem Mittelstreif, innere weiß bis hellrosa. Frucht kugelig, 7–10 mm dick, grün bis rötlichgrün. Heimat: Bolivien.

Borzicactus icosagonus (HBK) Br. et R. □□
[= **Seticereus icosagonus** (HBK) Backbg.] ■□
Niederliegende bis aufsteigende, große, niedrige Kolonien bildende, bis 60 cm lange, 6 cm dicke Triebe mit 18–20 Rippen. Rippen ± stark gehöckert. Areolen mit etwa 30 goldgelben, bis 1,5(–2) cm langen, borstenförmigen Dornen und an blühfähigen Areolen goldgelben, 2–3 cm langen, haarfeinen Borsten. Blüten 7–8 cm lang, zinnober- bis scharlachrot oder orangefarbig. Frucht groß, gelb, weißlich bis bräunlich behaart. Heimat: Süd-Ecuador bis Nord-Peru.

Oreocereus (A. Berger) Riccobono (*einschl. Arequipa* Br. et R.)

Meist niedrige, am Grund verzweigte, aufrechte bis aufsteigende Säulen, seltener auch höher, spärlich verzweigt und 2–3 m hoch werdend, einige Arten lange Zeit kugelig (und blühfähig) und erst später säulenförmig. Rippen zwischen den Areolen eingekerbt oder Areolen auf Höckern, dicht bedornt, meist mit sehr langen, den Körper einhüllenden Haaren. Blüten meist in Scheitelnähe, röhrig, gerade oder ± stark zygomorph und im Krümmungsbereich quer etwas abgeplattet, ganze Blüte lebhaft rot. Perikarpell und Rezeptakulum gleichmäßig mit spitzen Schuppen besetzt, in deren Achseln Haarbüschel, Podarien lang herablaufend. Früchte birnförmig oder rundlich mit Schuppenresten und Haarbüscheln oder fast glatt, mit trockenem Blütenrest, trockenfleischig, an der Basis sich mit einem Loch öffnend. Samen sehr variabel, ± tropfenförmig; Samenschale mattschwarz, selten glänzendschwarz, mit großen flachen Warzen und großen Zwischengruben. – 12 zum Teil sehr variable Arten in Bolivien, Süd-Peru, Nord-Chile, andines Argentinien in Höhen über 3000 m.

□□
Oreocereus celsianus (Lem.) Ricc. □■
Vom Grund buschförmig verzweigte, aufrechte oder aufsteigende, bis 1 m hohe, 8–12 cm dicke, dunkelgrüne Säulen mit 10–17 stumpfen, gehöckerten Rippen. Areolen 10–18 mm entfernt, gelblich wollfilzig, mit bis 5 cm langen, weißen Wollhaaren, 9 steifen, bis 2 cm langen, gelben, später dunkleren Randdornen und 1–4 kräftigeren, bis 8 cm langen Mitteldornen. Blüten seitlich in Scheitelnähe, 7–9 cm lang, 3 cm breit, trübrosa. Frucht kugelig. Heimat: Bolivien, Süd-Peru, Nord-Chile.

■□
Oreocereus hendriksenianus Backbg. □□

Dichte, breite Kolonien mit am Grund verzweigten, 1–1,4 m hohen, ± aufgebogenen Säulen mit 10 breiten, seicht quergefurchten Rippen. Areolen anfangs gelb-, später schwarzgraufilzig, mit reichlich strähnig herabhängenden, dunkel- bis braunfarbigen, später weißen Wollhaaren, 8–9 bis 1,5 cm langen Randdornen und 1–4 horngelben, sanft gebogenen, bis 7 cm langen Mitteldornen. Blüten in Scheitelnähe, bis 8 cm lang, karminrot. Frucht kugelig oder länglich, bis 5 cm dick, rötlichgelb bis gelbgrün, behaart. In Behaarung und Bedornung sehr variable Art. Heimat: Süd-Peru, Mittel-Peru.

□■
Oreocereus trollii (Kupp.) Backbg. □□

Aufrechte, vom Grund sprossende und kleine Gruppen bildende, bis 50 cm hohe, 10 cm dicke, in dichter Wolle verhüllte Säulen mit 15–25 niedrigen, stark gehöckerten Rippen. Areolen 3 cm entfernt, mit bis 7 cm langen, weißen Wollhaaren, 10–15 borstenförmigen Randdornen und einem (bis mehreren) gelben, rötlichen oder braunen, starken Mitteldorn. Blüten 4 cm lang, rosa bis karmin. Heimat: Nord-Argentinien, Bolivien.

Oreocereus rettigii (Quehl) F. Buxbaum □□
[=***Arequipa rettigii*** (Quehl) Oehme] ■□

Anfangs kugelig und einfach, später säulenförmig verlängert, bis 60 cm lang, bis 15 cm dick, zum Teil niederliegend und vom Grund verzweigt. Rippen 16–20, gerade bis leicht spiralig, in niedrige Höcker aufgelöst. Areolen 5 mm entfernt, hellgelb-, später graufilzig und verkahlend, mit etwa 30 spreizenden, sehr dünnen, ungleich 10–15 mm langen, glasig weißen, oft ineinander verflochtenen Randdornen und 3–5(–10) bis 5 cm langen, weißen, zum Teil braungespitzten, im Alter fast schwarzen Mitteldornen. Scheitel leicht wollig und von aufrechten, bräunlichen Dornen verdeckt. Blüten in Scheitelnähe, zygomorph, bis 7 cm lang, leuchtendkarminrot. Frucht bis 2,5 cm lang, gelb bis karminrot, mit Blütenrest. Heimat: Süd-Peru.

Morawetzia Backbg.

Bis 1 m hohe, vom Grund reichverzweigte Büsche aufrechter bis liegender Säulen mit kegelförmiger Spitze. Areolen mit Dornen und gelegentlich auch fehlenden Borstenhaaren. Bei Erreichen der Blühreife Sprosse keulenförmig verdickt und ein endständiges, nur selten durchwachsenes Cephalium mit Borsten- und Haarschopf bildend. Blüten groß, etwas zygomorph, mit schlanker Röhre, bläulich-karminrot. Perikarpell und Rezeptakulum von dreieckigen Schüppchen mit lang herablaufenden Podarien bedeckt, in deren Achseln lange, krause Haare. Primärstaubblätter in kurze, spitz-dreieckige Staminodien umgewandelt. Frucht verkehrt-ei- bis birnförmig mit vertrocknetem Blütenrest, oberer Teil etwas skulpturiert, unterer Teil fast glatt. Samen verlängert helmförmig; Samenschale glänzendschwarz, kleinzellig warzig. – Von *Oreocereus* verschieden durch das terminale Cephalium und die Staminodialschuppen. – 1 Art in Zentral-Peru.

□□
Morawetzia doelziana Backbg. □■

Vom Grund reichverzweigte Büsche mit 1 m hohen, 6–8 cm dicken, 10- bis 11rippigen Säulen. Rippen zwischen den Areolen etwas eingeschnürt, Areolen 1,5 cm entfernt, graufilzig, mit etwa 20 bis 3 cm langen, stechenden Dornen, später 4 übers Kreuz stehenden stärkeren, gelb- bis dunkelbraunen, bis 4 cm langen Mitteldornen. Gegen das Triebende zahlreiche lange, weiße Wollhaare. Mit Beginn der Blühfähigkeit Triebe an der Spitze keulig verdickt und doppelt so dick wie am Grund. Cephalium aus langen, weißen Wollhaaren und weißlichgelben, bis 5 cm langen Borsten. Blüten 10 cm lang, bläulich-karminrot. Heimat: Mittel-Peru.

Cleistocactus Lemaire

Schlanke, bis über 2 m hohe, am Grund verzweigte, aufrechte oder niederliegende Säulen mit zahlreichen durch Querrinnen geteilten Rippen. Areolen dichtstehend mit zahlreichen dünnen, stechenden Dornen. Blüten zahlreich, schlank-röhrenförmig, gerade oder gekrümmt, mit geradem oder schräg abgestutztem Saum, ganze Blüte lebhaft gefärbt, Blütenblätter sehr klein, kaum öffnend. Perikarpell und Rezeptakulum dicht mit schmal-lanzettlichen Schuppen bedeckt, in deren Achseln lange Wollhaare. Frucht klein, kugelförmig, verkahlend, mit anhaftendem Blütenrest. Samen klein, schief eiförmig; Samenschale glänzendschwarz, mit in Reihen stehenden feinen Zwischengrübchen.
Nach dem Blütenbau werden 2 Untergattungen unterschieden:
Annemarnieria F. Buxbaum Mit geraden und wenig gebogenen, ± radialsymmetrischen Blüten mit geradem und wenig abgeschrägtem Schlund. Der die Nektarkammer abschließende Vorsprung des Rezeptakulums trägt die untersten Staubblätter.
Eucleistocactus F. Buxbaum Mit S-förmig gekrümmter, zygomorpher Blüte mit schiefem Saum. Auf dem häutigen Abschluß der Nektarkammer keine Staubblätter.
Etwa 30 Arten von Süd-Peru über Bolivien bis nach Argentinien, Paraguay und Uruguay.

■□
Cleistocactus wendlandiorum Backbg. □□
Einfache, 3 cm dicke, hellgrüne Säulen mit etwa 22 Rippen. Areolen mit etwa 40 sehr dünnen, 1 cm langen, dicht- und aufrechtstehenden weißlichen bis cremefarbenen, einigen mittleren mehr gelblichen Dornen. Blüten 5 cm lang, orange bis zinnoberrot, waagerecht abstehend, oberhalb des Perikarpells rechtwinklig nach oben abgeknickt, dabei am Grund etwas ausgesackt und leicht nach außen gebogen. Heimat: Bolivien.

□■
Cleistocactus candelilla Card. □□
Aufrechte oder niederliegende, bis 1 m hohe, 3 cm dicke, am Grund verzweigte Säulen mit 11–12 quergefurchten Rippen. Areolen braunfilzig, mit 13–15 bis 5 mm langen, oben gelbbraunen, unten weißlichen Randdornen und 3–4 schwach abgeflachten Mitteldornen. Blüten gerade oder etwas gebogen, 3,5 cm lang, äußere Blütenhüllblätter gelb und braun gespitzt, innere purpurn mit weißem Rand. Frucht 1 cm dick, hell lachsrot. Heimat: Bolivien.

□□
Cleistocactus strausii (Heese) Backbg. ■□
Bis 3 m hohe, 8 cm dicke, vom Grund verzweigte, aufrechte Säulen mit etwa 30 Rippen. Areolen mit 30–40 weißen, bis 17 mm langen Borsten und 4 abwärts gerichteten, hellgelben, bis 2 cm langen Dornen. Blüten seitlich am oberen Stammteil, 8–9 cm lang, dunkelkarminrot. Frucht birnförmig, oben tief genabelt, 2 cm dick, rot, braunwollig. Heimat: Nord-Argentinien und Bolivien.

□□
Cleistocactus smaragdiflorus (Weber) Br. et R. □■
Niederliegende bis schräg aufgerichtete, bis 1 m lange, 3 cm dicke Triebe mit 12–14 Rippen. Areolen hellbraun-wollfilzig, mit 10–14 bis 1 cm langen, fahlgelben Randdornen und 4–6 starren, fahlgelben, 15–20 bzw. 30–35 mm langen Mitteldornen. Blüten 5 cm lang, mit hellroter Röhre und smaragdgrünen Blütenblättern. Frucht kugelig, 1,5 cm dick, hellrot. Heimat: Argentinien.

Cephalocleistocactus Ritter

Bis 5 m hohe, am Grund und höher verzweigte Sträucher mit 1–3 cm dicken Ästen, Rippen mit Querfurchen über den Areolen. Blüten aus einem seitlichen Cephalium mit langen, borstenförmigen Dornen. Blüten dickröhrig, gegen die enge Blütenöffnung spindelförmig verengt, Blütenblätter sehr kurz. Perikarpell und Rezeptakulum dicht von kleinen spitzen Schuppen bedeckt, in den Schuppenachseln Borstenhaare und Wolle. Nektarkammer nicht durch ein Diaphragma abgeschlossen. Frucht kugelig, mit Schuppen und Haaren, saftig, grünlich-karmin, aufplatzend, mit fest anhaftendem Blütenrest. Samen klein, schräg eiförmig, seitlich zusammengedrückt; Samenschale glänzendschwarz, fast glatt, mit sehr kleinen Zwischengrübchen. – 1 Art in Bolivien.

Cephalocleistocactus chrysocephalus Ritter

Von unten und oben sprossender, 2–5 m hoher Strauch mit 3–5 cm dicken, etwas zugespitzten, 11- bis 14rippigen Trieben. Cephalientragende Äste meist bogenförmig überhängend. Areolen gelblichbräunlich-, später weißfilzig, mit 15 glashellen Randdornen und 6, 2–3 cm langen Mitteldornen, Cephalium bis 1 m lang, 3–4 cm breit, 4–7 Rippen umfassend, Areolen mit gelbem bis bräunlichem Filz und bis 30 bräunlichen, 3–4 cm langen, weichen, borstigen Dornen. Blüten, 4,5–5 cm lang, karminrot. Frucht 2,5–3 cm dick, 1,7–2 cm lang, blaß grünlich-karminrot. Heimat: Bolivien.

Denmoza Br. et R.

Einfache, bis 1,5 m hohe, 30 cm dicke Säulen mit zahlreichen dichtbedornten Rippen. Blüten meist in Scheitelnähe, mittelgroß, röhrenförmig mit fast geschlossenem Schlund, gerade oder S-förmig gekrümmt. Staubblätter und Griffel gebündelt aus dem Schlund herausragend. Perikarpell und Rezeptakulum dicht mit roten Schuppen bedeckt und aus den Achseln feinbehaart. Frucht kugelig, lederig-halbtrocken, mit tiefem Nabel, Schuppen und Wollbüschel später abfallend. Samen groß, helmförmig, mit großem basalem Hilum; Samenschale mattschwarz, warzig, mit großen Gruben. – 2 Arten in West-Argentinien.

Denmoza erythrocephala (K. Schum.) Berger

Bis 1,5 m hohe, 30 cm dicke Säulen mit 20–30 stumpfen Rippen. Areolen mit über 30 steifen, rosa bis fuchsroten Dornen, die inneren bis 6 cm lang, die äußeren in fast haarartige Borsten übergehend. Blüten 7,5 cm lang, rot. Frucht kugelige, ledergelbe, 2 cm dicke Beere. Heimat: West-Argentinien.

Arrojadoa Br. et R.

Aufrechte oder halb niederliegende, wenig verzweigte, schlanke Säulen mit gegliederten, am Ende der Glieder jeweils angeschwollenen Sprossen. Blüten aus endständigem Cephalium aus dichter Wolle und braunen Borsten. Das Cephalium wird entweder durchwachsen, oder der Sproß gabelt sich aus weiter außen liegenden Areolen. Blüten fast zylindrisch, ganze Blüte rosa bis rot. Perikarpell und Rezeptakulum nackt und kahl. Früchte schlank-kreiselförmig, glatt, fast durchscheinend, weißlich bis rot, mit vertrocknetem Blütenrest. Samen klein, unregelmäßig birn- bis fast nierenförmig; Samenschale glänzendschwarz, unregelmäßig warzig mit Zwischengrübchen. – 7 Arten in Brasilien.

Arrojadoa rhodantha (Gürke) Br. et R.

Aufrechte, anlehnende oder etwas niederliegende, meist vom Grund verzweigte, bis 2 m lange, 2–5 cm dicke, gegliederte, dunkelgrüne Triebe mit 10–12 ziemlich flachen Rippen. Areolen kurzfilzig, mit 20 gelblichen bis bräunlichen, bis 1,2 cm langen Randdornen und 5–6 etwas kräftigeren und bis 3 cm langen dunkelbraunen Mitteldornen. Triebe unter dem Cephalium nicht verdickt. Blüten bis 3,5 cm lang, 1,2 cm breit, bläulich-rot. Frucht kreiselförmig, purpurrot. Heimat: Brasilien.

Micranthocereus Backbg.

Aufrechte, bis 1 m hohe, vom Grund verzweigte Säulen mit zahlreichen Rippen und dichter Bedornung. Blüten zahlreich aus einem seitlichen, lockeren Cephalium, sehr klein, zylindrisch-röhrig mit sehr kurzer Blütenhülle. Perikarpell und Rezeptakulum nackt und kahl, wie die ganze Blüte gefärbt. Frucht klein, nackt, fleischig, den Blütenrest an einem Deckel tragend. Samen klein, schief ei- bis fast nierenförmig, schwach gekielt; Samenschale bräunlich-schwarz, fast glatt, mit Zwischengrübchen. – 3 Arten aus Brasilien.

Micranthocereus polyanthus (Werderm.) Backbg.

Bis 1,25 m hohe, 3,5–5 cm dicke, nur am Grund verzweigte, bläulich bereifte, fast völlig von weißer Wolle bedeckte Triebe mit 15–20 niedrigen Rippen. Areolen mit 1–2 cm langer weißer Wolle, 20–30 nadeligen, weißlichen bis goldgelben, 0,5–1,2 cm langen Randdornen und 3–7, zum Teil bis 3 cm langen, goldgelben bis fast rötlichen Mitteldornen. Blüten 1,6–1,8 cm lang, blaßrosa bis cremefarben. Frucht rosenrot. Heimat: Brasilien.

Matucana Br. et R. (*einschl. Submatucana* Backbg.)

Kleine bis mittelgroße, anfangs kugelige Körper, später bis über 50 cm lange, aufrechte oder niederliegende Säulen, einfach oder am Grund verzweigt und polsterbildend. Areolen sehr verschiedenartig bedornt, anfangs oft stärker behaart. Blüten ansehnlich, zusammen mit der Röhre leuchtendrot bis orange, violettrosa oder gelb, zygomorph bis radiär. Perikarpell und Rezeptakulum mit zahlreichen lanzettlichen Schuppen, Achseln kahl oder behaart. Früchte klein, kugelig bis länglich, mit anhaftendem Blütenrest, ± beschuppt, halbfleischig, mit Längsrissen aufreißend. Samen sehr variabel, schief eiförmig; Samenschale schwarz, warzig bis runzelig mit Zwischengruben. – Etwa 15 zum Teil sehr variable Arten in Peru.

■□
Matucana haynei (Otto) Br. et R. □□

Kugeliger bis kurzsäuliger, bis 60 cm hoher, 10 cm dicker, stets unverzweigter Körper mit 25–30 höckerigen Rippen. Areolen dichtstehend, weißfilzig, später verkahlend, mit etwa 30 bis 2 cm langen, nadelförmigen, weißen Randdornen und an blühfähigen Pflanzen meist, 3, 3,5–5 cm langen, grauen, dunkelgespitzten Mitteldornen. Blüten in Scheitelnähe, 6–7 cm lang, 3,5 cm breit, scharlach- bis karminrot. Frucht keulig, klein. Heimat: Mittel-Peru.

Matucana aurantiaca (Vaupel) F. Buxbaum □■
[= **Submatucana aurantiaca** (Vpl.) Backbg.] □□

Kugeliger bis flachkugeliger, im Alter nicht verlängerter, bis 15 cm hoher, dicker, einzelner oder sprossender Körper mit etwa 16 Rippen. Areolen mit 25–30 ungleichen, rötlichbraunen, außen bis 2,5 cm, einigen mittleren 2,5–4 cm, langen, ± gebogenen Dornen. Blüten 7–9 cm breit, blaßorangefarbig. Frucht länglichrund, bis 2 cm dick, dunkelbraun oder purpurrot. Heimat: Nord-Peru.

Matucana madisonorum (Hutchison) Rowley □□
[= **Submatucana madisonorum** (Hutch.) Backbg.] ■□

Flachgedrückter, kugeliger oder kurzsäuliger, bis 30 cm langer, 8–15 cm dicker, graugrüner, samtig glänzender Körper mit 8–12 schwach erhabenen, in der Jugend deutlich gekerbten Rippen. Areolen in der Jugend grau-, im Alter schwarzhaarig, ohne oder mit 1–2(–5) leicht ablösbaren, derben, 5–6 cm langen, gebogenen, braunschwarzen Dornen. Blüten langröhrig, 8–10 cm lang, fast radiär, aufrecht oder leicht gekrümmt, leuchtend zinnoberrot. Schuppenblätter am Perikarpell mit Büscheln langer, schwärzlicher Haare. Frucht kugelig, 2 cm dick, kurzbehaart, längs aufreißend. Heimat: Nord-Peru.

Oroya Br. et R.

Flachkugelige, einfache, seltener mehrköpfige Körper mit rübenförmiger Wurzel. Rippen oft in kinnartige Höcker gegliedert. Randdornen ± kammförmig gestellt. Blüten im Kranz um den Scheitel, lebhaft rot, rosa oder gelb, radiär, glockig-trichterig, äußere Blütenblätter weit ausgebreitet, innerste aufrecht. Perikarpell und Rezeptakulum von Schuppen mit herablaufenden Blattbasen bedeckt, in den Schuppenachseln Haarbüschel. Frucht kreisel- bis kugelförmige Beere, gelblich oder rötlich, mit anhaftendem Blütenrest. Samen helmförmig; Samenschale mattschwarz, warzig mit großen Gruben. – Wahrscheinlich nur 2, aber zum Teil variable Arten in Peru (von 3800–4200 m).

□□
Oroya peruviana (K. Schum.) Br. et R. □■

Flachkugeliger, einfacher oder sprossender, bläulichgrüner, 10–14 cm breiter Körper mit bis 21 etwas spiralig herablaufenden, durch 2 Einkerbungen über den Areolen in längliche, 6eckige Warzen gegliederten Rippen. Areolen 2–2,5 cm entfernt, weißwollig, mit etwa 18 nadelförmigen, bräunlichschwarzen, bis 1,3 cm langen Randdornen und 1–3 kaum zu unterscheidenden Mitteldornen. Blüten zahlreich aus dem Scheitel, bis 3 cm lang, Blütenblätter hellkarmin bis zinnoberrot, am Grund zitronengelb bis weißlich. Frucht kurz keulenförmig, rötlichbraun. In Körperform, Bedornung und Blütenfarbe ziemlich variable Art. Heimat: Peru.
Das Bild zeigt *O. peruviana* var. *laxiareolata*.

Echinopsis Zuccarini [*einschl. Pseudolobivia* (Backbg.) Backbg.]
Kugelig bis kurz säulenförmig (einige Arten bis über 1 m hoch), oft reichlich sprossend. Rippen gerade, oft etwas gekerbt oder mit schrägen Querfurchen. Blüten seitlich, groß, meist sehr lang trichterförmig, weiß oder hellrosa (Nachtblüher) bzw. gelb oder rot (Tagblüher). Perikarpell mit winzigen, Rezeptakulum mit langen schmalen Schuppen und langen, ± dichten Wollhaaren bedeckt. Frucht halbfleischig, aufplatzend, flockig behaart. Samen fast kugelig oder verkehrt-eiförmig; Samenschale mattschwarz, warzig. – Etwa 50 Arten in Süd-Amerika: Uruguay, Argentinien, Süd-Brasilien, Paraguay, einige Arten in Bolivien.

■□
Echinopsis calochlora Schum. □□
Kugeliger oder etwas verlängerter, 6–9 cm dicker, 13rippiger, glänzendgrüner Körper. Rippen deutlich gekerbt, Areolen auf den Kerben, hellgraufilzig, mit 14–20 dünnen, geraden, 5–10 mm langen, gelblichen Randdornen und 3–4 etwas kräftigeren und dunkleren Mitteldornen. Blüten 16 cm lang, 10 cm breit, weiß, Röhre schlank, grünlich-gelb. Heimat: Brasilien.

□■
Echinopsis eyriesii (Turpin) Zucc. □□
Einfacher oder mäßig sprossender, kugeliger, später verlängerter bis zylindrischer, bis 30 cm hoher, 12–15 cm breiter, dunkelgrüner Körper mit 11–18 buchtig gegliederten, bis 2 cm hohen, durch scharfe Furchen voneinander getrennten Rippen. Areolen 1,5–3,5 cm entfernt, graufilzig, mit 7–14 kegeligen, bis 5 mm langen, weißen oder dunkelbraunen Randdornen und 4–8 schwarzbraunen, 5 mm langen Mitteldornen. Blüten seitenständig, einzeln, 15–25 cm lang, 8–12 cm breit, trichterförmig, reinweiß, nach Jasmin duftend. Frucht schmal-eiförmig, 3 cm lang. Heimat: Süd-Brasilien, Uruguay, Argentinien.

Echinopsis aurea Br. et R. □□
[= ***Pseudolobivia aurea*** (Br. et R.) Backbg.] ■□
Kugeliger bis kurz-zylindrischer, bis 10 cm hoher, 7 cm breiter, dunkelgrüner Körper mit 14–15 scharfkantigen, durch tiefe Furchen voneinander getrennten Rippen. Areolen braunfilzig, mit 8–10 spreizenden, 1 cm langen, hellbraunen Randdornen und 4 kräftigeren, 2–3 cm langen, dunkelbraunen bis schwarzen Mitteldornen. Blüten tief seitlich, 9 cm lang, 8 cm breit, hell- bis dunkelgelb, Röhre grünlichweiß. Heimat: Argentinien.

Echinopsis kermesina (Krainz) Krainz □□
(= ***Pseudolobivia kermesina*** Krainz) □■
Flachkugeliger, bis 8 cm breiter, 6 cm hoher, saftig dunkelgrüner Körper mit 15–23 ± beilhöckerigen Rippen. Areolen graufilzig, 12–15 mm entfernt, mit 11–16 ungleich 6–12 mm langen, gelblichbraunen, später grauen Randdornen und 4(–6) etwas dunkleren, bis 25 mm langen Mitteldornen. Blüten in Scheitelnähe, 17,5 cm lang, 9 cm breit, karminrosa bis dunkelkarminrot. Frucht faßförmig bis kugelig, 15–20 mm lang und breit. Heimat: Argentinien.

Echinopsis ancistrophora Speg. ■□
[= **Pseudolobivia ancistrophora** (Speg). Backbg.] □□
Flachrunder, bis 8 cm breiter, glänzend dunkelgrüner Körper mit 15–16, 1 cm hohen Rippen. Areolen mit 3–7(–9) biegsamen, rückwärts spreizenden, 15 mm langen, weißlichen Randdornen und einem hakigen, bis 2 cm langen, hellbräunlichen Mitteldorn. Blüten 12–16 cm lang, schlankröhrig, weiß, geruchlos. Frucht länglich, bis 1,6 cm groß, grün. Heimat: Argentinien.

Echinopsis kratochviliana Backbg. □■
[= **Pseudolobivia kratochviliana** (Backbg.) Backbg.] □□
Flachrunder, bis 6 cm breiter und bis 5 cm hoher, dunkelgrüner, zuweilen bräunlich-graugrüner Körper mit 18 scharfkantigen Rippen. Areolen bis 8 mm entfernt, mit 12 weißlichen, bis 1,5 cm langen Randdornen und 1–4 dunkleren, 2–5 cm langen, gebogenen oder leicht hakigen Mitteldornen. Blüten 6 cm breit, mit grüner Röhre, reinweiß. Heimat: Argentinien.

Echinopsis obrepanda (S. D.) K. Schum. □□
[= **Pseudolobivia obrepanda** (S. D.) Backbg.] ■□
Einfacher, nur selten sprossender, flachkugeliger, 10 cm breiter, glänzend dunkel- bis graugrüner Körper mit 17–18 scharfkantigen, in versetzte beilförmige Höcker geteilten Rippen. Areolen in den Kerben, bis 2 cm entfernt, graufilzig, mit 7–11 weißen bis bräunlichen, 1 cm langen Randdornen und 1–3, 1–3(–5) cm langen Mitteldornen; fast alle Dornen leicht gebogen. Blüten bis 20 cm lang, 12–18 cm breit, weiß, nach Petersilie duftend. Heimat: Bolivien.
Das Bild zeigt *E. obrepanda* var. *purpurea.*

□□
Echinopsis tubiflora Zucc. □■
Anfangs kugeliger, später säulenförmiger, bis 75 cm hoher, 12–15 cm dicker, dunkelgrüner, im Alter sprossender Körper mit 11–12 scharfkantigen, undeutlich gebuchteten, durch tiefe Furchen getrennten Rippen. Areolen bis 2 cm entfernt, weiß-, später grau- bis schwarzfilzig, mit zahlreichen (bis 20) abstehenden, gelblichen und braun gespitzten, ungleich bis 2,5 cm langen Randdornen und 3–4 stärkeren, zum Teil bis 3,5 cm langen Mitteldornen. Blüten bis 24 cm lang, 10 cm breit, weiß, außen grün. Heimat: Argentinien.

Lobivia Br. et R. [*einschl. Acanthocalycium* Backbg., *Acantholobivia* Backbg., *Reicheocactus* Backbg. p.p., *Soehrensia* (Backbg.) Backbg., *Chamaecereus* Br. et R., *Helianthocereus* Backbg. p.p.]

Mittelgroße kugelige oder kurzzylindrische, einfache oder am Grund sprossende Pflanzen, Rippen häufig durch schiefe Querfurchen in beilförmige Höcker zerlegt, die oberhalb der Areolen liegen, Bedornung sehr verschieden. Blüten in verschiedener Höhe aus älteren Areolen, rot, gelb oder weiß, glockig-trichterig mit kurzer, weiter Röhre. Perikarpell und Rezeptakulum dichtbeschuppt und wollig behaart, gelegentlich in den untersten Schuppenachseln auch borstige Dornen. Frucht klein, kugelig, behaart, gelegentlich auch mit Borstendornen, halbtrocken, mit vertrocknetem Blütenrest. Samen kugelig bis eiförmig; Samenschale matt- oder glänzendschwarz, ± warzig. Über 70 Arten aus Bolivien, Peru und den Anden Argentiniens. Wegen der außerordentlichen natürlichen Variabilität der Pflanzen am Standort ist wohl höchstens ein kleiner Bruchteil als wirklich gute Arten zu bezeichnen (vgl. dazu die Beobachtungen von **Rausch**).

Lobivia backebergii (Werd.) Backbg. ***var. hertrichiana*** (Backbg.) Rausch ■□
(= ***Lobivia hertrichiana*** (Backbg.) □□
Einzelner oder am Grund sprossender, gestrecktkugeliger bis etwas walzenförmiger, bis 10 cm hoher, 5–8 cm dicker, lebhaft grüner Körper mit 14–15 oder mehr durch schräge Querfurchen über den Areolen etwas gegliederten Rippen. Areolen 1 cm entfernt, anfangs spärlich weißwollfilzig, mit 5–12 oder mehr randständigen, gelblichen bis hellbraunen, später grauen, ungleich bis 1,5 cm langen, meist gebogenen Randdornen und 1–3 abstehenden, bis 3 cm langen Mitteldornen. Blüten schlankröhrig, 5,5 cm lang, 4 cm breit, blut- bis krapprot mit bläulichem Schimmer. Frucht fast kugelig, 7 mm dick, halbtrocken, horizontal aufreißend. Heimat: Bolivien (La Paz).

□■
Lobivia maximiliana (Heydr.) Backbg. ***var. corbula*** (Herrera) Rausch □□
Reichlich sprossend und oft große Rasen bildend. Körper zylindrisch, hellgrün, mit 17 durch Querfurchen in beilförmige Höcker zerlegten Rippen. Areolen 2 cm entfernt, eingesenkt, anfangs weißfilzig, mit 7–12 strahlenden, gebogenen, honiggelben, ungleich 3–5 cm langen Randdornen und einem aufwärts gebogenen, bis 7 cm langen Mitteldorn. Blüten seitlich, 5–6 cm lang, innere Blütenblätter zueinander geneigt, dreifarbig, außen dunkelrot, innen gelb, Spitzen der Blütenblätter karmin. Frucht fast kugelig, bis 1,2 cm dick, grünrot. Heimat: Süd-Peru, Nord-Bolivien (Titicaca-See).

□□
Lobivia pentlandii (Hook.) Br. et R. ■□
Reichlich sprossend, rasenförmig, Körper kugelig bis etwas verlängert, dunkelgrün bis grau, mit 12–15 durch Querfurchen in beilförmige Höcker zerlegten Rippen. Areolen 2 cm entfernt, anfangs weißfilzig, mit 7–12 geraden oder etwas gebogenen, 1–3 cm langen, bräunlichen Randdornen und einem aufwärts gebogenen, 3–4 cm langen Mitteldorn. Blüten seitlich, 5–6 cm lang, offen trichterförmig, fliederfarben. Frucht kugelig, 1–2 cm dick, grün. In bezug auf Ausbildung der Dornen und Blütenfarbe (karminrot, orange bis gelb) außerordentlich variable Art. Heimat: Süd-Peru, Nord-Bolivien (Südufer des Titicaca-Sees bis Potosi).

□□
Lobivia cinnabarina (Hook.) Br. et R. □■
Einfacher, flachkugeliger bis kugeliger, dunkelgrüner, bis 15 cm breiter Körper mit 18–21 spiralig verlaufenden, in 1 cm hohe, nach unten kinnartig vorgezogene Höcker zerlegten Rippen. Areolen in den Kerben, 10–12 mm entfernt, spärlich weißfilzig, mit 8–10 strahlenden, bis 1,5 cm langen, leicht gekrümmten, hellbraunen, später grauen Randdornen und 2–3 kräftigeren Mitteldornen. Blüten seitlich gegen den Scheitel, breittrichterig mit kurzer Röhre, 6–7 cm lang, bis 8 cm breit, scharlach- bis karminrot. Frucht kugelig, 2 cm dick, halbtrocken, senkrecht aufreißend. Heimat: Bolivien (Sucre, Potosi).

Lobivia pugionacantha Rose et Boed. **var. rossii** (Boed.) Rausch ■□
(= **Lobivia rossii** Boed.) □□
Meist einfacher, kugeliger bis eiförmiger, mattgraugrüner, bis über 7 cm breiter Körper mit dicker Rübenwurzel und 17–20 scharfen Rippen. Areolen 1,5 cm entfernt, weißfilzig, mit 8–10 seitlich strahlenden, pfriemlichen, 4–6 cm langen, rötlich-hornfarbenen bis grauen Randdornen und bis zu 3 nach unten gerichteten, bis 5 cm langen Mitteldornen. Blüten trichterig, 4,5 cm lang und breit, gelb, orange, karmin- bis blutrot, meist duftend. Frucht 1 cm dick, grün, halbtrocken, längs und quer aufreißend. Heimat: Bolivien (Potosi bis La Quiaca).

□■
Lobivia tiegeliana Wessner □□
Einfacher, verhältnismäßig kleiner, flachkugeliger bis kugeliger, 6 cm breiter, glänzendgrüner Körper mit ± ausgeprägter Pfahlwurzel und 18 etwas schräg verlaufenden, durch Querfurchen unterbrochenen Rippen. Areolen in den Querfurchen, 9 mm entfernt, kurz wollfilzig, mit 8–12 weichen, nadelförmigen, honiggelben, rotbraun gespitzten, bis 1 cm langen Randdornen, die nicht dem Körper anliegen, sondern hohl aufgebogen mit der Spitze zum Körper geneigt sind, und 1–3 kastanien- oder schwarzbraunen, an der Spitze leicht gebogenen, übereinanderstehenden Mitteldornen. Blüten zahlreich aus dem oberen Drittel, 2,5 cm lang, 4,2 cm breit, leuchtend violettrosa, äußere Blütenblätter weit umgebogen. Frucht kugelig bis oval, halbtrocken, längs und quer aufreißend. Heimat: Süd-Bolivien bis Nord-Argentinien (Tarija bis Iruya).

□□
Lobivia sanguiniflora Backbg. ■□
Einfacher, flachkugeliger bis kugeliger, bis 10 cm hoher und breiter Körper mit ± ausgeprägter Pfahlwurzel und bis zu 18 spiralig verlaufenden, schief quergekerbten Rippen. Areolen mit 10 ungleich 8–15 mm langen, strahlig gestellten bis seitlich anliegenden, meist gebogenen, dunkleren, später grauen Randdornen und 1–3 hakigen, 2 (vereinzelt –8) cm langen Mitteldornen. Blüten kurzröhrig, 4–5 cm breit, blaß- bis dunkelblutrot mit weißem Schlund. Frucht klein, halbtrocken, längs und quer aufspringend. Heimat: Nord-Argentinien (Santa Victoria).

Lobivia haematantha (Speg.) Br. et R. **var. kuehnrichii** (Frič) Rausch □□
(= **Lobivia kuehnrichii** Frič) □■
Einfacher oder sprossender, kugeliger bis kurzzylindrischer, 3–8 cm breiter, graugrüner Körper mit langer Rübenwurzel und etwa 12–15 spiralig stehenden, schmalen und niedrigen Rippen. Areolen mit 10–12 weißlichen, anliegenden oder strahlenden, bis 1 cm langen Randdornen und 1–4 gelben bis schwarzen, ungleich bis 6 cm langen Mitteldornen. Blüten kurztrichterig und breit geöffnet, gelb bis orange. Frucht eiförmig, grün bis braunviolett. Heimat: Nord-Argentinien.

■□

Lobivia chrysantha (Werd.) Backbg. □□

Einfacher, kugeliger bis kurzzylindrischer, 6–7 cm breiter, mattgraugrüner Körper mit rübenförmiger Pfahlwurzel und 8–13(–26) geraden oder leicht gedrehten Rippen. Areolen mit 5–7(–14) bis 2 cm langen, dünnen, schwarzbraunen Randdornen und bis zu 3 derberen, bis 3 cm langen Mitteldornen. Blüten glockenförmig, 5 cm lang, gelb bis orange mit rotem Schlund. Frucht kugelig bis eiförmig. Heimat: Nord-Argentinien.

Lobivia chrysantha (Werd.) Backbg. ***var. jajoiana*** (Backbg.) Rausch □■
(= ***Lobivia jajoiana*** Backbg.) □□

Meist einfacher, kugeliger bis gestreckter, bis 12 cm hoher, bis 8 cm breiter, saftgrüner Körper mit 12–14 in schiefe Höcker unterteilten Rippen. Areolen mit 8–10 rötlichweißen, bis 1 cm langen Randdornen und einem aufwärts ragenden, 2,5 cm oder längeren, dunkleren bis schwärzlichen, hakigen Mitteldorn. Blüten glockig- bis becherartig-trichterig, wein- bis tomatenrot oder auch gelb, mit schwarzviolettem Schlund, Hymen und oberen Staubfäden. Heimat: Nord-Argentinien.

Lobivia saltensis (Speg.) Br. et R. ***var. nealeana*** (Backbg.) Rausch □□
(= ***Lobivia nealeana*** (Backbg.) ■□

Einfacher, später sprossender und gruppenbildender, laubgrüner bis bräunlichgrüner, bis 10 cm hoher, 5 cm breiter Körper mit fleischiger Pfahlwurzel und 14–16 niedrigen Rippen. Areolen mit 10–12 seitlich spreizenden, braunen, bis 1 cm langen Randdornen und bis zu 2 abstehenden, oft gewundenen bis fast hakig gekrümmten, bis 2,5 cm langen Mitteldornen. Blüten trichterig, 3–6 cm lang, 4–6 cm breit, leuchtendrot. Frucht ziemlich klein, rundlich, rötlichgrün. Heimat: Nord-Argentinien.

Lobivia famatimensis (Speg.) Br. et R. □□
(= ***Reicheocactus pseudoreicheanus*** Backbg.) □■

Kugeliger, später zylindrischer und verzweigter, 5–7 cm dicker, braunroter Körper mit etwa 40 sehr schmalen, ganz in winzige Höckerchen aufgelösten Rippen. Areolen strichförmig mit bis 9 winzigen, bis 3 mm langen, hellen, kammartig den kleinen Höckern anliegenden Dornen. Blüten kurztrichterig, bis 3,5 cm lang und breit, gelb mit rotem Griffel, äußere Blumenblätter rot gestreift. Frucht dickwandig fleischig, 1,5 cm lang, 1 cm dick, völlig in hell-rötlichbraune Wolle eingehüllt. Heimat: Nord-Argentinien (Famatina-Jachal bis San Juan).

Lobivia formosa (Pfeiff.) Dodds ***ssp. bruchii*** (Br. et R.) Rausch ■□
[= ***Soehrensia bruchii*** (Br. et R.) Backbg.] □□
Zuerst einfach, später breite Kolonien bildend. Körper anfangs kugelig, bis über 50 cm breit, mit bis zu 50 gerundeten, zwischen den Areolen stark gehöckerten Rippen. Areolen mit 9–12 spreizenden, geraden oder ± gekrümmten, gelblich-bräunlichen, bis 3 cm langen Randdornen und einem (–3) gerade abstehenden Mitteldorn. Blüten 4–5 cm lang, blutrot. Heimat: Nord-Argentinien.

Lobivia formosa (Pfeiff.) Dodds ***ssp. bruchii*** (Br. et R.) Rausch ***var. kieslingii*** □■
Rausch [= ***Soehrensia bruchii*** (Br. et R.) Backbg. ***var. kieslingii*** Rausch] □□
Einzelner, kugeliger, frischgrüner, bis 25 cm breiter Körper mit bis 30 geraden, in 2–2,5 cm lange Höcker geteilten Rippen. Areolen weißfilzig, mit 7–13 strahlenden, an den Körper gebogenen, bis 2,5 cm langen Randdornen und 1–2 nach oben gebogenen, bis 3 cm langen Mitteldornen. Alle Dornen hart-stechend, braun mit dunklerer Spitze. Blüten 9 cm lang und breit, orangerot, außen violettrosa. Frucht breitkugelig, 3,5 cm lang, 4 cm breit, grün. Heimat: Argentinien (Tucuman).

Lobivia violacea (Werderm.) Berger □□
[= ***Acanthocalycium violaceum*** (Werd.) Backbg.] ■□
Einfacher, kugeliger oder meist etwas zylindrischer, bis 20 cm hoher, 15 cm breiter, hellgrüner, zuweilen gelblicher Körper mit etwa 15 bis 2 cm hohen Rippen. Areolen 1,5–2 cm entfernt, anfangs weißflockig, später kahl, mit 10–12, an älteren Areolen bis zu 20 gelblichen, bräunlich gespitzten, bis 3 cm langen, geraden Dornen, später 4 mittleren, stärkeren und bis zu 4 cm langen Dornen. Blüten in Scheitelnähe, 7,5 cm lang, 6 cm breit, hellviolett-fliederfarben. Heimat: Argentinien.

Lobivia klimpeliana (Weidl. et Werd.) Berger □□
[= ***Acanthocalycium klimpelianum*** (Weidl. et Werd.) Backbg.] □■
Flachkugeliger, am Scheitel eingesenkter, dunkelgrüner, bis 10 cm breiter Körper mit 19 geraden, 1 cm hohen, zwischen den 2 cm entfernten Areolen etwas höckerigen Rippen. Areolen anfangs gelbbraunfilzig, mit 6–8(–10) geraden, pfriemlichen, anfangs bräunlichen bis schwarzen, später grauen oder braun gespitzten Randdornen und 2–3 Mitteldornen, davon der unterste, längste abwärts gerichtet. Blüten 4 cm lang, trichterig, weiß. Heimat: Argentinien.

Lobivia silvestrii (Speg.) Rowley ■□
[= **Chamaecereus silvestrii** (Speg.) Br. et R.] □□
Durch Sprossung dichte Rasen niederliegender, hellgrüner, in voller Sonne violettbrauner, fingerlanger und bis 1,5 cm dicker, 8rippiger Triebe. Areolen mit 10–15 weißen, 1–1,5 mm langen Dornen. Blüten seitlich, 5–7 cm lang, trichterig, lebhaft zinnoberrot. Frucht 7 mm lang, trübrot. Heimat: West-Argentinien (Tucuman-Salta).

Rebutia K. Schum. (*einschl. Aylostera* Spegazzini, *Cylindrorebutia* Frič et Kreuzr., *Digitorebutia* Frič et Kreuzr. ex Buining, *Mediolobivia* Backbg., *Pygmaeolobivia* Backbg.)

Zwergige, kugelige oder kurzzylindrische, einfache, später meist am Grund sprossende und vielköpfige Rasen bildende Kakteen mit geraden oder leicht spiralig verlaufenden, durch Querfurchen unterteilten oder ganz in niedrige Warzen aufgelösten Rippen. Areolen meist mit borstenartigen Dornen. Blüten meist in großer Zahl aus seitlichen oder bodennahen Areolen, weit- bis engtrichterförmig, meist radförmig, seltener glockig geöffnet, lebhaft rotorange oder gelb mit kronblattartig gefärbtem Rezeptakulum. Perikarpell und Rezeptakulum mit zahlreichen Schuppen, in deren Achseln Wolle oder Wolle und Borstendornen oder Schuppen kahl. Früchte klein, kugelig, mit anhaftendem Blütenrest, Schuppen wie bei den Blüten, dünnwandig, zerfließend oder unregelmäßig mit Querriß aufspringend. Samen topfförmig bis schief verlängert, mit geradem basalem Hilum, oft mit weißer Strophiola; Samenschale glänzendschwarz, warzig oder runzelig, am oberen Ende oft mit Dornwarzen. – Nach dem Bau der Körper und Blüten zerfällt die Gattung in 5 Sektionen: *Cylindrorebutia* mit zylindrischen, ± violett überlaufenen Körpern und in deutlichen Rippen angeordneten Warzen. Blüten weit trichterig bis fast glockig. *Digitorebutia* mit kurz-zylindrischen, ± violett überlaufenen Körpern und in deutlichen Rippen angeordneten Warzen. Blüten eng trichterig, Rezeptakulum im unteren Teil mit dem Griffel verwachsen. *Setirebutia* mit kugelförmigem Körper und undeutlicheren Rippen. Schuppenachseln mit Haaren und Borstendornen, Griffel bis zur Basis frei. *Aylostera* mit kugelförmigem Körper und undeutlicheren Rippen, Schuppenachseln mit Haaren und Borstendornen, Griffel mit dem zylindrischen Teil des Rezeptakulums verwachsen. *Rebutia* mit kugelförmigem Körper und undeutlicheren Rippen. Schuppenachseln kahl oder mit einigen Haaren, nie mit Borstendornen. Griffel und Rezeptakulum nur im unteren Teil oder nicht verwachsen.
Etwa 40 Arten aus den hochandinen Regionen Südost-Boliviens und Nord-Argentiniens beschrieben, von denen aber wohl nicht alle den Rang einer guten Art verdienen.

Rebutia einsteinii Frič **var. rubroviridis** (Backbg.) Buin. et Donald □■
(=**Mediolobivia schmiedcheniana var. rubroviridis** Backbg.) *(Cylindorebutia)* □□
Schlank zylindrischer, bis 8 cm hoher, 3,5 cm breiter, sprossender, stark rotgetönter Körper mit 13–16 schwach spiralig gestellten Warzenzeilen. Areolen mit 12 dünnen, 3–5 mm langen, grauen und braunen, abstehenden Dornen. Blüten 3 cm lang, 3,5 cm breit, gelb. Heimat: Nord-Argentinien.

Rebutia eucaliptana (Backbg.) Buin. et Donald □□
[= **Mediolobivia eucaliptana** (Backbg.) Krainz] *(Digitorebutia)* ■□
Kleine Gruppen bildende, hellgrüne, 2 cm große Köpfe mit 8–9, nur zur oberen Hälfte in Warzen aufgelösten Rippen. Areolen mit 9–11 feinen, gebogenen, an der Spitze oft gekrümmten, bis 1,2 cm langen, gelblichen Dornen. Blüten leuchtend hellrot mit krapprotem Schlund. Heimat: Bolivien.

Rebutia pectinata (Backbg.) Buin. et Donald □□
[= **Mediolobivia pectinata** (Backbg.) Backbg.] *(Digitorebutia)* □■
Einfache oder sprossende, kleine, nach oben kaum verjüngte, 1–3 cm lange, 1,2–2 cm breite, grüne Triebe mit längerer Rübenwurzel und in 8–12 Spiralen stehenden kleinen Höckern. Areolen etwas filzig, mit 6–9 strahlenden, oft gebogenen oder gekrümmten, 2–3 mm langen, an der verdickten Basis dunklen Dornen. Blüten kräftig, trichterig, rot. Heimat: Bolivien.

Rebutia aureiflora Backbg.
[= ***Mediolobivia aureiflora*** (Backbg.) Backbg.] *(Setirebutia)*
Gruppenbildend. Einzelkörper kugelig, 6 cm breit, grün, oft rötlich überhaucht. Rippen in ovale, 6 mm lange Höcker aufgelöst. Areolen mit 15–20 weißen bis bräunlichen, 0,5–3 cm langen, borstigen Dornen. Blüten zahlreich, 4 cm breit, apfelsinengelb mit weißem Schlund. Heimat: Nord-Argentinien.

■□
Rebutia aureiflora var. rubelliflora (Backbg.) Buin. et Donald □□
Mit über 10 Randdornen und einem wenig längeren, meist etwas dunkleren Mitteldorn und orangeroten Blüten.

Rebutia spinosissima Backbg. □■
[= ***Aylostera spinosissima*** (Backbg.) Backbg.] *(Aylostera)* □□
Flache Polster bildend. Einzelkörper 4 cm breit und hoch, hellgrün, mit leicht eingesenktem Scheitel. Areolen sehr dichtstehend, weißfilzig, mit zahlreichen borstigen, weißlichen Rand- und Mitteldornen, die 5–6 mittleren stärker, hornfarben, braun gespitzt. Blüten am Grund des Körpers entspringend, trichterig, 3 cm lang, 2,5–3 cm breit, hellorangefarbig. Frucht klein, kugelig. Heimat: Nord-Argentinien.

Rebutia kupperiana Boedeker □□
[= ***Aylostera kupperiana*** (Boed.) Backbg.] *(Aylostera)* ■□
Etwas gedrückt kugeliger, bis 5 cm breiter, tief dunkelgrüner, nicht stark sprossender Körper, mit wenig eingesenktem, violettem oder bronzefarbenem Scheitel. Höcker in etwa 15 spiralig angeordneten Reihen, 3–5 mm lang und breit, Areolen 6–8 mm entfernt, gelblichweißwollig, mit bis 15 fein nadelförmigen, geraden, ungleich 5–8 mm langen, weißen, braun gespitzten Randdornen und 1–3 abstehenden, geraden oder wenig gebogenen, stärkeren, bis 2 cm langen, dunkelbraunen Mitteldornen. Blüten aus den untersten Areolen, 4–4,5 cm lang, 4 cm breit, trichterförmig, zinnober- bis leuchtendorangerot. Frucht grün. Heimat: Bolivien.

Rebutia zerfällt in 2 Untersektionen:
Rebutia Buining et Donald: Rezeptakulum bis zum Grund hohl und nicht mit dem Griffel verwachsen, Schuppenachseln kahl oder fast kahl, immer ohne Borsten, Blüten selbstfertil.
Mediorebutia Buining et Donald: Rezeptakulum an der Basis etwas mit dem Griffel verwachsen, Schuppenachseln mit wenigen, sehr kurzen Haaren, Blüten selbststeril.

□□
Rebutia senilis (Backbg.) ***var. kesselringiana*** Bew. *(Rebutia – Rebutia)* □■
Kugeliger, bis 6 cm breiter, sattgrüner, gern sprossender Körper. Warzen kegelig, 6 mm entfernt. Areolen weißfilzig, mit 30–35 feinborstigen, weißen, 8–12 mm langen Dornen. Blüten bis 4,5 cm breit, goldgelb. Frucht olivfarben. Heimat: Nord-Argentinien.

Rebutia violaciflora Backbg. *(Rebutia – Rebutia)* ■□ □□

Kugeliger, bis 2 cm breiter, kräftig gelblichgrüner Körper mit eingesenktem Scheitel. Areolen mit etwa 20 borstenförmigen, steifen, strahlig abstehenden, 3–25 mm langen, tief goldbraunen Dornen. Blüten am Grund des Körpers, 3–3,5 cm lang, 2,5–3 cm breit, trichterig, hellviolettrot. Frucht kugelig, orangegelb. Heimat: Nord-Argentinien.

Rebutia marsoneri (Werdermann) *(Rebutia – Mediorebutia)* □■ □□

Flachkugeliger, 4,5 cm breiter, 3 cm hoher, nicht oder selten sprossender, hellgrüner, am Scheitel angesenkter und von jungen Dornen nestförmig umgebener Körper. Warzen 2 mm lang, 3,5–4,5 mm entfernt. Areolen mit kurzem, bräunlichweißem Wollfilz und 30–35 borstenförmigen, biegsamen Dornen, die untersten 20 weiß und 3–5 mm lang, die 9–15 oberen etwas kräftiger, 8–15 mm lang, fuchsbraun oder goldgelb oder weiß mit langer, brauner Spitze. Blüten meist nacheinander aus den untersten Areolen, 3,5–4,5 cm lang, 3–3,5 cm breit, goldgelb bis orangefarben. Frucht kugelig, 5 mm dick, bräunlich. Heimat: Nord-Argentinien.

Rebutia calliantha Bewerunge *(Rebutia – Mediorebutia)* □□ ■□

Länglicher, wenig sprossender Körper, Warzen 3 mm lang, Areolen 6 mm entfernt, schwach weißfilzig, mit 15–18 borstigen, stark spreizenden, 6–10 mm langen, weißen Dornen. Blüten bis 4,5 cm breit, karminrot. Heimat: Nord-Argentinien.

Sulcorebutia Backberg

Kleine, kugelige bis längliche, seitlich sprossende und dichte Klumpen bildende Körper mit dicker Rübenwurzel. Rippen in beilförmige Warzen zerlegt, Areolen langgestreckt schmal bis oval, eingesenkt, mit derben, häufig schwarzen, kammförmig gestellten bis abstehenden Dornen. Blüten meist zahlreich, einzeln aus seitlichen Areolen, trichterförmig lang- und kurzröhrig, meist radförmig geöffnet, lebhaft gelb, orange und rot. Perikarpell und Rezeptakulum mit breiten Schuppen und kleinen Haaren und Borsten in den Schuppenachseln. Früchte klein, kugelig bis länglich, mit Schuppen bedeckt. Samen verlängert eiförmig; Samenschale schwarz, mit größeren, nicht abgeflachten Warzen. – Von den etwa 40 beschriebenen Arten aus Nordost-Bolivien verdient sicher nur ein Teil den Rang einer guten Art.

Sulcorebutia lepida Ritter □□ □■

Tief dunkelgrüner, wenig sprossender Körper mit vertieftem Scheitel und 16 ganz in 3 mm hohe und breite Höcker aufgelösten Rippen. Areolen bis 3 mm lang, mit enger Furche nach oben, mit 14–20, 3–7 mm langen, fast kammartig seitwärts und abwärts strahlenden, fast anliegenden, schwarzen bis braunroten oder goldgelben Dornen. Blüten zinnober- bis karminrot. Heimat: Bolivien.

Sulcorebutia steinbachii (Werd.) Backbg. ■□ □□

Einzelner oder polsterbildender grüner Körper mit Rübenwurzel und bis 13 undeutlichen, in gegeneinander versetzte, längliche, rhombische Höcker aufgelösten Rippen. Areolen langgezogen, weißfilzig, mit 6–8 bis 2,5 cm langen, dünnen bis kräftigeren schwarzen Randdornen und 1–3 ungleich 1–2 cm langen dunkleren, später weißlichen Mitteldornen. Blüten 3,5 cm lang, scharlachrot. Heimat: Bolivien.

Sulcorebutia kruegeri (Card.) Ritter □■ □□

Anfangs kugeliger, später länglicher, hell- bis dunkelgrüner, seitlich sprossender und klumpenbildender Körper mit 10–12 spiraligen, in schmale, gegeneinander versetzte Höcker aufgelösten Rippen. Areolen sehr langgezogen, cremefilzig mit etwa 20 anliegenden, kammförmig gestellten, bis 3 mm langen, feinen, weißen, einigen bräunlichen Randdornen und 1–2 kurzen, feinen, aufgerichteten, bräunlichen Mitteldornen. Blüten glockigtrichterig, bis 2,5 cm lang, goldgelb bis orange. Frucht 3 mm dick, purpurrötlich. Heimat: Bolivien.

Sulcorebutia cylindrica Donald et Lau □□ ■□

± säuliger, bis 12 cm hoher, 4,5 cm breiter, im Alter am Grund sprossender, dunkelgrüner Körper mit 16 in rechteckige Höcker zerlegten Rippen. Areolen 5 mm lang, weiß- oder braunfilzig, 10 mm voneinander entfernt, mit 10–12 anliegenden oder abstehenden, 5–10 mm langen Randdornen und bis zu 4 stärkeren, bis 15 mm langen Mitteldornen. Alle Dornen oft leicht gebogen, weiß oder gelb und rötlichbraun oder schwarz gespitzt. Blüten seitlich in Scheitelnähe, 3 cm lang, 3,5–4 cm breit, sattgelb. Frucht flachkugelige, 5 mm breite, beschuppte, orangebraune, bei der Reife papierartige, am Grund aufreißende Beere. Heimat: Bolivien (Cochabamba).

Sulcorebutia rauschii Frank □□ □■

Einzelner oder sprossender, 1,5 cm hoher, 3 cm breiter, schwarzgrüner bis violetter Körper mit Rübenwurzel und bis 16 schrägen, in 5 mm große, flache Höcker aufgelösten Rippen. Areolen länglich, bis 2 mm lang, wenig weißfilzig, mit bis 11, 1–1,5 mm langen, pfriemlichen, krallenartig nach unten gebogenen und anliegenden schwarzen Randdornen, ohne Mitteldorn. Blüten leuchtend karminrot mit weißem Schlund. Frucht kugelig, bis 4 mm dick. Heimat: Bolivien.

■□
□□

Sulcorebutia muschii Vasquez

Kugeliger, 6 cm breiter, grüner Körper mit in 6 mm hohe und 8 mm breite Höcker aufgelösten Rippen. Areolen 7 mm entfernt, 5 mm lang, wollig, mit 12–16 steifen, wenig gebogenen, gelben, 4 mm bis 3 cm langen Randdornen und meist einem Mitteldorn. Blüten zahlreich vom Grund der Pflanze, 3,5 cm lang, goldgelb. Heimat: Bolivien.

□■
□□

Sulcorebutia arenacea (Card.) Ritter

Einfach oder polsterbildend, Einzelkörper flachkugelig, bis 3,5 cm hoch, 5 cm breit, mit eingesenktem Scheitel, braungrün. Warzen in etwa 30 Spirallinien angeordnet, Areolen elliptisch mit seidigem, cremefarbenem Filz, einem aufwärts gerichteten Mitteldorn und 6–7 Paaren seitlich anliegender, weißer, 5 mm langer, borstenartiger, angedrückter Randdornen. Blüten trichterig, 3 cm lang und breit, gelborange. Heimat: Bolivien (Cochabamba).

□□
■□

Sulcorebutia crispata Rausch

Einzelner bis sprossender, 2,5 cm hoher und bis 3,5 cm breiter, graugrüner Körper mit Rübenwurzel und bis 13 schrägen, in 5 mm lange Höcker aufgelösten Rippen. Areolen 4 mm lang, mit 24 bis 8 mm langen, feinen, stark gebogenen und spinnenartig um den Körper verflochtenen, glasigweißen bis rosabraunen Randdornen, ohne Mitteldorn. Blüten 3 cm lang und breit, hell- bis dunkelmagenta. Heimat: Bolivien.

□□
□■

Sulcorebutia mizquensis Rausch

Einfacher bis sprossender, 2,5 cm hoher, 3 cm breiter Körper mit Rübenwurzel und bis 17 schrägen, in 4–5 mm lange, am Grund rotviolett gefärbte Höcker aufgelösten Rippen. Areolen 4 mm lang, weißfilzig, mit bis 20 bis 4 mm langen, eng dem Körper anliegenden, an der Spitze weißen, in der Mitte rosa und am verdickten Fuß schwarzen Randdornen, ohne Mitteldorn. Blüten 3 cm lang, 2,5 cm breit, hell- bis dunkelmagenta, oft auch mit weißem Schlund. Heimat: Bolivien.

Weingartia Werdermann

Einzeln, seltener mehrköpfig, kugelig bis kurzsäulig (bis 30 cm hoch), zum Teil mit engem Halsteil einer großen Wurzelrübe aufsitzend. Rippen stark oder ganz in Höcker aufgelöst. Blüten in Scheitelnähe entspringend, verhältnismäßig klein, schlank- oder breittrichterig, gelegentlich mehrere aus einer Areole, gelb, orange. Kurzes Perikarpell und Rezeptakulum mit nackten Schuppen bedeckt. Früchte klein, kugelig bis eiförmig, mit kleinen Schuppen, vertrocknend und am Grund aufreißend. Samen mützenförmig, Samenschale mattschwarz, von winzigen Wärzchen bedeckt oder Samen verlängert eiförmig und Samenschale mit größeren abgeflachten Warzen. Nach Samenbau und vegetativen Merkmalen können 3 – auch geographisch voneinander getrennte – Gruppen unterschieden werden:

Südliche *W. fidaiana*-Gruppe mit mützenförmigen Samen, runden, erhobenen Areolen und einer langen, engröhrigen Blüte je Areole.

Nördliche *W. neocumingii*-Gruppe mit verlängert eiförmigen Samen, ovalen, nur wenig niedergedrückten Areolen und bis zu 4 kurzröhrigen, breit trichterigen Blüten je Areole.
Zentrale, mit der nördlichen *W. neocumingii*-Gruppe näher verwandte *W. riograndensis*-Gruppe mit verlängerten, leicht gewölbten Samen mit starker Strophiola, kräftigen, breiten Höckern und sehr großen, dicht wolligen, breitovalen Areolen und bis zu 4 kurztrichterigen Blüten je Areole.
Etwa 20 (?) Arten aus Süd-Bolivien und Nord-Argentinien.
Bis zur endgültigen Klärung der gegenseitigen Beziehungen zwischen den beiden eng miteinander verwandten Gattungen *Sulcorebutia* und *Weingartia,* die gegenwärtig von **Donald** vorgenommen wird, sollen die beiden Gattungen in ihrem bisherigen Umfang beibehalten werden (vgl. dazu KuaS. 30–8, 198–202, 1979, – 31–11, 321–327, 1980, – 32–11, 270–274, 1981 sowie persönliche Mitteilung).

Weingartia fidaiana-Gruppe ■□
Weingartia fidaiana (Backbg.) Werd. □□
Meist einfacher, kugeliger bis länglicher, bis 30 cm hoher und 15 cm breiter, graugrüner Körper mit dicker Rübe und dünnem Hals sowie fast ganz in runde Höcker aufgelösten Rippen. Areolen dickfilzig, mit 9 bis 3 cm langen Randdornen und 3–4 bis 5 cm langen Mitteldornen. Alle Dornen bogig nach oben gekrümmt und den Körper dicht umkleidend, strohgelb bis violettschwarz. Blüten bis 3 cm lang, hell- bis dottergelb. Frucht klein, länglichrund, bräunlich. Heimat: Süd-Bolivien.

□■
Weingartia neumanniana (Backbg.) Werd. □□
Kleiner, flachkugeliger, bis 7 cm hoher, 5 cm breiter, samtig grau- bis blaugrüner Körper mit Rübenwurzeln und einfachem oder mehrfach geteiltem Hals, dadurch gruppenbildend, und 14 durch Querfurchen in fast 6seitige, oben rundliche, niedrige Höcker geteilten Rippen. Areolen 1 cm entfernt, anfangs weißfilzig, mit 6–8 starren, stechenden und spreizend abstehenden, bis 3 cm langen Randdornen und einem leicht nach oben gebogenen, bis 3 cm langen Mitteldorn. Alle Dornen strohgelb, bräunlich bis violettbraun oder schwarz. Blüten bis 2,5 cm lang und breit, gelb bis rotorange. Frucht klein, kugelig bis eiförmig, bräunlich. Heimat: Nord-Argentinien.

□□
Weingartia kargliana Rausch ■□
Einzelner, kugeliger, bis 5 cm breiter, dunkelgraugrüner Körper mit bis 15 cm langen, fleischigen Wurzeln und engem Wurzelhals und bis 10 gedrehten, in 6eckige, flache Höcker geteilten Rippen. Areolen weißfilzig, mit 1–7 büschelförmig abstehenden, bis 15 mm langen, nadeligen bis pfriemlichen, braunen, schwarz gespitzten Dornen. Blüten in Scheitelnähe, 2,5 cm lang, 3,5 cm breit, gelb bis orangegelb, Schlund gelb. Frucht kugelig, 6 mm dick, schwarzgrün mit breiten, heller gerandeten Schuppen. Heimat: Bolivien.

Weingartia neocumingii-Gruppe □□
Weingartia neocumingii Backbg. □■
Kugeliger bis länglicher, bis 10 cm dicker, 20 cm langer, frischgrüner Körper mit vollständig in spiralig angeordnete, unter den Areolen in ein kurzes Kinn vorgezogene Höcker aufgelösten Rippen. Areolen mit etwa 20 bis 1 cm langen, honiggelben, später weißen Randdornen und 2–8 etwas bräunlichen Mitteldornen. Blüten zahlreich um den Scheitel, 2,5 cm lang, gold- bis rötlichgelb. Heimat: Bolivien, Peru.

Weingartia hediniana Backbg.

Einfacher, etwas länglicher, bis 10 cm hoher, 6 cm breiter, kräftig grüner Körper ohne Rübenwurzel, mit dick weißwolligem Scheitel und 16 weitgehend in rundliche Höcker aufgelösten Rippen. Areolen dick weißwollig mit 12–14 seitlich spreizenden, bis 2,5 cm langen, ± gebogenen, weißlichen, anfangs braun gespitzten Randdornen und 4 deutlich unterscheidbaren ebensolchen Mitteldornen. Blüten zahlreich um den Scheitel, 2,5–3 cm lang und breit, goldgelb. Heimat: Bolivien.

Weingartia riograndensis-Gruppe

Weingartia platygona Card.

Zylindrischer, nach oben verjüngter, bis 12 cm langer, 5,5 cm breiter, tiefpurpurn überlaufener Körper mit 12 in breitrundliche, niedrige Höcker zerteilten Rippen. Areolen 1 cm entfernt, grau, mit 12–14 anliegenden bis etwas abstehenden Randdornen und 2 aufwärts gerichteten, bis 1,2 cm langen Mitteldornen. Alle Dornen dünn nadelig, weißlich. Blüten 2,5 cm lang, goldgelb. Heimat: Bolivien.

Gymnocalycium Pfeiffer (*einschl. Brachycalycium* Backbg., *Neowerdermannia* Frič)

Einzeln, seltener am Grund sprossend, kugelig bis flachkugelig, seltener zylindrisch verlängert, von sehr unterschiedlicher Größe. Rippen meist breit gerundet, mit quer verlaufenden Kerben, häufig unter den Areolen kinnartig vorgezogen. Areolen sehr verschiedenartig bedornt. Blüten meist in Scheitelnähe, groß, weiß bis rosa, bei einigen gelb, seltener lebhaft rot. Perikarpell langgestreckt, selten kurz, Rezeptakulum glocken- bis weit becherförmig. Perikarpell und Rezeptakulum mit großen, kahlen Schuppen besetzt, ohne Haare, Borsten oder Dornen in den Achseln. Schuppen allmählich in die äußeren Blütenblätter übergehend. Früchte mit Blütenrest, länglich, beschuppt, fleischig zerfließend, halbfleischig aufplatzend oder vertrocknend. Samen topf- bis eiförmig oder angenähert linsenförmig, oft mit ansehnlicher Strophiola; Samenschale glänzend braun oder schwarz, warzig, glatt oder feinstachelig. Nach der Ausbildung des Samens kann die Gattung in eine größere Anzahl von Reihen und Unterreihen eingeteilt werden. – Etwa 60 Arten aus Süd-Amerika: Süd-Brasilien, Bolivien, Argentinien, Uruguay, Paraguay.

Gymnocalycium uruguayense (Arech.) Br. et R.

Niedergedrückt-kugeliger, sattgrüner Körper mit eingesenktem Scheitel und 12–14 Rippen, die in 6kantige Höcker gegliedert und unterhalb der Areolen kinnartig vorgestreckt sind. Areolen rundlich, graufilzig, mit meist 3 dünnen, 1,5–3 cm langen, gelblichen, später weißlichen und rauh behaarten Dornen. Blüten um den Scheitel, glockig, 4 cm lang, 5,5–6 cm breit, innere Blütenblätter weißlich mit fleischfarbener Mitte. Frucht länglich-oval, 2 cm lang, 1 cm dick, dunkelgrün. Heimat: Zentral-Peru.

Gymnocalycium denudatum (Link et Otto) Pfeiffer

Flachrunder bis kugeliger, glänzend dunkelgrüner, 3–8 cm breiter Körper mit 5–8 ganz flachen, anfangs fast ungehöckerten Rippen. Areolen weit voneinander entfernt, mit meist 5 weißlichgelben, 1–1,5 cm langen, anliegenden und ± gewundenen Randdornen („Spinnenkaktus"). Blüten schlankröhrig, bis 5 cm lang, 7 cm breit, reinweiß, fast gefüllt wirkend. Frucht länglich. Ziemlich variable Art. Heimat: Süd-Brasilien, Nord-Uruguay, Argentinien.

Gymnocalycium bruchii (Speg.) Hosseus
Reichlich sprossend, rasenförmig mit kleinen, bis 3,5 cm hohen und bis 6 cm breiten dunkelgrünen Körpern mit 12 niedrigen, in rundliche, kinnlose Höcker geteilten Rippen. Areolen dichtstehend, kurz weißfilzig, mit 12–14 zurückgebogenen, bis 6 mm langen, dünnen, borstenartigen weißen, am Grund braunen Randdornen und einem aufrechten dunkleren Mitteldorn. Blüten in Scheitelnähe, 3 cm lang, 3,5 cm breit, zart violettrosa bis fast weiß. Frucht kugelig, 5–7 mm dick, weißlich. Heimat: Argentinien (Cordoba).

Gymnocalycium baldianum (Speg.) Speg.
Gedrückt-kugeliger, bis 7 cm breiter, bis 4 cm hoher, blaugrauer Körper mit Rübenwurzel und 9–11 in Höcker aufgelösten Rippen. Areolen mit 5 dünnen, anliegenden, grauen oder auch derberen abstehenden, bis 15 mm langen, hornfarbenen bis braunen Randdornen. Blüten im Scheitel, 3–5 cm lang und breit, tief dunkelrosa bis purpurn. Frucht spindelig, dunkelgraugrün. Heimat: Argentinien (Catamarca).

Gymnocalycium andreae (Boedeker) Backbg.
Kugeliger, bis 5 cm breiter, am Grund reichlich sprossender, mattglänzend dunkelblaugrüner Körper mit 8 flachen, durch scharfe Querfurchen in rundliche Höcker zerlegten Rippen. Areolen in der Mitte der Höcker, mit 7 spreizenden, dünnen, bis 8 mm langen, weißlichen, am Grund bräunlichen Randdornen und 1–3 etwas nach oben gebogenen, braunschwarzen Mitteldornen. Blüten aus der Nähe des Scheitels, 3 cm lang, bis 4,5 cm breit, außen grünlich-, innen schwefelgelb. Frucht kugelig, 12 mm dick, bläulichgrün. Heimat: Argentinien.

Gymnocalycium platense (Speg.) Br. et R.
Kugeliger, 6–10 cm breiter, 8–10 cm hoher, am Scheitel eingesenkter, graugrüner Körper mit 10–14 in stumpfe, am Grund 5seitige, etwas kinnartig vorgezogene Höcker zerlegten Rippen. Areolen graufilzig, mit meist 7 weißlichen, am Grund rötlichen, angedrückten, bis 15 mm langen Randdornen. Blüten mit langer, schlanker Röhre, weiß mit rotem Schlund. Heimat: Argentinien.

Gymnocalycium oenanthum Backbg. ■□ □□
Gedrückt-kugeliger, bis 12 cm breiter, 8 cm hoher, mattgraugrüner Körper mit 11–13 durch Querfurchen in Höcker geteilten Rippen. Areolen mit 5(–7) ungleich bis 1,5 cm langen, nach unten gekrümmten, grauen, dunkelbraun gespitzten Randdornen, ohne Mitteldorn. Blüten zu mehreren um den Scheitel, glockig, 5 cm lang, 4 cm breit, herrlich weinrot. Frucht etwa 18 mm dick, hellgrün, etwas bereift. Heimat: Argentinien (Mendoza).

Gymnocalycium quehlianum (Haage jr.) Berger □■ □□
Flachkugeliger, 4 cm hoher, bis 15 cm breiter, graugrüner bis rötlicher Körper mit dicker Rübenwurzel und 11 durch Querfurchen in kinnartige Höcker unterteilten Rippen. Areolen filzig, mit 5 hornfarbenen, 5–12 mm langen, abwärts und seitwärts gegen den Körper gebogenen Randdornen, ohne Mitteldorn. Blüten schlankröhrig, bis 6 cm lang, weiß mit rotem Schlund. Heimat: Argentinien (Cordoba).

Gymnocalycium castellanosii Backbg. □□ ■□
Gestreckt-kugeliger, bis 15 cm hoher, 10 cm breiter, samtig mattblaugrüner, im Scheitel filziger Körper mit 10–12 in kleine, scharf getrennte Höcker zerlegten Rippen. Areolen 2 cm entfernt, anfangs dicht gelblich filzflockig, mit 5–7 kräftigen, gerade abstehenden, bis 2,5 cm langen, weißen, dunkel gespitzten Randdornen und einem ebensolchen Mitteldorn. Blüten glockig-trichterig, 4,5 cm lang, weiß, rosa getönt. Frucht rundlich, 15 mm dick, grün, etwas bereift. Heimat: Argentinien (La Rioja).

Gymnocalycium horridispinum Frank □□ □■
Kurzzylindrischer, 6–8 cm hoher und breiter, dunkelgrüner Körper mit 10–13 tief und scharf gefurchten, in stark kinnartig vorspringende Höcker zerteilten Rippen. Areolen graufilzig, später bräunlich, mit 10–12 derb pfriemlichen, geraden, 20–25 mm langen, etwas zum Körper gebogenen, grauen, oft dunkelbraun gespitzten Randdornen und 4 kreuzweise stehenden, sehr kräftigen, abstehenden, 30–40 mm langen Mitteldornen. Blüten breit-trichterförmig, im Kranz um den Scheitel, 6 cm lang und breit, innere Blütenblätter außen violettrosa, innen weiß mit violettrosa Rand und Mittelrippe. Frucht eiförmig, 20 mm lang, 15 mm dick, dunkelgrün, rötlich überhaucht. Heimat: Argentinien (Cordoba).

Gymnocalycium spegazzinii Br. et R. ■□ □□

Gedrückt-kugeliger, 6–12 cm hoher, 10–14 cm breiter, bräunlichgrüner, im eingesenkten Scheitel mit gelblichgrauer Wolle bedeckter Körper mit 11–13(–15) breiten, zwischen den Areolen etwas eingekerbten Rippen. Areolen 6–10 mm entfernt, mit 5–7(–9) meist etwas gekrümmten und gegen den Körper gebogenen, starren, bis 5,5 cm langen, bräunlichen Randdornen, ohne Mitteldorn. Blüten trichterig, 6–7 cm lang, 5 cm breit, weißlich bis rosa. Frucht rundlich-länglich. Heimat: Nord-Argentinien (Salta).

Gymnocalycium zegarrae Cardenas □■ □□

Kugeliger, 6–10 cm hoher, 11–18 cm breiter, graugrüner Körper mit 13 in unregelmäßige, konvex-quadratische, 5- oder 6eckige, 2 × 3 cm große Höcker geteilten Rippen. Areolen, 1,5–2,5 cm entfernt, hellgraufilzig, mit 8 etwas kammförmig gestellten, 1,5–2,5 cm langen, pfriemlichen, stark gebogenen, weißlichen, rötlich bis schwarz gespitzten Randdornen und einem 2,5–3 cm langen Mitteldorn. Blüten zahlreich um den Scheitel, becherförmig mit schrägem Saum, 3–4,5 cm lang, weiß mit magentarotem Schlund. Frucht rund, 1,5 cm lang, 1 cm dick, orangefarben. Heimat: Bolivien (Prov. Campero).

Gymnocalycium joossensianum (Böd.) Br. et R. □□ ■□

Einfacher, gedrückt-kugeliger, oben etwas vertiefter, dunkel- bis laubgrüner Körper mit 6–9 geraden, etwas rundlich gehöckerten, seicht quergekerbten Rippen. Areolen mit 6–9 abstehenden, nadeligen Randdornen (davon die unteren länger als die oberen) und gewöhnlich einem etwas kürzeren Mitteldorn. Blüten näher am Scheitel, bis 5 cm lang, weinrot. Frucht spindelförmig, bis 2,5 cm lang, mit wenigen, rot gespitzten Schuppen. Heimat: Paraguay oder Nord-Argentinien.

Gymnocalycium mihanovichii (Frič et Gürke) Br. et R. □□ □■

Breitkugeliger, 3–5 cm breiter, graugrüner, meist rötlich überlaufener Körper mit 8 stumpfkantigen, zwischen den Areolen wenig gekerbten Rippen, von den Areolenhöckern beiderseits nach den Furchen verlaufende, heller gefärbte Querrippen. Areolen 1 cm entfernt, mit 5–6 gekrümmten, graugelben, 8–10 mm langen Randdornen, ohne Mitteldorn. Blüten 4–5 cm lang, schlankröhrig, helloliv, innen gelblichgrün. Heimat: Paraguay.
Ziemlich variable Art. Sehr bekannt ist die chlorophyllfreie, leuchtend karminrote Mutation var. *friedrichii* und eine leuchtend goldgelbe Mutante davon; beide können nur gepfropft kultiviert werden.

Gymnocalycium vorwerkii (Frič) F. Buxbaum ■□
(= **Neowerdermannia vorwerkii** Frič) □□
Flachkugeliger Körper mit Rübenwurzel und etwa 16 in 3kantige Höcker aufgelösten Rippen. Areolen tief zwischen den Höckern, mit etwa 10 gebogenen, bis 2 cm langen Dornen. Blüten glockig-trichterig, 18 mm lang und breit, violettrosa mit bräunlichem Mittelstreif und weißlichem Schlund. Frucht kugelig, 5 mm dick, grün, später rötlich. Heimat: Bolivien, Nord-Argentinien in 4000–5000 m Höhe.

Mila Br. et R.

Koloniebildende zwergige Säulenkakteen mit geraden oder ± gebogenen weichfleischigen Trieben und sehr verschiedenartiger Bedornung. Blüten klein, trichterförmig, kurzröhrig, meist gelb. Perikarpell und Rezeptakulum mit kleinen Schuppenblättern mit Wollhaaren in den Schuppenachseln. Frucht stachelbeerähnlich, grün, fast nackt, mit bleibendem Blütenrest. Samen klein, länglich mützenförmig; Samenschale glänzendschwarz, warzig. – Etwa 12 Arten aus Zentral-Peru.

□■
Mila caespitosa Br. et R. □□
Lockere Polster bildende, 10–15 cm hohe, 2–3 cm dicke, meist 10rippige Triebe. Areolen mit 20 oder mehr gelblichen, später braunen, 1 cm langen Randdornen und 1–3 bis 3 cm langen Mitteldornen. Blüten bis 1,5 cm lang, 2–3 cm breit, gelb bis rötlichgelb. Frucht 5–10 mm dick, glänzendgrün. Heimat: Peru.

□□
Mila nealeana Backbg. ■□
Lockere, polsterförmige Kolonien aus niederliegenden, bis 30 cm langen, 3–4,5 cm dicken, 11- bis 13rippigen Trieben. Areolen mit 12–30 ganz feinen, bis 8 mm langen, glasklaren Randdornen und 1–6 bis 2 cm langen, etwas nach unten gerichteten, strohgelben Mitteldornen. Blüten bis 3,5 cm lang, 2,5 cm breit, trichter- bis radförmig, hell- bis leuchtendgelb. Frucht klein, 1,5 cm dick, grün. Heimat: Mittel-Peru.

Leocereus Br. et R.

Schlanke, meist am Grund verzweigte, aufrechte oder niederliegende, 1–2 m lange Triebe mit zahlreichen dünnen Rippen. Areolen anfangs filzig, später verkahlend mit zahlreichen borstenartigen bis langen nadelförmigen Dornen. Blüten ziemlich klein, röhrig-glockig bis eng glockig-trichterig mit kurzer Blumenkrone, weiß bis rötlich. Perikarpell und Rezeptakulum mit zahlreichen spitzen Schuppen bedeckt, in den Schuppenachseln reichlich lange, krause, dunkelbraune Wollhaare und Grannenborsten sowie im unteren Teil mit sich erst entwickelnden nadelförmigen Dornen. Frucht klein, kugelig, grün, dem Sproß ähnlich dichtbedornt, mit anhaftendem ansehnlichem Blütenrest. Samen schief eiförmig, seitlich stark abgeplattet; Samenschale glänzendschwarz oder dunkelbraun, leicht gefeldert, mit kleinen Zwischengrübchen. – 3 Arten in Brasilien.

□□
Leocereus bahiensis Br. et R. □■
Aufrechte bis angelehnte, etwas verzweigte, bis 2 m lange, 1–1,5 cm dicke, 12- bis 14rippige Triebe. Areolen dichtstehend mit anfangs 10, später 20 und mehr nadeligen, gelben Randdornen und 1(–2) längeren und vorgestreckten, bis 3 cm langen Mitteldorn. Blüten 4 cm lang, weiß. Frucht kugelig, 10–12 mm dick. Heimat: Brasilien (Bahia).

Arthrocereus (A. Berger) Backbg. (*einschl. Pygmaeocereus* Johnson et Backbg.)

Kleine Pflanzen mit kurzen, einfachen oder verzweigten halbaufrechten bis niederliegenden, selten längeren kurzgliedrigen Trieben. Blüten lang trichterförmig, nächtlich, strahlig geöffnet mit schlanken, spitzen, weißen bis rötlichen Blütenblättern. Perikarpell und Rezeptakulum mit spitzen Schuppen und Wollbüscheln in den Achseln bedeckt. Frucht kugelig bis verkehrt-birnförmig mit meist winzigen Flocken auf den Wülsten der Perikarpellschuppen, dünnwandig, grün, nicht aufspringend, mit vertrocknetem Blütenrest. Sa-

men schief eiförmig; Samenschale mattschwarz, flachwarzig, Warzen zu Zeilen zusammenfließend, dazwischen wabenartige Zwischengruben. – Nach dem Blütenbau zerfällt die Gattung in 3 Untergattungen:
Praearthrocereus F. Buxb. : Mit säulenförmigen, einfachen oder wenig verzweigten, bis 50 cm langen Trieben, Blüten gedrungen, Schuppenachseln sehr stark kraus behaart. Staubblätter zahlreich, sehr ungleich lang, unterste auf gleicher Höhe angesetzt, die übrigen gegen den Schlund zu kürzer, Antheren gleich hoch.
Arthrocereus Berger: Zwergig mit niederliegenden, reich verzweigten und kurz gegliederten Sprossen. Blüten lang trichterförmig, alle Staubblätter gleich lang, die untersten in sehr ungleicher Höhe angesetzt, weit unter dem Schlund endend.
Pygmaeocereus (Johnson et Backbg.) F. Buxbaum: Zwergig mit am Grund verzweigten, nicht gegliederten Trieben. Blüten schlankröhrig, Perikarpellschuppen nicht stachelspitzig. Alle Staubblätter mit äußerst kurzen Staubfäden, die meisten im erweiterten Teil des Rezeptakulums angesetzt. 4 Arten in Brasilien und Süd-Peru.

■□
Arthrocereus rondonianus Backgb. et Voll *(Praearthrocereus)* □□
Halb aufrechte, verzweigte, schlanke, bis 50 cm lange, 2,5 cm dicke, frischhellgrüne Triebe mit 14–18 niedrigen, gerundeten Rippen. Areolen 5–10 mm entfernt, anfangs schwach graufilzig, mit 40–50 nadelfeinen, grünlich- bis goldgelben, 5 mm, einigen bis 2 cm langen und 1–2 mittleren, bis 7 cm langen Dornen. Blüten 8 cm lang, 6 cm breit, lilarosa, innere Blütenblätter ± trompetenartig. Heimat: Brasilien. (Bild um 90° gedreht.)

□■
Arthrocereus microsphaericus (K. Schum.) Berger *(Arthrocereus)* □□
Zwergige, reichgegliederte Pflanze mit glänzend frischgrünen, 5 cm langen, 3 cm dicken Jahrestrieben, mit 8–11 niedrigen, schwach gekerbten Rippen. Areolen mit etwa 12 borstenartigen, 2 mm langen, weißen Randdornen und etwa 12 weißen Borsten, sowie 4–12 bräunlichen Mitteldornen. Blüten seitlich, trichterig, 7 cm lang, 5 cm breit, weiß. Frucht kugelig. Heimat: Brasilien (Minas Geraes).

Arthrocereus bylesianus (Andreae et Backbg.) F. Buxbaum □□
(= **Pygmaeocereus bylesianus** Andreae et Backbg.) *(Pygmaeocereus)* ■□
Vom Grund verzweigte, kleine Gruppen bildende, bis 8 cm lange, 2 cm dicke, 12- bis 14rippige Triebe. Rippen anfangs kaum gehöckert, später fast warzig geteilt. Areolen anfangs hellfilzig mit zahlreichen dunklen, später grauen, nach allen Seiten strahlenden Dornen, ohne deutlichen Mitteldorn. Blüten sehr schlank, langröhrig, 6 cm lang, trichterig erweitert, weiß, nächtlich. Heimat: Süd-Peru.

Setiechinopsis Backbg.

Aufrechte, kurz zylindrische, bis 15 cm hohe Körper. Blüten nahe am Scheitel entspringend, groß, dünn langröhrig, Blütenblätter schmal lineal, strahlig offen, nächtlich, stark duftend. Lange dünne cauline Zone dicht mit kleinen Schüppchen mit dichter krauser Behaarung bedeckt. Perikarpell und Rezeptakulum mit fast grannenartig reduzierten Schuppen, ebenfalls mit dichter Behaarung. Untere Hälfte des Griffels mit dem Rezeptakulum verwachsen. Staubblätter mit sehr kurzen Staubfäden in ungleicher Höhe. Frucht spindelförmig, allmählich in den Rezeptakulumrest übergehend, dicht mit grannenspitzigen Schuppen bedeckt, halbsaftig, mit Längsriß aufspringend. Samen fast kugelig, mit breit abgestutztem, basalem Hilum; Samenschale mattschwarz, klein kugelwarzig. – 1 Art in Argentinien.

□□
Setiechinopsis mirabilis (Speg.) De Haas □■
Meist unverzweigte, 12–15 cm hohe, 2 cm dicke, aufrechte, dunkelbraungrüne Säulen mit 11 geraden bis leicht gedrehten, etwas gekerbten Rippen. Areolen 4–5 mm entfernt, etwas weißwollig, mit langem, krausem Filz, 9–14 feinen, fast borstenartigen, 3–5 mm langen, aufrechten, fast durchscheinenden Randdornen und einem stärkeren, 10–15 mm langen, braunen Mitteldorn. Blüten nahe am Scheitel, schlank-trichterförmig, 11–12 cm lang, 3 cm breit, weiß, fein duftend. Frucht 3–4 cm lang, 5–6 mm dick, braungrün bis rötlich, seitlich aufreißend. Heimat: Argentinien.

Tribus VII Notocacteae F. Buxbaum

Corryocactus Br. et R. (*einschl. Erdisia* Br. et R.)

Aufrechte, 1–2(–5) m hohe, nahe dem Grund verzweigte und große Gruppen bildende, ± dicke Säulen oder dünntriebige, am Grund reich verzweigte Sträucher mit aufrechten bis hängenden Trieben, bei manchen Arten mit kriechenden oder unterirdischen Ausläufern. Areolen stark bedornt. Blüten glockig oder glockig-trichterig, weit offen, lebhaft gelb, orange bis scharlachrot. Perikarpell und Rezeptakulum dicht mit winzigen Schüppchen mit krausen, dunklen Wollhaaren und jungen Dornen besetzt. Frucht kugelig, saftig, ohne Blütenrest, mit abfälligen Büscheln nadelförmiger Dornen. Samen klein, schief eiförmig gekrümmt, mit großem seitlichem Hilum; Samenschale schwarz oder bräunlich, runzelig und etwas warzig. – Etwa 20 Arten in Zentral- und Süd-Peru, West-Bolivien und Nord-Chile, zum Teil in Höhen bis 3300 m. – Die Gattung gliedert sich in 2 Untergattungen. *Eu-Corryocactus:* Aufrecht, strauchig, dicktriebig, bis 4 m hoch; Blüten gelb oder orange, bis 7 cm Durchmesser, seitlich stehend. Früchte bis apfelgroß, bedornt. – *Erdisia:* Schlanktriebig, aufrecht oder niederliegend, ausläuferbildend oder kletternd, selten bis 3 m hoch werdend. Blüten gelb, orange bis leuchtend zinnoberrot, zum Teil endständig. Früchte kleiner, mit schleimiger Pulpa.

■□
Corryocactus melanotrichus (K. Schum.) Br. et R. *(Eu-Corryocactus)* □□
Dicht verzweigter, bis 1,2 m hoher Strauch mit gelblichgrünen, bis 6 cm dicken, 7- bis 9rippigen Trieben. Areolen mit 10–11 0,7–2 cm, einem mittleren bis 3 cm langen, hellbraunen, später grauen Dornen. Blüten 5 cm lang, 6 cm breit, purpurrot. Frucht kugelig, 4–8 cm dick, weich, mit Büscheln von 9–12 dünnen, 1 cm langen Dornen. Heimat: Bolivien.

□■
Corryocactus brachypetalus (Vpl.) Br. et R. *(Eu-Corryocactus)* □□
Bis 4 m hohe und 6–10 cm dicke Säulen mit oft sehr zahlreichen , vom Grund ziemlich senkrecht aufstrebenden 7- bis 8rippigen Trieben. Areolen mit bis 20 zuerst schwarzen, meist unter 1 cm, die längsten 10–16 cm langen, oft gedrehten Dornen. Blüten breit trichterig, 4–6 cm breit, tieforange. Frucht kugelig, 6–7 cm dick, grüngelb, mit Bündeln später abfallender Dornen. Heimat: Peru.

Corryocactus apiciflorus (Vpl.) P. C. Hutchison □□
[= **Erdisia apiciflora** (Vpl.) Werd.] *(Erdisia)* ■□
Strauchig mit niederliegenden bis aufsteigenden, bis 50 cm langen, 2,5 cm dicken, dicht bedornten Trieben mit 8 sehr niedrigen Rippen. Areolen mit 10 fast horizontal spreizenden, bis 1 cm langen Randdornen und einem bis 2 cm langen Mitteldorn. Blüten zu mehreren am Scheitel, end- oder seitenständig, bis 4 cm lang, scharlachrot. – Heimat: Süd-Peru.

Austrocactus Br. et R.

Kurzsäulig, 30–60 cm lang, einfach oder am Grund sprossend, weichfleischig. Die niedrigen Rippen in areolentragende Höcker aufgelöst, Randdornen nadelförmig, Mitteldornen angelhaken- oder gerade nadelförmig. Blüten in Scheitelnähe entspringend, klein, schüsselförmig bis glockig, rötlich-gelblich, Perikarpell mit sehr reduzierten Schuppen mit Wollbüscheln und Borstenstachelchen, Rezeptakulum mit stachelspitzigen Schuppen mit Wolle und sehr kräftigen Borstendornen. Frucht kugelig bis tonnenförmig, halbtrocken, weich, grünlich mit Blütenrest und Haarbüscheln. Samen schief eiförmig wie ein Schneckenhaus, seitlich zusammengedrückt; Samenschale mattschwarz, radial wellig gerunzelt, klein gefeldert. – Etwa 4 Arten aus Süd-Argentinien und Süd-Chile.

□□
Austrocactus gracilis Backbg. □■
Zierliche, ziemlich von unten sprossende, 12–16 mm dicke, 10–35 cm lange und oft niederliegende Triebe mit 8–9 fast ganz in warzenartige Höcker aufgelösten Rippen. Areolen mit 10–11 weißlichen, an der Spitze gelblichen Randdornen, dazu 1–3 winzigen, 2–5 mm langen, nach oben gerichteten Dornen und 1–3(–4) bis 2 cm langen, mitunter hakigen, gelblichen und braun gespitzten Mitteldornen, Blüten glockig-trichterig, bräunlichgelb. Heimat: Süd-Argentinien (Patagonien).

Eriosyce Philippi

Große einfache Kugeln, im Alter bis 1 m hohe und über 30 cm dicke Säulen, Scheitel weißwollig mit gelben Dornen. Areolen filzig mit geraden bis oft krallig gebogenen Dornen. Blüten aus dem wolligen Scheitel, glockig, klein, rot. Perikarpell und Rezeptakulum mit spitzen Schuppen bedeckt, Schuppenachseln dicht wollhaarig und manchmal mit Borsten. Frucht länglich, vertrocknend, im oberen Teil sehr stark bedornt, am Grund abbrechend. Samen groß, breit und schief eiförmig, seitlich zusammengedrückt; Samenschale schwarz, fein strukturiert. – Wahrscheinlich nur 1, allerdings sehr variable Art aus Chile und Argentinien.

■□
□□

Eriosyce ceratistes (Otto) Br. et R.

Einfacher, kugeliger bis ± gestreckter, bis 1 m hoher, bis 50 cm breiter Körper mit 20–30 und mehr etwas gebuchteten, 2–3 cm hohen Rippen, am Scheitel reichlich weißwollig und von zahlreichen gelben Dornen überragt. Areolen groß, bis 2 cm lang, 2,5–4 cm entfernt, reichlich filzig, mit 18–20 geraden bis ± gebogenen, pfriemlich dicken, 2,5–3,5 cm langen, braunen Dornen. Blüten 3,5 cm lang, rot. Frucht bis 4 cm lang. In bezug auf Körperform und Ausbildung und Färbung der Dornen sehr variable Art. Heimat: Chile.

Pyrrhocactus (A. Berger) Backbg.

Meist einfache, selten gruppenbildende, flachkugelige, im Alter oft verlängerte bis kurzsäulige Kugelkakteen mit geraden, eingekerbten Rippen. Areolen groß, filzig, mit zahlreichen pfriemlichen, steifen, aschgrauen, rotbraunen bis schwarzen Dornen. Blüten in Scheitelnähe, urnenförmig bis glockig-trichterig, sattgelb bis rot überlaufen. Perikarpell und Rezeptakulum dicht mit schmal-lanzettlichen, am Perikarpell auf ein Stachelspitzchen reduzierten Schuppen bedeckt, in den Schuppenachseln Haarbüschel und mit akrotoner Förderung Borstendornen, die bei abgeleiteten Formen auch fehlen können. Frucht stachelbeerähnlich, mit Blütenrest, am Grund kreisförmig aufreißend. Samen schief eiförmig, oft grob faltig; Samenschale schwarz, kleinwarzig. – Etwa 11 Arten in Nord- und West-Argentinien sowie Mittel-Chile.

□■
□□

Pyrrhocactus bulbocalyx (Werd.) Backbg.

Einfacher, kugelig-flachgedrückter, hellgraugrüner Körper mit 12–20 stumpfen, etwas quergekerbten Rippen. Areolen 1,5–2 cm entfernt, länglich, weißgraufilzig, mit 7–12 kräftig gebogenen und dem Körper anliegenden, 1,5–2 cm langen Randdornen und 4 etwas über 2 cm langen, nach aufwärts gebogenen, aschgrauen Mitteldornen. Blüten 4 cm lang, strohgelb mit rotem Schlund. Heimat: Nord-Argentinien.

□□
■□

Pyrrhocactus catamarcensis (Web.) Backbg.

Einfacher, gestreckt-kugeliger, später säulenförmiger, 10–50 cm hoher, 8–12 cm breiter Körper mit 13–17 um die Areolen verdickten Rippen. Areolen 2–3 cm entfernt, weißfilzig, mit etwa 10 hellbraunen, manchmal weißen, steifen, pfriemlichen, gekrümmten, 2 cm langen Randdornen und 4 stärkeren und mehr gekrümmten, gelb- oder glänzend dunkelbraunen, über 2 cm langen Mitteldornen. Blüten 4,5 cm lang, zitronen- oder goldgelb. Heimat: Nord-Argentinien.

□□
□■

Pyrrhocactus umadeave (Frič) Backbg.

± kugelige, später auch säulenförmige, 10(–40) cm hohe, 11 cm breite, mattgrüne Körper mit 18 etwas spiralig verlaufenden Rippen. Areolen länglich, weißfilzig, mit 30–35 nach oben gebogenen, pfriemlichen, stechenden 3–4 cm langen, den ganzen Körper verdekkenden, weißlichen bis bräunlichrosa und dunkler gespitzten, etwas bereiften Dornen. Blüten um den Scheitel, 3–3,5 cm lang, blaßgelb. Frucht länglich-ellipsoidisch, 3–4 cm lang, bis 2 cm breit, mit kleinen Wollflöckchen, Heimat: Nord-Argentinien (Salta).

Eulychnia *Philippi*

Reich verzweigte Bäume oder Sträucher mit gerade aufsteigenden oder niederliegenden gerippten Trieben. Areolen mit Wollfilz oder langen Haaren und kurzen Rand- und kräftigen und sehr langen Mitteldornen. Blüten klein, glockenförmig-trichterig, weiß bis rosa. Perikarpell und sehr kurzes Rezeptakulum dicht mit Schuppen bedeckt, Schuppenachseln wollhaarig oder wollfilzig. Frucht groß, kugelig, fleischig, behaart oder wollfilzig. Samen klein, schief eiförmig; Samenschale mattschwarz, warzig. – Etwa 6 Arten in Nord-Chile und Süd-Peru.

■□
□□

Eulychnia saint-pieana Ritter

Bis 4 m hohe Bäume mit 12rippigen, bis 7,5 cm dicken Trieben. Areolen an älteren Stükken mit abstehenden, schneeweißen, langen Wollhaaren und etwa 20 bis 18 mm langen Randdornen und bis 15 cm langen Mitteldornen. Blüten 6–7,5 cm lang, 5–7,5 cm breit, weiß. Frucht fast birnförmig, 8 mm lang. Heimat: Nord-Chile.

Neoporteria Br. et R. (*einschl. Chilenia* Backbg., *Neochilenia* Backbg., *Chileorebutia* Frič, *Horridocactus* Backbg., *Nichelia* Bullock, *Delaetia* Backbg., *Hildmannia* Kreuzr. et. Buining, *Reicheocactus* Backbg.)

Einzeln, seltener gruppenbildend, kugelig bis kurzzylindrisch, einige bis 1,5 m lange, niederliegende oder hängende Säulen bildend oder zwergig mit großer Rübe und dünn halsförmigem Epicotyl. Körper häufig dunkelbraun bis fast schwarz. Rippen gehöckert bis fast ganz in Warzen aufgelöst. Areolen oft dunkelfarbig und kräftig bedornt. Blüten einzeln, bei einigen Arten auch zu 2 oder 3 aus scheitelnahen Areolen, von schlankröhrig-trichterig über breit-trichterig bis ± glockig. Perikarpell und Rezeptakulum mit ± zahlreichen spitzen bis stark reduzierten Schuppen mit schwach flockiger Wolle bis langen dichten Wollhaaren sowie Grannenborsten in den Schuppenachseln. Perikarpell vom Rezeptakulum durch eine Einschnürung abgesetzt. Frucht verlängert, beerenartig, hohl, nur im oberen Teil Samen enthaltend, mit Blütenrest, mit basaler Öffnung abbrechend. Samen fast kugelig, breit oval oder schief oval, mit kleinem Hilum; Samenschale mattschwarz, ± stark runzelfaltig, grob oder fein warzig. – Etwa 40 Arten aus Chile und Nord-Argentinien.

□■
□□

Neoporteria subgibbosa (Haw.) Br. et R.

Anfangs kugeliger, später zylindrischer, im Alter niederliegender, 10 cm breiter, bis 1 m langer, später grauer Körper mit etwa 20 durch Querfurchen in Höcker mit kinnartigem Vorsprung geteilten Rippen. Areolen anfangs weißwollig, mit etwa 24 dünnen, 2–3 cm langen, bernsteingelben Randdornen und 4 stärkeren Mitteldornen. Blüten 4–5 cm lang, rosa. Heimat: Chile.

□□
■□

Neoporteria gerocephala Y. Ito

Einfacher, kugeliger, später säuliger, bis 18 cm hoher, bis 10 cm dicker, anfangs hellgrüner, später vergrauender Körper mit 16–18 geraden, schwach gebuchteten und durch Querfurchen ± deutlich in oben schief gestutzte und am Grund kinnartig vorgezogene Höcker zerlegten Rippen. Scheitel eingesenkt und von reichlichem, weißem Wollfilz bedeckt. Areolen mit schwärzlichem Wollfilz, etwa 25 haarförmig gewundenen, 2–5 cm langen, den Körper völlig einhüllenden Randdornen und 6–8 stärkeren Mitteldornen. Farbe der Dornen von Weiß über Gelb und Braun bis zu tiefem Schwarz variierend. Blüten einzeln oder zu zweien, trichterförmig, bis 6 cm lang, 2,5 cm breit, hellkarminrot. Frucht längliche, ovale bis fast zylindrische, 3 cm lange, 1,3 cm dicke, bräunlichrosafarbene Beere. Heimat: Nord-Chile.

□□
□■

Neoporteria nidus (Söhr.) Br. et R.

Anfangs kugeliger, im Alter keulig-zylindrischer, bis 30 cm langer, 5–9 cm breiter, ganz von aufwärts gebogenen Dornen umhüllter, braunroter Körper mit 16–18 tief gekerbten Rippen. Areolen mit etwa 30 2–3 cm langen, grau- oder gelblichweißen Dornen. Blüten 4 cm lang, rötlich, mit schmalen, spitzen Blumenblättern. Heimat: Chile.

Neoporteria napina (Phil.) Backbg. ■□
[= ***Neochilenia napina*** (Phil.) Backbg.] □□
Bis 10 cm hoher, 5 cm dicker, flachrunder bis etwas gestreckter, graugrüner bis rötlichgrauer Körper mit langer Rübenwurzel und etwa 14 durch Querfurchen ganz in rundliche, 8 mm breite, spiralig gestellte Warzen aufgelösten Rippen. Areolen auf der Spitze der etwas kinnartig vorgewulsteten Höcker, mit 3- bis 9 strahlenden, angedrückten, schwarzen, höchstens 3 mm langen Dornen. Blüten 3–3,5 cm lang, hellgelb mit rötlichen Narben. Frucht kugelig, schwach gestreckt. Heimat: Chile.

Neoporteria odieri (Lem.) ***var. mebbesii*** (Hildm.) Backbg. □■
[= ***Neochilenia mebbesii*** (Hildm.) Backbg.] □□
Kugeliger oder etwas verlängerter, reingrüner, 5 cm breiter Körper mit 13 in niedrige, unter den Areolen kinnartig vorgezogene Höcker aufgelösten Rippen. Areolen in einer kleinen Längsfurche, etwas filzig, mit 6–9 derberen, spreizenden, 2–5 mm langen, hellbraunen Randdornen und bis zu einem Mitteldorn. Blüten gegen den Scheitel, bis 5 cm lang, trichterig, weiß bis rosa, außen mit rötlichem Mittelstreif. Heimat: Chile.

Neoporteria aspillagai (Söhr.) Backbg. □□
[= ***Neochilenia aspillagai*** (Söhr.) Backbg.] ■□
Flachkugeliger, bis 15 cm breiter, dunkelgrüner Körper mit bis 14 über den Areolen plumphöckerig vorspringenden, bis 1,6 cm breiten Rippen. Areolen anfangs weißfilzig, später verkahlend, mit 4 bis 12 nadeligen gebogenen, bis 2 cm langen, anfangs weißen und dunkler gespitzten, später grauen Randdornen und 1–4 kräftigeren, meist geraden, 2–3 cm langen, dunkleren Mitteldornen. Blüten trichterig, 4 cm lang, außen rosa, nach innen zu hellgelb. Frucht oval oder länglich, 1 cm lang. Heimat: Chile.

□□
Neoporteria paucicostata (Ritt.) Donald et Rowley □■
Einzelner, halbkugeliger, später etwas säuliger, hellblaugrauer Körper mit dicker Rübenwurzel und 8–10 in kinnartig vorgezogene Höcker zerlegten Rippen. Areolen weißfilzig, mit 5–8 anfangs grauschwarzen, später grauweißen, ± zurückgebogenen, 2–4 cm langen Randdornen und 1–4 ebensolchen Mitteldornen. Blüten trichterig, 3,5 cm lang und breit, rötlichweiß. Frucht rötlich, weiß behaart. Heimat: Chile.

Neoporteria krausii (Ritt.) F. Buxbaum ■□
[=***Neochilenia krausii*** (Ritt.) Backbg.] □□
Kleinkugeliger, bis 4 cm dicker, stark sprossender, graugrüner bis graugelber Körper mit langer Rübenwurzel und in kleine Warzen aufgelösten Rippen. Areolen mit kräftigem, weißem Haarfilz, im Scheitel zu einem weißen Schopf zusammenfließend, mit etwa 10 winzig-pfriemlichen, abstehend spreizenden, unten etwas glasigen, oben dunkel gespitzten Randdornen und einem wenig längeren, vorgestreckt abstehenden Mitteldorn. Blüten 3,5 cm lang und breit, hell- bis grünlichgelb, zart duftend. Frucht blaßrot, stark wollig. Heimat: Chile.

Neoporteria esmeraldana (Ritt.) Donald et Rowley □■
[= ***Neochilenia esmeraldana*** (Ritt.) Backbg.] □□
Von unten bis zur Mitte stark sprossender, breitrunder, 5–7 cm dicker, bräunlicher bis schwarzer Körper mit völlig in etwas kinnhöckerige Warzen aufgelösten Rippen. Areolen weißfilzig, mit 4–12, 2–7 mm langen, gelben, braunen oder (selten) schwarzen Randdornen und einem oder mehreren Mitteldornen. Blüten 4,5–5 cm lang, blaßgrünlichgelb. Frucht rot. Heimat: Nord-Chile.

Neoporteria pilispina (Ritt.) Donald et Rowley □□
[= ***Neochilenia pilispina*** (Ritt.) Backbg.] ■□
Einzelner, halbkugeliger, 4–5 cm dicker, schwärzlichgrüner Körper mit langer Rübenwurzel und 13–16 gedrehten Rippen mit warzenartig vorspringenden Kinnhöckern. Areolen eingesenkt mit 6 sehr dünnen, 0,5–2 cm langen, nach oben gebogenen und in sich gedrehten, braunen bis schwarzen Randdornen und 2–3 1–3 cm langen ebensolchen Mitteldornen. Blüten in Scheitelnähe, 2,5–3 cm lang, weiß, duftend, Frucht kugelig, rötlich bis oben olivbraun, weißflockig. Heimat: Chile.

□□
Neoporteria wagenknechtii Ritter □■
Einfacher, im Alter länglicher, bis 30 cm hoher und bis 11 cm breiter, graugrüner Körper ohne Rübenwurzel, mit 11–17 stumpfen, kinnartig gehöckerten Rippen. Areolen mit 10–14 bis 2,5 cm langen, geraden, dunkelgrauen Randdornen und 3–6 graubraunen, 2–3 cm langen Mitteldornen. Blüten 2,2 cm lang, hell purpurn. Frucht tönnchenförmig, grün oder rötlich. Heimat: Nord-Chile.

Islaya Backbg.

Einfach, selten am Grund verzweigt, kugelig bis kurzsäulig, 10–15 cm [*I. grandis*. 30(–50) cm] lang; Rippen über den Areolen quergefurcht bis höckerig. Areolen am Scheitel dicht und langwollig blaßgelb behaart, ± dicht bedornt. Blüten in Scheitelnähe, glockig-trichterig, mit dünnen Stielchen, gelblich oder gelblichgrün, seltener rot. Perikarpell und Rezeptakulum dicht mit spitzen Schuppen bedeckt, mit dichten, langen Haaren und – akroton geförderten – Grannenborsten in den Schuppenachseln. Fruchtknotenwand von Achsenvorsprung gewöhnlich vollkommen bedeckt und mit ihm verwachsen. Frucht kurz vor der Reife zu einer keulenförmigen, roten, hohlen Blase mit wenigen trockenen Samen gestreckt, aus den Achseln der Schuppenreste büschelig behaart und zum Teil auch borstig, mit Blütenrest, bei der Reife mit einem Ringspalt am Grund abbrechend. Samen schief eiförmig; Samenschale matt- oder glänzendschwarz, kleinwarzig. – Etwa 12 Arten aus den Küstengebieten Süd-Perus.

■□
Islaya grandiflorens Rauh et Backbg. □□

Oft bis zum Scheitel im Boden sitzender, bis 10 cm hoher und breiter, graugrüner bis grüner Körper mit rübenartigen Wurzeln, wolligem Scheitel und (16–)20–21 rundlichen bis fast kantigen, um die Areolen deutlich angeschwollenen Rippen. Areolen mit 10–12(–15) dünnen, bis 1 cm langen, zum Teil gescheitelten, anfangs schwärzlichen und unten roten, bald hornfarbenen Randdornen und 2–3 etwas längeren und kräftigeren, bis 2,5 cm langen, bald aschgrauen und schwarz gespitzten Mitteldornen. Blüten groß, 4 cm breit, den ganzen Scheitel bedeckend, reingelb, außen grünlichgelb mit rötlichen Spitzen. Frucht bis 3 cm lang, karminrot. Heimat: Süd-Peru.

□■
Islaya bicolor Akers et Buining □□

Kurzsäuliger, bis 20 cm hoher, 10 cm breiter, purpurgrüner Körper mit weißwollfilzigem Scheitel und 20 zwischen den Areolen leicht gewellten Rippen. Areolen mit 12–14 kräftigen, abstehenden, 3–10 mm langen, anfangs grauen, braun gespitzten Randdornen und 4 derberen, bis 1,25 cm langen Mitteldornen. Blüten aus dem Scheitel, 2 cm lang und breit, nicht weit öffnend, gelb mit rötlichbraunen Spitzen, außen rötlich. Frucht verkehrt kegelig, rötlich, 1 cm lang. Heimat: Süd-Peru.

□□
Islaya paucispina Rauh et Backbg. ■□

Einfacher oder wenigköpfige Gruppen bildender, saftig- bis graugrüner, kugeliger, bis 8 cm dicker Körper mit gelblichfilzigem Scheitel und 12–16 Rippen. Areolen 1 cm entfernt, mit 5–8 ± gescheitelten und häufig schräg abwärts gerichteten, sehr derben, 0,5–1,5 cm langen, blaßrötlich-braunen und schwarzbraun gespitzten, im Alter grauen Randdornen und einem (oft fehlenden) 2,5–3 cm langen, derben, waagerecht abstehenden oder abwärts gerichteten, braunroten und braunschwarz gespitzten, später grauen Mitteldorn. Blüten zahlreich, 1,5 cm lang und breit, lebhaft gelb, duftend. Frucht keulig langgestreckt, bis 3,5 cm lang, 1,5 cm dick, blaß karminrot. Heimat: Süd-Peru.

□□
Islaya copiapoides Rauh et Backbg. □■

Einfacher bis wenigköpfige Gruppen bildender, kugeliger, bis 10 cm hoher, 8 cm breiter, tief im Boden steckender, graugrüner Körper mit gelblich-filzigem Scheitel und 17–21 flachen Rippen. Areolen höckerig abgesetzt, im Scheitel dichtwollfilzig, mit 8–13 derben, regelmäßig um die Areolen gestellten, 5–7 mm langen, rötlichen und grauviolett gespitzten, im Alter grauen und braun gespitzten Randdornen und 1–2 derb-stechenden, bis 1,5 cm langen, rötlichen und schwarzviolett gespitzten Mitteldornen. Blüten klein, bis 1,5 cm lang, 1,2 cm breit, grünlichgelb. Frucht bis 3 cm lang, karminrot. Heimat: Süd-Peru.

Copiapoa Br. et R. (*einschl. Pilocopiapoa* Ritter)

Einzeln oder durch Sprossung oft große Gruppen bildend, kugelig oder säulig und bis über 1 m hoch, Scheitel dichtwollfilzig, Rippen ± gehöckert und um die Areolen verdickt, Bedornung sehr verschiedenartig. Blüten aus dem Scheitel, fast ohne Rezeptakulum, breitglockig bis fast schalenförmig, gelb. Perikarpell und Rezeptakulum mit wenigen schmalen Schuppen, Schuppenachseln meist nackt, seltener mit weißer Wolle. Frucht klein, kugelig bis eiförmig, mit vertrocknetem Blütenrest, am Scheitel aufreißend. Samen eiförmig; Samenschale glänzendschwarz, warzig. – Etwa 30 Arten in Nord-Chile.

■□
Copiapoa cinerea (Phil.) Br. et R. □□
Breitkugeliger, im Alter säuliger, bis 1 m hoher, 10 cm breiter, größere Gruppen bildender, kreidigweiß bereifter, bis 30rippiger Körper mit dichter hellbrauner Wolle im Scheitel. Areolen mit meist 1–7 bis 2 cm langen, schwarzen Randdornen und 1–2 bis 3,5 cm langen Mitteldornen. Blüten bis 3,5 cm lang und breit, hellgelb. Heimat: Chile.

Copiapoa solaris (Ritt.) □■
(= ***Pilocopiapoa solaris*** Ritt.) □□
Vielköpfige, halbkugelige Polster von 1 m Höhe und 2 m Durchmesser bildend. Einzelköpfe bis 12 cm dick, graugrün, mit flachem Wollscheitel und meist 9–10 nicht gehöckerten Rippen. Areolen anfangs braunfilzig, mit 7–10 geraden bis gebogenen, 1,5–5 cm langen, bräunlichen Randdornen und 2–5 2–6 cm langen Mitteldornen. Blüten 2,5–3 cm lang und breit, trichterig, rosagelb bis karmin. Frucht grün bis rot, 1,5 cm lang, weißwollig. Heimat: Nord-Chile.

Copiapoa pepiniana (K. Schum.) Backbg. ***var. fiedleriana*** □□
(K. Schum.) Backbg. ■□
Von rasenförmigem Wuchs. Einzelkörper niedergedrückt-kugelig, bis 8 cm hoch, 7 cm breit, aschgrau, mit dicker Pfahlwurzel, flockig-weißfilzigem, von braunen Dornen überragtem Scheitel und 13 geraden, tief gekerbten und in seitlich zusammengedrückte, unten kinnförmig vorgezogene Höcker zerlegten Rippen. Areolen grauwollfilzig mit 4–6 geraden oder schwach gekrümmten, bis 3 cm langen, anfangs hellkastanienbraunen, dann grauen Dornen. Blüten trichterig, 5 cm lang, reingelb, außen grünlichgelb mit purpurnem Mittelstreif. Heimat: Chile.

□□
Copiapoa krainziana Ritter □■
Kugeliger, später gestreckter, bis 12 cm breiter, graugrüner, sprossender und Polster von 1 m Durchmesser bildender Körper mit grauwolligem Scheitel und 13–24 leicht gekerbten Rippen. Areolen mit 10–12 1–2 cm langen, weißen borstenfeinen, meist gebogenen Randdornen und 14–20 2–3 cm langen Mitteldornen. Blüten bis 3,5 cm lang, gelb. Frucht gelb oder rot. Heimat: Nord-Chile.

Notocactus (K. Schum.) emend. F. Buxbaum [*einschl. Brasilicactus* Backbg., *Eriocactus* Backbg., *Malacocarpus* Salm-Dyck (= *Wigginsia* D. M. Porter)]

Kugelig, im Alter häufig verlängert, einzelne Arten bis 1 m lange Säulen, einfach oder seltener am Grund sprossend, einige Arten Ausläufer treibend. Rippen wenige, ziemlich hoch und scharf oder zahlreich, stumpf gerundet und niedrig, häufig auch spiralig verlaufend, zwischen den Areolen oft mit Querfurchen oder gehöckert. Junge Areolen stark wollig, später verkahlend mit meist nadelförmigen bis borstigen Dornen. Blüten oft zahlreich nahe dem Scheitel, trichterförmig oder glockig erweitert, gelb, seltener rot, Narbenstrahlen meist rot. Perikarpell und Rezeptakulum dicht mit schmalen spitzen Schuppen besetzt, reichlich Wolle und grannenartige Dornen in den Schuppenachseln. Früchte klein, mit großem Blütenrest, vor der Reife vielfach stark in die Länge gestreckt und Samen nur im oberen Teil der Frucht, mit Schuppenresten, Wolle und Borsten bedeckt, mit Längsspalt aufreißend oder mit basaler Öffnung abbrechend oder beerenartig weich und zerfließend. Samen gerade oder leicht schief glockenförmig bis halbkugelig, mit basalem Hilum, Funiculus-Ansatz stets vertrocknet, nie strophiola-artig verdickt; Samenschale schwarz oder dunkelbraun, warzig (vgl. *Parodia*).

Die Gattung gliedert sich in 5 Untergattungen:
Notocactus K. Schum. emend. F. Buxb.: Rezeptakulum eng- bis weit-trichterig, niemals glockig erweitert. Frucht zunächst weichfleischig, kurz oder verlängert überhängend, später vertrocknend.
Malacocarpus (Salm-Dyck) K. Schum. emend. F. Buxb.: Rippen sehr ausgeprägt, an den Areolen stark verdickt, junge Areolen reich wollig behaart. Blüten relativ klein, etwas glokkig erweitert. Früchte in der Scheitelwolle verborgen, beerenartig weichfleischig, meist mit Wollflöckchen, meist zerfließend.
Neonotocactus Backbg. emend. F. Buxb.: Rezeptakulum breit-schüsselförmig erweitert, nur die untere Staubblattgruppe vorhanden (bei allen anderen Untergattungen 2 Gruppen!). Früchte vor der Reife am Grund stark verlängert und schlaff überhängend, mit basaler Öffnung abbrechend.
Eriocactus (Backbg.) Buining emend. F. Buxb.: Bis 1 m hohe Säulen, Scheitel dicht wollig, oft schief. Blüten breitglockig. Frucht trocken, stark behaart und borstig, mit basaler Öffnung abbrechend, Samen sehr zahlreich und sehr klein.
Brasilicactus (Backbg.) F. Buxb.: Rippen in kleine Wärzchen geteilt, sehr dichte, feine Bedornung. Blüten klein, grünlich oder orangerot, kurz trichterig-glockig, individuell sehr variabel, im Innenbau oft sehr vereinfacht. Frucht kugelig, klein, nicht wollig, sondern borstig bedornt.
Etwa 30 Arten aus Uruguay, Paraguay, Süd-Brasilien und Nord-Argentinien.

■□
Notocactus scopa (Sprengel) Berger *(Notocactus)* □□
Meist einfacher, selten sprossender, später säulen- bis keulenförmiger, bis 50 cm hoher, 8–10 cm breiter Körper mit 30–35 Rippen; Scheitel eingesenkt, mit kurzem weißem Wollfilz und von aufrechten Dornen überragt. Areolen mit kurzem, weißem Wollfilz, später verkahlend, mit bis 40 dünn nadelförmigen, 5–7 mm langen, schneeweißen Randdornen und 3–4 etwas längeren, rötlichen oder braunen bis schwarzen Mitteldornen. Blüten zu mehreren in Scheitelnähe, kurz trichterförmig, 4 cm lang, kanariengelb. Frucht fast kugelig, 7 mm breit. Heimat: Uruguay und Süd-Brasilien. Das Bild zeigt *N. scopa* var. *nigrispinus.*

□■
Notocactus ottonis (Lehm.) Berger *(Notocactus)* □□
Flachkugeliger oder etwas verlängerter, 5–11 cm breiter, frischgrüner Körper mit eingesenktem, etwas filzigem Scheitel und 10–13 ± gekerbten Rippen. Areolen eingesenkt, kurzfilzig, mit 10–18 kurzen, strahlenden, geraden oder gebogenen, dünnen, gelben Randdornen und 3–4 etwas kräftigeren, bis 2,5 cm langen, braunen oder roten und heller gespitzten Mitteldornen. Blüten 4–6 cm lang und breit, tief glänzendgelb mit kirschroten Narben. In Bedornung und Blütenbildung sehr variable Art. Heimat: Süd-Brasilien, Uruguay, Paraguay, Argentinien.

□□
Notocactus minimus Frič et Kreuzinger *(Notocactus)* ■□
Kurz zylindrischer, im Alter säulenförmiger, 2–4 cm breiter, meist einfacher, nur selten am Grund sprossender, dunkelblaugrüner bis violettrötlicher Körper mit etwas eingesenktem, weißwolligem Scheitel und etwa 15 unter den Areolen kinnartig vorgezogenen und seicht quergefurchten Rippen. Areolen 4 mm entfernt, anfangs weißwollig, später verkahlend, mit etwa 17(–26) dünnen, gegen den Körper gebogenen oder abstehenden, 3–4 mm langen, kalkweißen Randdornen und 4 aufrechten, 6–10 mm langen, dunkelrotbraunen Mitteldornen, davon der unterste stärkste mit stark hakig gebogener, hellerer Spitze. Blüten in Scheitelnähe, 3 cm lang, 4 cm breit, gelb. Frucht eiförmig, 1 cm dick, trocken. Heimat: Uruguay.

Notocactus sessiliflorus (Hook.) Krainz □□
[= ***Malacocarpus sessiliflorus*** (Mackie) Backbg.] *(Malacocarpus)* □■
Flachkugeliger, bis 20 cm breiter, dunkel- bis graugrüner Körper mit anfangs weniger, später bis 30 scharfen, um die Areolen verdickten Rippen. Areolen mit anfangs 3, später 4, bis 2 cm langen Randdornen, davon die 3 unteren oft etwas gekrümmt, und – selten – einem Mitteldorn. Blüten bis 4 cm lang, kanariengelb. Heimat: Uruguay, Argentinien.

■□
Notocactus mammulosus (Lem.) Berger *(Neonotocactus)* □□
Kugeliger, später verlängerter, bis 10 cm hoher, 5–6 cm breiter, dunkelgrüner Körper mit vertieftem, weißfilzigem und unbewehrtem Scheitel und 18–20 niedrigen, tief gekerbten Rippen. Höcker kinnförmig vorgezogen, Areolen eingesenkt, 4–6 mm entfernt, filzig, mit 10–13 dünnen, kaum 5 mm langen, gelblichen, am Grund und an der Spitze bräunlichen Randdornen und 2 nach oben bzw. unten gerichteten, kräftigeren, 10–14 mm langen, gelben und dunkler gespitzten Mitteldornen. Blüten gegen den Scheitel, 3,5–4 cm lang, kanariengelb, am Grund dunkler mit purpurroten Narben. Heimat: Argentinien, Uruguay.

□■
Notocactus rutilans Daeniker et Krainz *(Neonotocactus)* □□
Kugeliger bis länglich-säuliger, 5 cm oder höher und breiter, mattblaugrüner Körper mit eingesenktem Scheitel und 18(–24) ± spiralig verlaufenden und in kleine, kinnartig vorgezogene Höcker aufgelösten Rippen. Areolen 6–7 mm entfernt, anfangs stark weißwollig, später kahl, mit 14–16 nach allen Seiten strahlenden, selten kammförmig gestellten, harten, 3–5 mm langen, unterschiedlich z. T. weißen, z. T. braunrot gespitzten, im Alter gelblichen Randdornen und 2 stark stechenden, geraden oder nur wenig abwärts gebogenen, 5–7 mm langen, leuchtend braunroten Mitteldornen. Blüten 3–4 cm lang, bis 6 cm breit, rosakarmin mit dottergelbem und am Grund gelblichweißem Schlund mit purpurnen Narben. Frucht 1,5 cm lang, weich und grün. Heimat: Uruguay.

Notocactus schumannianus (Nicolai) Berger □□
[= ***Eriocactus schumannianus*** (Nic.) Backbg.] *(Eriocactus)* ■■
Anfangs kugeliger, im Alter keulig-zylindrischer, über 1 m langer und 12 cm breiter, niederliegend-aufsteigender, hell-, später dunkelgrüner und im Alter verkorkender Körper mit etwas schiefem, weißwolligem und bedorntem Scheitel und etwa 30 scharfkantigen, gesägten Rippen. Areolen 6–8 mm entfernt, anfangs filzig, mit 4–7 aus verdicktem Grund borstenförmigen, geraden oder etwas gebogenen, anfangs rotbraunen, später grauen, bis 5 cm langen Dornen. Blüten gegen den Scheitel, 4–5 cm lang und etwas breiter, gelb mit gelben Narben. Frucht hellgelbe, fleischige Beere. Heimat: Paraguay, Nord-Argentinien.

Notocactus floricomus (Arech.) Berger **var. rubrispinus** Berger ■□
(Neonotocactus) □□
Zuerst kugeliger, später säuliger, bis 30 cm hoher, 13 cm breiter Körper mit eingesenktem, wolligem Scheitel und 20 in kegelige Höcker unterteilten Rippen. Areolen 3 mm entfernt, mit 20 oder mehr ungleichartigen, abstehenden, weißlichen oder grauen, am Grund rötlichen Randdornen und 4–5 kräftigen, 2–2,5 cm langen, spreizenden bzw. dem mittleren gerade vorstehenden, leuchtendroten Mitteldornen. Blüten zahlreich im Kranz um den Scheitel, 5,5–6 cm lang, gelb. Frucht eiförmig, grünlich. Heimat: Uruguay.

Notocactus leninghausii (F. Haage jr.) Berger □■
[= **Eriocactus leninghausii** (F. Haage jr.) Backbg.] *(Eriocactus)* □□
Einfacher, im Alter am Grund reichlich sprossender, säulenförmiger, bis 1 m hoher, 10 cm dicker, anfangs aufrechter, später oft gekrümmter und fast niederliegender, lebhaft grüner Körper mit meist schiefem, weißwolligem und von goldgelben Dornen überragtem Scheitel und über 30 stumpfen, schwach gekerbten Rippen. Areolen dicht stehend, 4–5 mm entfernt, anfangs dicht weißfilzig, mit 15–20 strahlenförmig schräg vom Körper spreizenden, borstenförmigen, hellhoniggelben, später vergrauenden, 0,5–1 cm langen Randdornen und 3–4 etwas kräftigeren, goldgelben, rückwärts gerichteten, bis 4 cm langen Mitteldornen. Blüten oft zu mehreren in Scheitelnähe, bis 5 cm lang, 6 cm breit, glänzend gelb mit hellgelben Narben. Frucht kreiselförmige, 2 cm dicke Beere. Heimat: Süd-Brasilien.

Notocactus graessneri (K. Schum.) Berger □□
[= **Brasilicactus graessneri** (K. Schum) Backbg.] *(Brasilicactus)* ■□
Einfacher, kugeliger, 5–10 cm hoher und meist etwas breiterer, laubgrüner, von goldgelben Dornen fast verhüllter Körper mit meist schräg abgeplattetem und eingesenktem Scheitel und 50–60 etwas spiralig verlaufenden, niedrigen und fast völlig in warzenartige Höckerchen zerlegten Rippen. Areolen sehr dicht stehend, 3–5 mm entfernt, gelbfilzig, mit sehr zahlreichen, ineinander verflochtenen, dünn nadelförmigen, hellgelben, etwas glasigen Randdornen und bis 6 etwas stärkeren, bis 2 cm langen, goldbraungelben Mitteldornen. Blüten im Kranz um den Scheitel, bis 2,5 cm lang, gelblich- bis smaragdgrün mit blaßgrünen Narben. Frucht klein, rund. Heimat: Süd-Brasilien.

Notocactus haselbergii (F. Haage jr.) Berger □□
[= **Brasilicactus haselbergii** (F. Hge. jr.) Backbg.] *(Brasilicactus)* □■
Einfacher, flachkugeliger, bis 15 cm breiter, hellgrüner, ganz von silbrigweißen, zarten Dornen umhüllter Körper mit etwas schiefem, dicht wollfilzigem und von aufrechten Dornen überragtem Scheitel und 30 oder mehr fast völlig in kleine halbkugelige Höcker aufgelösten Rippen. Areolen 5–7 mm entfernt, weißfilzig, mit 20 oder mehr nadelförmigen, anfangs gelblichen, dann weißen, schräg aufrechten, bis 1 cm langen Randdornen und meist 4 aufrechten, etwas stärker gelblichen Mitteldornen. Blüten um den Scheitel, 1,5 cm lang, 1 cm breit, feuriggelbrot mit dunkelgelben Narben. Frucht erst grüne, dann gelbe, kugelige Beere. Heimat: Süd-Brasilien. (Bild um 90° gedreht.)

Parodia Spegazzini

Einfach oder am Grund sprossend, klein bis mittelgroß, kugelig, seltener kurzsäulig, Rippen oft spiralig, höckerig oder ganz in Warzen aufgelöst. Junge Areolen oft stark wollig behaart, Mitteldorn gerade oder gekrümmt bis hakenförmig. Blüten zahlreich in Scheitelnähe, schmalglockig bis trichterförmig. Perikarpell bei Arten mit Wollscheitel nackt und kahl, sonst Perikarpell und Rezeptakulum mit kleinen, spitzen Schuppen und reicher Behaarung und zum Teil Grannenborsten in den Schuppenachseln. Früchte klein, kugelig bis eiförmig, mit Blütenrest, trocken, behaart, aufplatzend oder rot und stark röhrig verlängert. Samen klein, halbkugelig bis kugelig, mit einer den Samen gewöhnlich an Größe übertreffenden schwammig-korkigen Strophiola. Samenschale glänzend braun, glatt (vgl. *Notocactus!*). – Nach dem Bau der Blüten und vor allem der Samen wird die Gattung in 3 Untergattungen eingeteilt:

Parodia Spegazzini: Blüten trichterig und meist strahlig offen. Perikarpell nackt oder Perikarpell und Rezeptakulum beschuppt mit Wollhaaren und Grannenborsten. Früchte dünnwandig und trocken, Samen außerordentlich zahlreich, sehr klein (0,2 mm Durchmesser), kugelig mit sehr großer Strophiola. Samenschale glatt, braun.

Protoparodia F. Buxbaum: Blüten verschieden gestaltet, Grannenbildung in den Schuppenachseln sehr stark zur Spitze hin gefördert (ausgenommen *P. chrysacanthion*). Früchte dünnwandig und trocken. Samen meist über 0,5 mm Durchmesser, schwarz oder braunschwarz, warzig (*P. columnaris* braun und glatt), Strophiola meist klein.

Obtextosperma F. Buxbaum: Blüten sehr stark behaart, nur oberste Rezeptakulumschuppen mit Grannenborsten. Früchte rot, behaart, röhrenförmig verlängert, Samen nur im unteren Teil. Samen fast 1 mm Durchmesser, halbkugelig mit halbkugeliger Strophiola, ganz von einer braunen Samenmantelhaut überzogen (nur 1 Art: *P. ayopayana*).

Etwa 50 (?) zum Teil sehr variable Arten aus Nord-Argentinien und Süd- bis Mittel-Bolivien in Höhen bis über 4000 m.

Parodia nivosa Frič ex Backbg. *(Parodia)*

Einfacher, kugeliger bis schwach zylindrischer, 15 cm hoher, 8 cm breiter, stumpfgrüner Körper mit dicht weißwolligem Scheitel und spiralig verlaufenden, in Warzen aufgelösten Rippen. Areolen anfangs weißfilzig, mit etwa 18 1 cm langen, reinweißen Randdornen und 4 über Kreuz gestellten, bis 2 cm langen, reinweißen, geraden Mitteldornen. Blüten nahe dem Scheitel, trichterig, 3 cm lang, 2,5–3 cm breit, hell blutrot. Frucht klein. Heimat: Nord-Argentinien.

Parodia sanguiniflora Frič ex Backbg. *(Parodia)*

Einfacher, kugeliger, bis 8 cm großer, frischgrüner Körper mit spiralig gestellten, völlig in Warzen aufgelösten Rippen. Areolen anfangs reich wollig, mit etwa 15 borstenartigen, weißen Randdornen und 4 bräunlichen, bis 2 cm langen Mitteldornen, von denen der unterste hakig gekrümmt ist. Blüten 3–4 cm breit, leuchtend blau- bis karminrot. Heimat: Bolivien.

Parodia catamarcensis Backbg. *(Parodia)*

Anfangs kugeliger, später zylindrischer, zuweilen etwas gebogener, kräftig grüner Körper mit in niedrige, flachrunde Warzen aufgelösten Rippen. Areolen anfangs stark weißwollig, mit 9 dünnen, weißen, strahlenden Randdornen und 4 oft ziemlich derben, rein dunkelroten Mitteldornen, von denen der unterste krallenförmig zum Körper gehakt ist. Blüten hellgelb, mittelgroß. Heimat: Nord-Argentinien.

Parodia mutabilis Backbg. *(Parodia)*

Kugeliger, bis 8 cm breiter Körper, dessen spiralig stehende Rippen ganz in Warzen aufgelöst sind. Areolen mit etwa 50 haarfeinen, weißen Randdornen und 4 kräftigen, zum Teil hakigen, bis 1,2 cm langen, gelben, rot- bis orangebraunen Mitteldornen. Blüten groß, hell- bis goldgelb mit weißem oder rosa Schlund. Ziemlich variable Art mit mehreren Varietäten. Heimat: Nord-Argentinien.

■□ □□

Parodia maassii (Heese) Berger *(Protoparodia)*
Kugeliger bis kurzzylindrischer, bis 20 cm hoher, 7–15 cm breiter, gelblichgrüner Körper mit weißwolligem, von braunen Dornen überragtem Scheitel und 13–21 spiralig gedrehten, gehöckerten, nach unten verflachenden Rippen. Areolen auf den Höckern, weißwollig, mit 8–10(–15) abstehenden, feinen, anfangs honiggelben, später weißlichen, zum Teil gebogenen Randdornen und 4 kräftigeren und am Grund zwiebelig verdickten, abwärts gebogenen und hakig gekrümmten, anfangs hellbraunen, 3(–7) cm langen Mitteldornen. Blüten 3–4 cm lang, 1,5 cm breit, orangerot. Frucht 5–6 mm dick. Heimat: Süd-Bolivien bis Nord-Argentinien.

□■ □□

Parodia comarapana Card. *(Protoparodia)*
Einfacher oder meist sprossender, kugeliger, bis 5 cm hoher, 8 cm breiter Körper mit 18–20 gerade verlaufenden, durch Querfurchen gehöckerten Rippen. Areolen 6 mm entfernt, weißfilzig, mit 18–23 dünnen, nadeligen, geraden, bis 2 cm langen, hellgelben bis weißlichen Dornen. Blüten röhrig, bis 2,5 cm lang, 0,5 cm breit, orangegelb. Frucht kugelig, 8 mm dick, grünlichweiß. Heimat: Bolivien.

□□ ■□

Parodia schwebsiana (Werderm.) Backbg. *(Protoparodia)*
Einfacher, selten vom Grund sprossender, kugeliger, im Alter schwach zylindrischer, bis 12 cm hoher, 7 cm dicker, frischgrüner Körper mit etwas eingesenktem, stark weißwolligem Scheitel und 13–20 schwach gehöckerten, meist gerade herablaufenden Rippen. Areolen 5–7 mm entfernt, anfangs dicht und lang weißwollig, später verkahlend, mit 10 gelblichen bis bräunlichen, 5–7(–12) mm langen, fast geraden oder nur wenig gebogenen Randdornen und einem bis 2 cm langen, schräg nach unten gerichteten, hakig gekrümmten Mitteldorn. Blüten 3 cm lang, nacheinander aus dem wolligen Scheitel erscheinend, leuchtend blutrot. Frucht kugelig, 3–4 mm dick. Heimat: Bolivien.

□□ □■

Parodia chrysacanthion (K. Schum.) Backbg. *(Protoparodia)*
Einfacher, flachrunder, im Alter länglicher, bis 12 cm hoher, 10 cm breiter, hellgrüner Körper, mit etwas eingesenktem, stark wolligem und von goldgelben Dornen überragtem Scheitel und etwa 24 spiralig gestellten, in Warzen aufgelösten Rippen. Areolen 3–5 mm entfernt, flockig weißwollig, mit 30–40 borstenförmigen, dünnen, die mittleren und längeren bis 3 cm langen, gold- oder braungelben Dornen. Blüten aus dem wolligen Scheitel, fast 2 cm lang, 1–2 cm breit, goldgelb. Frucht eiförmige, kleine Beere. Heimat: Nord-Argentinien.

■□
Parodia schuetzjana Jajó *(Protoparodia)* □□
Breitkugeliger, bis 11 cm oder breiterer Körper mit spiralig angeordneten Warzen. Areolen anfangs stark wollfilzig, mit zahlreichen feinen, weißen Randdornen und blaßgelben bis braunen oder roten Mitteldornen, davon einer hakig gekrümmt. Blüten rot, 2 cm lang. Heimat: Nord-Argentinien.

□■
Parodia mairanana Card. *(Protoparodia)* □□
Sprossender, kugeliger, 3–4 cm hoher und 4–5,5 cm breiter, frischgrüner, am Scheitel eingesenkter Körper mit 13–14 in warzenähnliche Höcker zerlegten Rippen. Areolen 8–10 mm entfernt, graufilzig, mit 9–14 spreizenden oder anliegenden, ungleich 3–8–12 mm langen, nadelförmigen, weißlichen oder strohgelben Randdornen und einem nicht hakigen oder 2–3, davon einem gehakten, 1–2 cm langen Mitteldornen. Blüten aus der weißen Scheitelwolle, krugförmig bis kurz trichterig, 3–3,5 cm lang, 2 cm breit, innen gold-, außen dunkelorange und lila gespitzt. Frucht elliptisch, bis 8 mm lang, hell magentarot. Heimat: Bolivien (Prov. Florida).

□□
Parodia ayopayana Card. *(Obtextosperma)* ■□
Einfacher, selten sprossender, kugeliger, 6–8 cm hoher, 6–9 cm breiter, frischgrüner Körper mit 11 etwas scharfkantigen und schwach gehöckerten Rippen. Areolen 12 mm entfernt, anfangs dicht weißfilzig, später vergrauend, mit 10–11 nadelförmigen, waagerecht anliegenden bis etwas kammförmigen, weißlichen, 1,2–2 cm langen Randdornen und 4 spreizenden, pfriemlichen, hellbraunen oder weißlichen, am Grund verdickten, 3–3,5 cm langen Mitteldornen. Blüten zu mehreren aus dem dicht weißwolligen Scheitel, 3 cm lang, goldgelb. Frucht 1–4 cm lang, rötlich. Heimat: Bolivien.

Blossfeldia Werdermann

Abgeplattet-kugelige Körperchen mit Rübenwurzel, durch dichotome Teilung, seitliche Sprossung und Wurzelsprosse oft ansehnliche Polster bildend. Körperchen ohne Rippen und Warzen, Areolen mit winzigen Wollflöckchen, ohne Dornen, spiralig angeordnet. Blüten einzeln oder zu mehreren um die Scheitelmitte, in Größe und Form sehr variabel, glokkig bis spitz zulaufend trichterig. Perikarpell auf ± langem Stielchen, im unteren Teil nackt oder nur mit winzigen Schüppchen mit herablaufenden Podarien und kleinen Haarbüscheln in den Achseln, im oberen Teil und am sehr kurzen Rezeptakulum größere dreiekkige, ziemlich dicke Schuppen, zum Teil ohne Wolle. Früchte kugelig bis schlank-birnförmig, mit Blütenrest, von den herablaufenden Podarien skulpturiert, mit kleinen Haarbüscheln, seitlich aufreißend und zerfließend. Samen winzig, kugelförmig, mit großer schwammiger Strophiola; Samenschale glänzend rotbraun, leicht gefeldert und dicht mit feinen Papillen besetzt. – 1 Art mit einer Reihe von Varietäten in Nord-Argentinien. Die kleinste bekannte Kaktee.

□□
Blossfeldia liliputana Werderm. □■
Winzige, bis 16 mm breite, flache, scheibchenförmige, graugrüne, am schwach vertieften Scheitel dichtfilzige, rippen- und höckerlose Körperchen mit unregelmäßig spiralig angeordneten, dornenlosen Areolen und mehrköpfigem, verdicktem Wurzelstuhl, durch Sprossung kleine Polster bildend. Blüten einzeln aus der Scheitelwolle, 1 cm lang, weißgelblich. Frucht kugelig, 5 mm dick. Heimat: Nord-Argentinien.

Frailea Br. et R.

Kugelige oder kurzzylindrische, oft rasenförmig wachsende Zwergkakteen; Rippen in Warzen geteilt. Areolen mit dünnen Dornen. Blüten nahe dem Scheitel, mittelgroß, trichter- bis glockenförmig, gelb, meist nur in voller Sonne geöffnet, sonst kleistogam. Perikarpell im unteren Teil nackt, im oberen wie das Rezeptakulum mit kleinen Schüppchen und Wollhaaren sowie – mit leichter akrotoner Förderung – einigen Borsten in den Schuppenachseln. Früchte klein, kugelig, erbsengroß, mit Blütenrest und Haaren und Borsten, vertrocknend, dünnwandig und leicht zerbrechend. Samen halbkugelig oder mützenförmig, mit großem, konkavem Hilum, mit oder ohne Strophiola; Samenschale glänzend braun oder schwärzlich, warzig, gelegentlich feinwarzig oder fast glatt mit netzartiger dunklerer Zeichnung. – Etwa 35 Arten aus dem mittleren Süd-Amerika: Paraguay, Argentinien, Uruguay, Bolivien, Süd-Brasilien.

■□
□□

Frailea schilinskyana (F. Haage jr.) Br. et R.
Kugeliger, 2–4 cm hoher und ebenso breiter, hellgrüner, unten grauer Körper mit kegeliger Wurzel, vom Grund ± stark sprossend und von rasenförmigem Wuchs, mit eingesenktem und fast unbewehrtem Scheitel und 10–13 flachen, in 1,5 mm hohe 6seitige bis runde Warzen aufgelösten Rippen. Areolen 2–4 mm entfernt, kaum wollfilzig, mit 12–14 strahlenden, zurückgebogenen und angedrückten, 2–3 mm langen, dünnen, schwarzen, später abfallenden Dornen. Blüten bis 3,5 cm lang, schwefelgelb. Frucht kugelig, 5 mm dick. Heimat: Paraguay, Argentinien.

□■
□□

Frailea horstii Ritter
Schlank zylindrischer, bis 18 cm hoher, 2–2,5 cm breiter, dunkelgrüner Körper mit 20–33 geraden, ganz in rundliche Warzen aufgelösten Rippen. Areolen mit 15–20 gelb- bis rötlichbraunen, 2–3 mm langen Randdornen und 3–6 nur wenig stärkeren, 4–6 mm langen Mitteldornen. Blüten 4 cm lang, 5 cm breit, schwefelgelb, außen mit weißer Wolle und langen, braunen Borsten. Heimat: Brasilien (Rio Grande do Sul).

□□
■□

Frailea gracillima (Monv. ex Lem.) Br. et R.
Zylindrischer, nicht selten seitlich sprossender, bis 10 cm hoher, 2–2,5 cm breiter, aschgraugrüner Körper mit 13 geraden oder schrägen, ganz in rundliche, 2 mm hohe Warzen aufgelösten Rippen. Areolen anfangs weißfilzig, mit bis 16 1–1,5 mm langen, dünnen, leicht gekrümmten und ± angedrückten, wasserhellen Randdornen und meist 2 etwas kräftigeren und dunkleren, abstehenden Mitteldornen. Blüten 3 cm lang, hellgelb, am Grund karminrot, außen weißwollig und braunborstig. Frucht kugelig, 6 mm breit, grünlich, behaart. Heimat: Paraguay.

□□
□■

Frailea colombiana (Werd.) Backbg.
Einfach oder am Grund sprossend und vielköpfig bis polsterbildend; Einzelkörper flachkugelig oder eiförmig, bis 4 cm hoch und breit, mattglänzend laubgrün, mit tief genabeltem, kaum wolligem, von Dornen überdecktem Scheitel und 17–18 geraden oder etwas spiralig verlaufenden, ganz flachen und fast ganz in wenig erhabene Warzen aufgelösten Rippen. Areolen 3–5 mm entfernt, schwach weißbräunlichfilzig, bald verkahlend, mit 16–20 ± horizontal strahlenden, meist kammförmig gestellten, 3–4 mm langen, gelblichen und bräunlich gespitzten, später grauweißen Randdornen und – ohne scharfe Grenze – 2–5 ± vorspreizenden, bis 6 mm langen Mitteldornen. Blüten 2,5 cm lang, 2–2,5 cm breit, rein gelb. Frucht länglich-kugelig, 5 mm dick, grün bis braun, am Grund aufreißend. Heimat: Kolumbien (Westkordilleren).

Frailea castanea Backbg.
(= **Frailea asterioides** Werd.)
Einfacher, flachkugeliger, bis 4 cm hoher, 4,5 cm und breiterer, dunkelrot-schokoladenbrauner, oft auch blau- oder graugrüner Körper mit schlankkegeliger Rübenwurzel und 9–11(–14) sehr niedrigen, flach gewölbten Rippen. Areolen 2,5–3 mm entfernt, mit 7–11 winzigen, 0,5–1,5 mm langen, dunkel- oder schwarzbraunen, abwärts gerichteten und dem Körper angedrückten Dornen. Blüten bis 4 cm lang, über 4 cm breit, blaßgelb. Frucht gelblichgrüne, 1 cm große Beere. Heimat: Brasilien.

Frailea cataphracta (Dams) Br. et R.
Flachkugeliger, stumpfgrüner, am Grund sprossender, bis 4 cm dicker Körper mit eingesenktem Scheitel und 15 niedrigen, in flache Höcker zerlegten Rippen, unterhalb der Areolen durch halbmondförmige, braune oder violette Flecken gekennzeichnet („Mondkaktus"). Areolen 3 mm entfernt, anfangs spärlich wollfilzig, mit meist 5 seitlich und abwärts gerichteten und dem Körper anliegenden, dünnen, bis 2 mm langen, anfangs goldgelben, später vergrauenden Randdornen, ohne Mitteldornen. Blüten 3,8 cm lang und breit, hellgelb. Frucht kugelig, 4 mm dick. Heimat: Paraguay.

Uebelmannia Buining

Einfach, kugelig, später zylindrisch, zum Teil bis 75 cm hoch, aufrecht. Rippen zahlreich, scharf oder in warzenartige Höcker aufgelöst, Areolen meist kräftig bedornt. Blüten in Scheitelnähe, trichterig, gelb. Perikarpell und Rezeptakulum mit einzelnen, sehr kleinen Schüppchen mit reichlich Haaren und wenigen Borsten in den Schuppenachseln. Früchte länglich-zylindrisch, rote oder gelblichgrüne Beeren ohne Blütenrest, mit einigen winzigen Schüppchen mit Haaren und Borsten sowie einem Haar- und Borstenschopf am Scheitel, vertrocknend. Samen mützenförmig; Samenschale glänzendschwarz bis rotbraun, runzelig, gehöckert oder glatt 6eckig gefeldert. – 5 zum Teil etwas variable Arten aus Brasilien (Minas Geraes).

Uebelmannia pectinifera Buining
Einfacher, nicht sprossender, ± zylindrischer, bis 75 cm hoher, bis 15 cm breiter, aufrechter, dunkelrotbrauner, ± von weißen, wachsartigen Schüppchen bedeckter Körper mit 15–18 scharfen Rippen. Areolen einander fast berührend, kurz grauweißfilzig, am Scheitel eine 4 cm breite Wollkappe bildend, später verkahlend, mit 3–4 senkrecht abstehenden, 12–15 mm langen, miteinander verflochtenen, dunkelbraunen bis fast schwarzen, später grauen und schwarz gespitzten, einen senkrecht auf den Rippen stehenden Kamm bildenden Dornen. Blüten schlank-trichterförmig aus dem Wollscheitel, 1,5 cm lang, 1 cm breit, grüngelb. Frucht länglich-birnförmig bis zylindrisch, 1,5–2,5 cm lang, leuchtend karminrot. Heimat: Brasilien.

Uebelmannia buiningii Donald
Einfacher, kurz zylindrischer, bis 8 cm dicker, grünlicher oder rötlichbrauner Körper mit rauher Oberfläche, dessen 18 gerade Rippen in 5 mm voneinander entfernte, abwärts gerichtete Warzen aufgelöst sind. Areolen kaum wollhaarig, mit 4 längeren, über Kreuz stehenden, rotbraunen, später weißen und 2–4 kürzeren, bis 5 mm langen Dornen. Blüten bis 27 mm lang, 20 mm breit, gelb. Heimat: Brasilien.

Astrophytum Lemaire

Einfach, flachkugelig, im Alter kurz säulenförmig (bis 1,5 m hoch), mit wenigen Rippen, ± dicht mit feinen weißen Haarbüscheln bedeckt. Areolen wollig, dornenlos oder mit geraden oder gewundenen Dornen. Blüten groß, trichterförmig, gelb oder gelb mit rotem Schlund. Perikarpell und Rezeptakulum dicht mit schmal-lanzettlichen Schuppen bedeckt, mit langen dichten Wollhaaren in den Schuppenachseln. Frucht mit Blütenrest, halbfleischig, später vertrocknend, mit trockenhäutigen Schuppen und dicht filzig behaart, in verschiedener Weise aufreißend. Samen hutförmig, Saum über den tiefen Krater des Hilums eingekrümmt; Samenschale glänzend dunkelbraun, fast glatt. – 4 Arten mit zahlreichen Varietäten in Nord- und Zentral-Mexiko.

■□
Astrophytum ornatum (DC.) Weber □□

Einfacher, kugeliger, im Alter säuliger, bis 1 m oder höherer, 30 cm breiter, dunkelgrüner, mit spärlichen weißen oder gelben, in sich nach unten verjüngenden Streifen angeordneten Wollflöckchen bedeckter Körper mit 8 geraden oder häufig spiralig gewundenen, stark zusammengedrückten, ± buchtig gekerbten Rippen. Areolen anfangs gelblichweißfilzig, später verkahlend, mit 6–8 seitlich zusammengedrückten, sehr kräftigen, bernsteingelben, später braunen und schließlich vergrauenden, 2–4 cm langen Randdornen und meist einem etwas größeren Mitteldorn. Blüten 7–8 cm lang, kanariengelb, stark seidig glänzend. Frucht fast kugelig, 1,5 cm lang, bis zur Hälfte sternförmig aufspringend. Heimat: Mexiko (Hidalgo, Queretaro).

□■
Astrophytum myriostigma Lem. □□

Kugeliger, im Alter kurzzylindrischer, bis 60 cm hoher, dicht von feinen weißen, strahligen Wollflöckchen bedeckter Körper mit vertieftem Scheitel und gewöhnlich 5, seltener 4–8–10 scharfen, breit dreieckigen Rippen. Areolen wollig, dornenlos. Blüten 4–6 cm lang und breit, seidig glänzend hellgelb. Frucht länglichrund, sternförmig aufspringend. Heimat: Zentral-Mexiko.

□□
Astrophytum capricorne (Dietr.) Br. et R. ■□

Kugeliger, im Alter gestreckter, bis 25 cm hoher, laubgrüner, dicht mit weißen Wollflöckchen besetzter Körper mit 8 scharfen, wenig gekerbten Rippen. Areolen mit 5–10 ± abgeflachten, weichen, unregelmäßig gedrehten, gelben bis schwarzbraunen, 3–7 cm langen, über dem Scheitel zu einem wirren Schopf verwickelten Dornen. Blüten 6–7 cm lang, weit geöffnet, hellgelb, im Schlund karminrot, wohlriechend. Frucht nicht aufspringend, am Grund öffnend. Sehr variable Art. Heimat: Nord-Mexiko.

□□
Astrophytum asterias (Zucc.) Lem. □■

Niedergedrückt halbkugeliger, ganz flacher, bis 5,5 cm hoher, 10 cm breiter, graugrüner, kahler, zerstreut mit weißen Wollflöckchen besetzter Körper mit wenig eingesenktem Scheitel und 7–8 durch scharfe Längsfurchen voneinander getrennten, sehr breiten, ganz flachen Rippen. Areolen graufilzig, völlig dornenlos. Blüten 3 cm lang, strohgelb, im Schlund rostbraun bis karminrot. Frucht graurot, nicht oder am Grund öffnend. Heimat: Nord-Mexiko (Nuevo Leon, Tamaulipas).

Discocactus Pfeiffer

Anfangs ± kugelig, später flach scheibenförmig dem Boden aufliegend. Rippen 5–6, an den Areolen verbreitert und oft warzenartig verlängert. Dornen sehr stark, oft hornförmig. Blüten aus einem echten terminalen, vorzugsweise in die Breite wachsenden Cephalium mit reichlich Haaren und borstenförmigen, spitzen Dornen; vegetatives Wachstum auch nach Ausbildung des Cephaliums durch zwischengeschaltetes (interkalares) Ringmeristem um das Cephalium mit Bildung neuer Rippenpodarien noch möglich. Blüten groß, trichterig bis stieltellerförmig, nächtlich und stark duftend, weiß bis rosa. Perikarpell klein, nackt, schlanker unterer Teil des Rezeptakulums nackt oder mit wenigen winzigen Schüppchen besetzt, trichterförmiger oberer Teil mit lanzettlichen, in die äußeren Blütenblätter übergehenden, ± zurückgekrümmten Schuppenblättern. Frucht birnförmig, kurzgestielt, gelbe, grüne, weiße oder rote Beere, später vertrocknend und in der Cephalium-

wolle versteckt, Blütenrest später abfallend, Stielchen der Frucht mit dichten, langen Haaren. Samen etwa kugelförmig, mit großem, ± geradem Hilum; Samenschale schwarz, igelartig mit kurzen konischen Warzen besetzt. – 12 Arten aus Brasilien, Paraguay, Ost-Bolivien.

■□
Discocactus silicicola Buining et Brederoo □□
Flachkugeliger bis kugeliger, 15 cm breiter, 5 cm hoher, gräulichgrüner Körper mit 10 geraden, in Höcker aufgelösten Rippen. Areolen mit 3–5(–6) cremefarbenen, später braungrauen Randdornen (einem nach unten gerichteten, bis 4 cm langen und je 2 seitlichen, bis 2,7 cm langen), ohne Mitteldorn; an älteren Pflanzen noch 2 kleine Dornen an der Oberkante der Areolen. Cephalium relativ schmal, 2,5 cm breit, 2 cm hoch, mit weißer Wolle und braunen bis grauen, vorwiegend am Rand bis 3 cm herausragenden Borsten. Blüten bis 7 cm lang, 3,5–4 cm breit, weiß, streng riechend. Heimat: Brasilien (Mato Grosso).

□■
Discocactus horstii Buining et Brederoo □□
Flachkugeliger, bis 6 cm breiter, 2 cm hoher, braungrüner Körper mit 15–22 rundlichen Rippen. Areolen 4–5 mm entfernt, anfangs weißfilzig, später kahl, mit kammförmig anliegenden, etwas gebogenen, ± keulenförmigen, braunen, später grauweißen, 3–3,5 mm langen Dornen (3–4 Paaren an den Seiten und einer gerade nach unten gerichtet). Cephalium bis 2 cm breit, 1,5 cm hoch, weißwollig mit einzelnen braunen, bis 2 cm langen Borsten, am Rand von senkrecht nach oben stehenden, bis 1 cm langen, steifen, braun gespitzten Dornen umgeben. Blüten bis 7,5 cm lang, 6 cm breit, weiß. Frucht zylindrisch, 30 mm lang, 4 mm dick, weiß. Heimat: Brasilien (Minas Geraes).

Melocactus Link et Otto

Kugelige bis verlängerte, oft große Kakteen mit deutlichen Rippen und meist kräftiger Bedornung und einem ausgedehnten oberflächlichen Wurzelsystem. Blüten aus einem echten endständigen, das vegetative Wachstum abschließenden Cephalium, das einen später zylindrischen, dichten, rötlichen bis schwärzlichen Woll- und Borstenschopf bildet, der eine Länge von bis zu 1,5 m erreichen kann. Blüten klein, röhrenförmig, wenig aus dem Cephalium vorstehend, meist rosa bis rot, gelegentlich violett, tagblütig, nicht duftend. Perikarpell und Rezeptakulum durch eine Einschnürung voneinander getrennt, kahl oder manchmal mit wenigen kleinen Schüppchen, gefärbt. Früchte länglich-keulenförmig, beerenartig, mit Blütenrest, korallen- oder karminrot bis weißlich oder violettrot. Samen verkehrt eiförmig, mit abgestutztem Hilum; Samenschale glänzendschwarz, ± warzig. – Etwa 30 ziemlich variable Arten (etwa 300 beschrieben) aus Mittel-Amerika bis Peru und Brasilien.

□□
Melocactus neryi K. Schum. ■□
Flachkugeliger, 10–11 cm hoher, 13–14 cm breiter, dunkelgrüner Körper mit 10 geraden, etwas gehöckerten und durch breite Furchen getrennten Rippen. Areolen 2–2,5 cm entfernt, mit 7–9 geraden oder nach oben gebogenen, stielrunden, bis 2,7 cm langen, grauen, dunkel gespitzten Randdornen. Cephalium 5 cm hoch, 7 cm breit mit weißer Wolle und 2 cm langen, roten Borsten. Blüten 22 mm lang, 8–10 mm breit, karminrot. Frucht keulenförmig, 18 mm lang, hellkarminrot. Heimat: Brasilien (Amazonas).

□□
Melocactus delessertianus Lem. □■
Kugeliger, bis 10 cm hoher, 9 cm breiter, graugrüner Körper mit 15 geraden oder leicht spiralig verlaufenden, manchmal querfaltigen Rippen. Areolen etwas graufilzig, mit 9–10 kräftigen, pfriemlichen, etwas zum Körper gebogenen, 1,5–2 cm langen, graurosa, rötlichbraun gespitzten Randdornen und 2 untereinander stehenden, stärkeren, bis 2,8 cm langen Mitteldornen. Cephalium 4 cm hoch, 5 cm breit, mit weißer Wolle und orangeroten Borsten. Blüten 2,5 cm lang, purpurrosa. Frucht 3 cm lang, purpurn. Heimat: Mexiko.

Melocactus azureus Buining et Brederoo
Einzelner, bis 17 cm hoher, 14 cm breiter, azurblau bereifter Körper mit 9–10 senkrechten, ziemlich scharfen und zwischen den Areolen etwas erhöhten Rippen. Areolen anfangs kurz weißfilzig, bald vergrauend und verkahlend, mit meist 7 Randdornen (einem nach unten gerichteten 4 cm langen und seitlichen 3–3,5 cm langen) sowie einigen kleineren, bis 18 mm langen, nach oben gerichteten Nebendornen und 1(–3) bis 2,5 cm langen Mitteldorn. Alle Dornen sehr kräftig, grauweiß, dunkelbraun gespitzt. Cephalium bis 3,5 cm hoch, 7 cm breit mit reinweißer Wolle und feinen, roten Borstenhaaren. Blüten röhrenförmig, 14 mm lang, 4,5 mm breit, karminrot, oben dunkler. Frucht umgekehrt keulenförmig, 20 mm lang, 7 mm breit, glänzend rosaweiß. Heimat: Brasilien (Bahia).

Melocactus albicephalus Buining et Brederoo
Einzelner, bis 12 cm hoher, 15 cm breiter, grüner Körper mit 9–10 ziemlich scharfen Rippen, zwischen den Areolen mit scharfen, beilförmigen, vorgezogenen Höckern. Areolen weißwollig, bald verkahlend, mit meist 9 Randdornen (einem senkrecht stehenden, 4,5 cm langen, je 3 seitlichen, 2–3 cm langen und 2 oberen, 4–7 mm langen) sowie 1(–2) 3 cm langen Mitteldorn. Alle Dornen sehr kräftig, oft etwas gebogen, anfangs hellbraun, bald hellgraurosa und hellbraun gespitzt. Cephalium 4 cm hoch, bis 7,5 cm breit, mit dichter, weißer Wolle und erst im unteren Teil sichtbar werdenden roten Borsten. Blüten 23 mm lang, 10 mm breit, karminrot, oben dunkler. Frucht keilförmig, 23 mm lang, 9 mm breit, glänzendkarminrot. Heimat: Brasilien (Mittel-Bahia).

Melocactus giganteus Buining et Brederoo
Einfacher, bis 50 cm hoher, 20 cm breiter, grüner Körper mit 15, häufig nach links gedrehten Rippen. Areolen erst graufilzig, dann kahl, mit 8 spreizenden, etwas gebogenen, 11–18 mm langen Randdornen und einem 15–17 mm langen, am Fuß 4 mm dicken, schräg aufwärts gebogenen Mitteldorn. Alle Dornen sehr kräftig, anfangs braunrosa, später graubraun. Cephalium bis 26 cm lang, 9 cm breit, mit weißer Wolle und roten Borsten. Blüten röhrenförmig, 6–8 mm lang, leuchtend lila. Frucht 18 mm lang, 7 mm breit. Heimat: Brasilien (Bahia).

Melocactus zehntneri (Br. et R.) Werd.
Einzelner, bis 18 cm hoher, 15 cm breiter, grüner Körper mit 12–16 ziemlich scharfen, zwischen den Areolen stark beilförmig vorgezogenen Rippen. Areolen anfangs gelblich-graufilzig, später kahl, mit 8 strahlenden 20 mm langen, oft etwas abgeplatteten und auf der Oberseite der Länge nach gerieften Randdornen und einem schräg nach oben abstehenden, 17–22 mm langen Mitteldorn. Alle Dornen kräftig, ± stark zum Körper gebogen, erst hornfarbig, dann braun und später violettgrau und dunkelbraun gespitzt. Cephalium 10 cm hoch, 8,5 cm breit, mit weißer Wolle und roten Borsten. Blüten röhrenförmig, 18 mm lang, 8 mm breit, violett. Frucht keulenförmig, 12 mm lang, 4,5 mm breit, rosarot. Heimat: Brasilien (Bahia).

Tribus VIII Echinocereae (Br. et R.) F. Buxbaum

Wilcoxia Br. et R.

Schlanktriebige Zwergsträucher mit rübenförmigen oder knolligen Wurzeln. Triebe nicht länger als 60 cm, wenig verzweigt. Rippen sehr flach, Areolen mit zarten Dornen und Haaren oder nur mit dichten Haaren. Blüten ansehnlich, in Scheitelnähe seitlich oder echt endständig, röhrig-flachglockig, tagsüber offen. Perikarpell und unterer Teil des Rezeptakulums dicht, oberer Teil lockerer mit winzigen, am Rezeptakulum lanzettlichen und in die Blütenblätter übergehenden Schuppen mit vorspringenden Podarien besetzt, in den Schuppenachseln Borstendornen und Haare. Früchte länglich-ei- bis birnförmig, saftig beerenartig, mit später abfallendem Blütenrest und abfälligen Dornbüscheln, Samen klein, fast kugelig, mit vorspringendem, großem basalem Hilum; Samenschale schwarz, warzig, mit großen, rundlichen Gruben. – 4(?) Arten aus Süd-Texas und Nord-Mexiko.

Wilcoxia tuberosa (Poselger) Berger [= **Wilcoxia poselgeri** (Lem) Br. et R.]
Aufrechte oder anliegende, 30–60 cm hohe Sträucher mit knollig verdickten Wurzeln und sehr schlanken, stielrunden, 7–15 mm dicken, dunkelgrünen, 8rippigen Ästen. Areolen weißfilzig, mit 9–12 strahlenden, geraden, dünnen, weißen, 2 mm langen Randdornen und einem nach oben gerichteten, pfriemlichen, 4–5 mm langen, weißen oder dunkleren bis schwarzen Mitteldorn. Blüten end- oder seitenständig, fast radförmig, 4,5–5 cm lang, 3 cm breit, hellpurpurn, Blütenblätter mit dunklerem Mittelstreifen. Frucht eiförmig, 1,5 cm lang, 1 cm dick, grün. Heimat: USA (Texas), Mexiko (Coahuila).

Wilcoxia albiflora Backbg.
Kleiner, reich verzweigter Strauch mit 15–20 cm langen, 6 mm dicken, fast zylindrischen, leuchtend grünen Trieben. Areolen mit 9–12 winzigen, 1 mm langen, angepreßten, borstenförmigen, weißen Dornen. Blüten endständig und seitlich, 2 cm lang, 2,5 cm breit, weiß bis zartrosa mit dunklerem, grünlich-bräunlichem Schlund. Frucht oval, 15 mm lang, 8 mm breit, olivgrün, mit Blütenrest und etwa 20 leicht abfallenden Dornareolen, später vertrocknend. Heimat: Wahrscheinlich Nord-Mexiko.

Echinocereus Engelmann

Niedrige, kugelige bis kurzsäulige, aufrechte oder verlängerte, niederliegende, häufig vom Grund reichverzweigte und dichte Rasen oder Klumpen bildende, weichfleischige Säulen. Rippen zum Teil tief warzig gegliedert. Areolen sehr verschiedenartig bedornt, in der Färbung mitunter periodisch wechselnd. Blüten meist nahe dem Scheitel über einer Areole durch die Epidermis brechend, sehr groß, kurz-, seltener lang-trichterförmig oder schmal- bis breitglockig, rosa bis rot, scharlach- bis purpurviolett oder gelb bis grünlichweiß. Perikarpell und Rezeptakulum ± dicht mit Schuppen besetzt; alle Schuppenareolen mit nadelförmigen Dornen, Haaren und Filz, Narbenstrahlen meist smaragdgrün. Frucht kugelig bis eiförmig, mit Blütenrest, meist purpurrot oder grün, beerenartig, unregelmäßig aufspringend, Stachelbüschel leicht abfällig. Samen schief eiförmig bis fast kugelig, mit vertieftem, basalem Hilum; Samenschale schwarz, kugelwarzig, selten runzelig mit ansehnlichen Zwischengruben. – Nach Bau und Verzweigung der Sprosse werden 3 Reihen unterschieden:
Subinermes: Aufrecht, mäßig sprossend oder reichlicher verzweigt und rasenförmig. Wenig vorspringende Rippen, Areolen ohne oder nur mit wenigen dünnen Dornen.
Prostrati: Vom Grund sehr reichlich sprossend und rasenförmig. Äste niederliegend und aufsteigend, Areolen mit stark stechenden Dornen (dazu 5 Unterreihen).
Erecti: Vom Grund reichlich sprossend und rasenförmig, Zweige meist aufrecht und viel kräftiger als bei den *Prostrati.* Immer reich bedornt (dazu 2 Unterreihen).
Etwa 60 Arten aus Mexiko und dem Südwesten der USA. In Abhängigkeit vom Standort außerordentlich variabel, so daß sicher eine Reihe von „Arten" zusammengefaßt werden muß.

Echinocereus subinermis Salm-Dyck *(Subinermes)*
Einfacher, selten sprossender, anfangs kugeliger, später säuliger, 10–15(–20) cm hoher, am Grund 7–9 cm breiter, im Neutrieb lebhaft grüner, später bläulich- und dunkelgrüner Körper mit 5–8, oben durch schwache Furchen getrennten, oft etwas querrunzeligen Rippen. Areolen mit 6–8 dünnen, gelblichen, bis 5 mm langen Randdornen und einem ebensolchen Mitteldorn. An älteren Areolen nur 3–4 kegelige, 1 mm lange Dornen. Blüten aus dem oberen Teil des Körpers, meist zu mehreren, 7 cm lang und breit, reingelb. Frucht olivenförmig, 2 cm lang, 1,3 cm breit, dunkelgrün. Heimat: Mexiko.

Echinocereus pulchellus (Mart.) K. Schum. *(Subinermes)*
Kurz zylindrischer, 4 cm dicker, oft bis 10 cm langer, blaugrüner, später grauer Körper von rasenförmigem Wuchs mit 12–13 niedrigen, durch Querfurchen ± in Warzen abgeteilten Rippen. Areolen mit 3–4 strahlenden, schwach gebogenen, nur wenige mm langen, gelblichen, zuletzt grauen Dornen. Blüten 4 cm lang, trichterig, weißlich bis tiefrosa. Heimat: Mexiko.

■□
□□

Echinocereus salm-dyckianus Scheer *(Prostrati)*
Am Grund sprossende, dichte Rasen bildende, aufsteigende, 15–20 cm lange, 2–2,5 cm dicke, dunkelgrüne Triebe mit 7–9 geraden oder etwas spiralig gedrehten, etwas gebuchteten Rippen. Areolen 5–8 mm entfernt, anfangs gelbfilzig, mit 8–9 gelblichen, rötlich gespitzten, 7 mm langen Randdornen und einem bis 1,5 cm langen, pfriemlichen, hornfarbenen oder roten Mitteldorn. Blüten seitlich, einzeln oder zu mehreren, 10–12 cm lang, 5–6 cm breit, röhrig-trichterig, karottenfarben, erst am Abend voll geöffnet. Frucht fast kugelig, 2 cm dick, grün. Heimat: Mexiko (Chihuahua, Durango).

□■
□□

Echinocereus berlandieri (Engelm.) Palmer *(Prostrati)*
Reich verzweigte, niederliegende oder aufstrebende, 6–10 cm lange, 1,3–2 cm dicke, hell- bis dunkler grüne Äste mit 5–6 spiralig gedrehten, fast ganz in kegelige Warzen aufgelösten Rippen. Areolen 1–1,5 cm entfernt, mit 6–8 strahlig abstehenden, borstenförmigen, 8–10 mm langen, durchscheinend weißen oder hellbraunen Randdornen und einem gelbbraunen, bis 2 cm langen Mitteldorn. Blüten seitlich, breittrichterförmig, 6–8 cm lang, schön karminrosa. Frucht eiförmig, 2–2,5 cm lang, 1,5 cm dick, grün. Heimat: USA (Texas), Mexiko.

□□
■□

Echinocereus pentalophus (DC.) Lem. *(Prostrati)*
Am Grund reich verzweigte, rasenförmige, halb niederliegende, frischgrüne, bisweilen rötlich überhauchte, fingerdicke, bis 15 cm lange Triebe mit meist 5 geraden oder etwas spiralig gedrehten, gebuchteten und in Warzen zerlegten Rippen. Areolen 1 cm entfernt, mit 3–5 strahlenförmigen, bis 7 mm langen nadelförmigen, bräunlichen, dann weißlichen und dunkler gespitzten Randdornen und einem etwas dunkleren und kräftigeren, 1 cm langen Mitteldorn. Blüten 10–12 cm lang, 8 cm breit, radförmig-trichterig, karminrot bis violett mit hellerem Grund. Frucht oval, 1–1,5 cm lang, grün. Heimat: USA (Texas), Nord-Mexiko.

□□
□■

Echinocereus enneacanthus Engelmann *(Prostrati)*
Am Grund sprossende, dicht und unregelmäßig rasenförmige, aufstrebende, 7–20 cm lange, 3–3,5 cm dicke, weichfleischige, hell- oder dunkelgrüne Triebe mit 8–10 geraden, durch breite Querfurchen in Höcker zerlegten und durch scharfe Längsfurchen getrennten Rippen. Areolen 8–15 mm entfernt, mit 7–12 (meist 8) strahlig abstehenden, weißen, am Grund zwiebelig verdickten, ungleich 2–15 mm langen Randdornen und 1(–3) geraden, etwas dunkleren und kräftigeren, bis 4 cm langen Mitteldorn. Blüten seitlich, breit-trichterförmig, 4,5–6 cm lang, 7 cm breit, schön rot. Frucht kugelig, 2–2,2 cm dick, grün, etwas rötlich. Heimat: USA (Texas, Neu-Mexiko), Mexiko (Chihuahua, Coahuila).

■□
Echinocereus ferreirianus Gat. *(Erecti)* □□
Sprossende, bis 30 cm hohe, bis 8 cm dicke Triebe mit 9–13 höckerigen Rippen. Areolen mit 9–13 strahlenden, nadeligen, bis 2 cm langen, grauen bis braunen Randdornen und einigen, 3–5 cm langen Mitteldornen, von denen der unterste, längste vorgestreckt bis herabgezogen ist. Blüten bis 6 cm lang, 4 cm breit, rosa, außen braun bis purpurrosa. Frucht kugelig. Heimat: Mexiko (Niederkalifornien).

□■
Echinocereus stramineus (Engelm.) Rümpler *(Erecti)* □□
Vielhundertköpfige, riesige, bis 1 m hohe, 2 m breite Kolonien bildend. Eiförmige bis zylindrische, 10–20 cm lange, 4–6 cm dicke, frischgrüne, stark bedornte und am Scheitel von langen Dornen überragte Triebe mit 11–13 stumpfen, durch scharfe Furchen getrennten und gebuchteten Rippen. Areolen 8–25 mm entfernt, mit 7–10 abstehenden, 2–3 cm langen Randdornen und 3–4, 5–9 cm langen Mitteldornen; Dornen anfangs rosenrot, dann strohgelb und zuletzt weiß. Blüten weit trichterförmig, 8–12 cm lang, purpurn. Frucht fast kugelig, 3–4 cm dick, purpurrot. Heimat: USA (Texas, Neu-Mexiko), Nord-Mexiko (Chihuahua).

□□
Echinocereus fendleri (Engelm.) Rümpler *(Erecti)* ■□
Vom Grund sprossende, aufrechte, 10–20 cm hohe, 5–7,5 cm dicke, nach oben etwas verschmälerte Triebe mit 9–12 geraden oder gewundenen, durch Querfurchen etwas höckerig geteilten Rippen. Areolen 8–15 mm entfernt, mit 5–10 abstehenden, 1–2 cm langen, geraden oder leicht gekrümmten, helleren oder dunkleren, oft schwarzbraunen Randdornen und einem am Grund zwiebelig verdickten, meist dunkleren, bis 4,5 cm langen Mitteldorn. Blüten bis 8 cm lang, 10–12 cm breit, hell- bis tiefkarminviolett. Frucht eiförmig, 3 cm lang, eßbar. Heimat: Nord-Mexiko bis USA (Texas, Arizona, Utah).

□□
Echinocereus viridiflorus var. davisii (A. D. Hought.) Marsh. *(Erecti)* □■
Sehr kleine, kugelige, niemals zylindrische, bis 1,5 cm hohe, fast stets einzelne Körper mit 6–7 nicht sehr niedrigen Rippen. Areolen mit 9–12 gebogenen bis leicht angedrückten, bis 6 mm langen, weißen, braun gespitzten Randdornen, ohne Mitteldorn. Blüten 2,5 cm lang, grüngelb. Frucht kugelig, 1 cm lang. Heimat: USA (Texas).

■□
Echinocereus pectinatus (Scheidw.) Eng. *(Erecti)* □□
Aufrechter, meist unverzweigter, 10–15 cm hoher, 3–6 cm dicker, fast vollständig von den Dornen eingehüllter Trieb mit bis 23 geraden, stumpfen Rippen. Areolen dichtstehend, mit 16–30 kammförmig gestellten, bis 9 mm langen, weißen oder rosa überflogenen Randdornen und 2–6 kurzen, kegelförmigen, in einer Reihe stehenden Mitteldornen. Blüten 6–8 cm lang, tief rosa. Frucht kugelig, 2–3 cm dick. – In der Farbe der Dornen sehr variable Art, von Weiß über Gelblich bis Purpurrot. Heimat: Zentral-Mexiko (San Luis Potosí bis Chihuahua).

□■
Echinocereus melanocentrus Lowry *(Erecti)* □□
Kurz zylindrischer, bis 4 cm dicker Körper mit 12 niedrigen, in Höcker unterteilten Rippen. Areolen mit etwa 17 braunen, im Scheitel schwärzlichen Randdornen, ohne oder nur gelegentlich mit kurzen Mitteldornen. Blüten radförmig, bis 6 cm breit, purpurn mit viel dunklerer Mitte. Heimat: USA (Texas).

□□
Echinocereus chloranthus (Engelm.) Rümpler *(Erecti)* ■□
Wenig sprossende, aufrechte, zylindrische, 5–7 cm dicke, bis 15 cm hohe Triebe mit 13–18 niedrigen, geraden oder spiraligen, gehöckerten Rippen. Areolen 12 mm entfernt, kreisrund, mit 12–20 derb nadelförmigen, abstehenden, später kammförmig nach beiden Seiten gerichteten, 1 cm langen, weißen, rot gespitzten Randdornen und 3–4 in einer Reihe übereinander stehenden, ungleich 2–3 cm langen, weißen oder roten Mitteldornen. Blüten 2–3 cm lang, wenig geöffnet, bräunlichgrün. Frucht fast kugelig. Heimat: Nord-Mexiko, USA (Südwest-Texas und Südost-Neu-Mexiko).

□□
Echinocereus longisetus (Engelm.) Rümpler *(Erecti)* □■
Vom Grund verzweigte, anfangs dunkelgrüne, später mehr gelbliche, bis 20 cm lange, bis 4,5 cm dicke Triebe mit 11–14 Rippen. Areolen 1 cm entfernt, mit 15–25 borstendünnen, lockeren, nicht ineinander verflochtenen, weißen bis leicht getönten, 1,5 cm langen Randdornen und 5–7 weißen, dunkler gespitzten, am Grund bräunlichen und verdickten, bis 4 cm langen Mitteldornen. Blüten bis 6 cm lang und breit, hellpurpurn. Heimat: Mexiko (Coahuila).

Tribus IX Cacteae F. Buxbaum

Echinocactus Link et Otto (*einschl. Homalocephala* Br. et R.)

Meist sehr große, einfache oder vom Grund reich verzweigte kugelige bis kurzsäulige (einige bis 1 m Durchmesser und 3 m hoch werdend) oder flachkugelige bis scheibenförmige Körper mit meist sehr zahlreichen scharfen, gelegentlich gehöckerten Rippen. Dornen außerordentlich kräftig, oft abgeplattet, quergestreift, oft sehr bunt. Areolen meist bis zur nächst höheren durch eine mit Filz gefüllte Rinne verlängert, Scheitel dicht wollfilzig. Blüten im Kranz tief in der Scheitelwolle sitzend, glockig bis glockig-trichterig, gelb oder rosa. Perikarpell und Rezeptakulum bilden zusammen eine Einheit, entweder ein sehr dickwandiges Rezeptakulum oder einen kreiselförmigen, in der Nektarrinne vertieften Körper, dicht mit länglichen spitzen Schuppen besetzt und mit dicht langhaarigen Wollmassen in den Schuppenachseln; auch äußere Blütenhüllblätter mit Stachelspitzen. Griffel dick, mit Längsrillen. Frucht dicht wollig, mit dem vertrockneten Blütenrest, trocken und an der Basis abbrechend und offen oder fleischig und verkahlend und unregelmäßig aufplatzend. Samen groß, kreis- bis nierenförmig oder verkehrt eiförmig, ± zusammengedrückt; Samenschale glänzend- oder mattschwarz bis dunkelbraun, glatt oder feinwarzig und faltig. – Nach dem Bau der Körper und der Blüte wird die Gattung in 2 Untergattungen eingeteilt.
Echinocactus: Sehr groß, kugelig bis säulig (einfach oder gruppenbildend), Blüten gelb, Früchte dicht wollig, trocken, am Grund abbrechend.
Homalocephala: Kleiner, scheibenförmig, Blüten rosa, Früchte bald vertrocknend und abbrechend oder fleischig, verkahlend und aufplatzend.
6 Arten, zum Teil mit mehreren Standortformen aus dem Süden der USA und Mexiko.

Echinocactus grusonii Hildm. *(Echinocactus)*
Anfangs breitkugeliger, im Alter kurzzylindrischer, bis 80 cm breiter, bis 1,3 m hoher, lebhaft grüner, im Scheitel weißwolliger Körper mit 20–27, an jungen Pflanzen gehöckerten, später geraden, durch scharfe Längsfurchen getrennten, scharfkantigen Rippen. Areolen 1–2 cm entfernt, mit dichtem, gelbem Wollfilz, mit 8–10 schräg abstehenden, pfriemlichen, bis 3 cm langen, anfangs goldgelben, später blasseren Randdornen und 4 über Kreuz gestellten, gekrümmten, breiteren, bis 5 cm langen Mitteldornen. Blüten zahlreich aus dem Wollfilz des Scheitels, trichterig, 4–6 cm lang, 5 cm breit, seidiggelb, nur in voller Sonne geöffnet. Frucht längliche bis kugelige, dünnhäutige, 12–20 mm lange Beere. Neben der Normalform gibt es auch eine rein weißdornige Form. Heimat: Zentral-Mexiko.

Echinocactus platyacanthus Link et Otto *(Echinocactus)*
Sehr großer, kugeliger, später säulig verlängerter, 1–2 m (oder höherer), 0,5–1 m dicker, graugrüner Körper mit stark wolligem Scheitel und zahlreichen (bis 40) schmalen Rippen. Areolen länglich, oben sich fast berührend, ältere getrennt oder zusammenfließend, mit 4–8 kräftigen, geraden, gelben bis braunen, 3–5 cm langen Randdornen und 1–4 geraden, 4–8 cm langen Mitteldornen. Blüten zahlreich, 2–5 cm lang, gelb. Frucht eiförmig bis zylindrisch, 3–5 cm lang. – Die als eigene Arten unter den Namen *E. ingens* Zucc., *E. grandis* Rose, *E. palmeri* Rose und *E. visnaga* Hook. beschriebenen Arten dürften nur Standortformen von *E. platyacanthus* sein; höchstens *E. visnaga* könnte wegen seiner länglichen Früchte als Varietät von *E. platyacanthus* gelten. Heimat: Mexiko.

Echinocactus texensis Hopff.
[= ***Homalocephala texensis*** (Hopff.) Br. et R.] *(Homalocephala)*
Flachkugeliger, 10–15 cm hoher, bis 30 cm breiter, dunkelgrüner, am wolligen Scheitel eingesenkter Körper mit 13–27 hohen, scharfen Rippen. Areolen weit entfernt, weißfilzig, mit 6 abstehenden oder zurückgekrümmten, etwas abgeflachten, 1–4 cm langen, rötlichen, geringelten Randdornen und einem stark abgeflachten und geringelten, 3–6 cm langen Mitteldorn. Blüten breitglockig, 5–6 cm lang und breit, seidigrosa und gelblich, am Grund rötlich; Blütenblätter am Rand fein wimperig gefranst. Frucht eiförmig, bis 4 cm dick, rot, anfangs saftig, dann trocken. Heimat: USA (Texas, Neu-Mexiko,) Nord-Mexiko.

Echinocactus horizonthalonius Lem. *(Homalocephala)*
Kugeliger bis kegelförmiger blaugrüner, bis 25 cm hoher Körper mit schwachfilzigem, von Dornen überragtem Scheitel und 8–10 breiten, stumpfen Rippen. Areolen 1,5–2 cm entfernt, mit 7–8 sehr derben, geraden oder schwach gebogenen, bis 3 cm langen, bernsteingelben Randdornen. Blüten aus dem Scheitel, trichterförmig, 5,5 cm lang, 6 cm breit, blaß- bis rosarot, wohlriechend. Frucht zylindrisch bis ellipsoidisch, 3 cm lang, rot. Heimat: USA (West-Texas, südl. Neu-Mexiko bis Arizona), Nord-Mexiko.

Sclerocactus Br. et R.

Einzeln, selten sprossend, kugelig bis länglich, einzelne zylindrisch, bis 45 cm hoch werdend, Rippen gerade oder spiralig gestellt, stark buchtig bis ± warzig. Areolen etwas verlängert, mit Wollfilz, später verkahlend, Dornen zahlreich, Mitteldornen zum Teil abgeflacht und blattartig, gerade oder schwachgekrümmt. Blüten meist zu mehreren um den Scheitel, breit glockig-trichterig, weiß, rosa, grünlichrot oder purpurn. Perikarpell und Rezeptakulum dickfleischig, mit vereinzelten derbfleischigen Schuppen mit kantigen Podarien und spärlichen Haaren in den Schuppenachseln. Früchte zylindrisch, kugelig oder keulig mit Blütenrest, grünrosa, rot oder purpurn, dünnwandig, vertrocknend, mit einzelnen Schuppen und Haaren, basal abbrechend. Samen halbkugelig, abgeflacht; Samenschale schwarz, feinwarzig. – 6 Arten aus den USA.

Sclerocactus polyancistrus (Eng. et Big.) Br. et R. ■□ □□
Einfacher, kugeliger bis zylindrischer, 8–40 cm hoher, 5–10 cm breiter Körper mit 13–17 stumpfen Rippen. Areolen gelblich-wollfilzig, mit 10–15(–20) weißen, 1–2,5 cm langen Randdornen und 6–8, 3–12 cm langen Mitteldornen, die oberen abgeflacht, weiß, die anderen rund, dunkelrötlich und oft angelhakig gebogen. Blüten trichterförmig, bis 8 cm lang, 5 cm breit, rosapurpurn. Frucht langzylindrisch, 3,5 cm lang, 1,6 cm dick, frischgrün. Heimat: USA (Kalifornien, Nevada).

Sclerocactus intermedius Peebl. □■ □□
Eiförmig-zylindrischer, bis 20 cm hoher Körper mit 13 niedrigen, leicht spiraligen Rippen. Areolen mit 12 weißen, geraden oder gedrehten Randdornen und 4 über Kreuz gestellten, 3–5 cm langen Mitteldornen (obere abgeflacht, weißlich, untere 4kantig, oft gehakt, rötlich). Blüten 4–5 cm lang, purpurn. Heimat: USA (Arizona).

Ancistrocactus Br. et R.

Einzeln, seltener gruppenbildend, kugelig bis gestreckt, mit halsartiger Einschnürung über einer Rübenwurzel. Rippen fast vollkommen in Warzen aufgelöst. Areolen mit einem angelhakenförmigen Mitteldorn. Blühfähige Areolen mit einer wolligen Furche bis zur Mitte oder Basis der Warzen. Blüten nahe dem Scheitel, klein, glockig-trichterig, grünlichgelb oder rötlich. Perikarpell mit wenigen sehr kleinen, nackten Schuppen, Rezeptakulum-Schuppen in die Blütenblätter übergehend. Frucht kleine, eiförmige, grüne Beere mit Blütenrest. Samen verkehrt eiförmig; Samenschale fast schwarz bis braun, sehr feinwarzig. – 4 Arten in Süd-Texas und Nord-Mexiko.

Ancistrocactus scheerii (Salm-Dyck) Br. et R. □□ ■□
Kugeliger bis keulenförmiger, 5–8 cm hoher, 3–7 cm breiter, grüner bis bläulichgrüner Körper mit 13 geraden oder etwas schiefen, fast ganz in warzenförmige Höcker aufgelösten Rippen. Areolen mit 11–18 nadelförmigen, 8–10 mm langen, weißlichen oder gelblichen Randdornen und 3–4 stärkeren, 2–5 cm langen Mitteldornen (davon der unterste hakig gekrümmt). Blüten aus der Furche hinter der Areole, 2,2 cm lang, grünlichgelb und unscheinbar. Frucht kleine, grüne Beere. Heimat: USA (Süd-Texas) und Nord-Mexiko.

Hamatocactus Br. et R. (*einschl. Glandulicactus* Backbg.)

Einzeln, kugelig bis kurzzylindrisch, Rippen an den Areolen vorgezogen, bis fast warzig. Dornen meist lang, ein oder mehrere Mitteldornen angelhakenförmig. Blühfähige Areolen in eine ± lange Furche verlängert, aus der Drüsendornen und die Blüte entspringen. Blüten ansehnlich, glockig- bis schlank-trichterig und weit offen, gelb bis purpurn. Perikarpell und Rezeptakulum gleichmäßig mit nackten Schuppen bedeckt, die allmählich in die äußeren Blütenblätter übergehen. Früchte klein, länglich bis fast kugelig, scharlachrot, saftig mit angepreßten Schüppchen und Blütenrest. Samen schief breitoval bis fast kugelig, mit basalem Hilum; Samenschale glänzendschwarz, flachwarzig. – Die Gattung wird in 2 Untergattungen gegliedert. *Hamatocactus* Br. et R.: Rippen an den Areolen nur wellig erhöht, mit kurzer Areolenfurche. Blüten schlank-trichterförmig mit sehr langen Blütenhüllblättern. – *Glandulicactus* (Backbg.) F. Buxbaum: Rippen an den Areolen ausgeprägt höckerig bis warzig erhöht. Areolenfurche stark verlängert. Blüten breit-trichterig mit kurzen Blütenhüllblättern. Dazu noch Unterschiede im Bau des Samens. 3 Arten in Nord- und Zentral-Mexiko und Süd-Texas.

Hamatocactus setispinus (Engelm.) Br. et R. *(Hamatocactus)* □□ □■
Kugeliger bis kurzzylindrischer, 10–20 cm hoher, 8–12 cm breiter, frisch- bis bläulichgrüner, weichfleischiger Körper mit 13 wellig gebogenen und gehöckerten Rippen. Areolen mit 12–15 nadelförmigen, strahlenden, bis 4 cm langen, braunen oder weißen Randdornen und 1–3 kräftigeren, hakig gekrümmten, dunkelbraunen Mitteldornen. Blüten sehr reichlich nahe am Scheitel, 5,5–7 cm lang, trichterförmig, gelb mit rötlichem Schlund. Frucht kugelig – eiförmig, 6–18 mm dick, rot. Heimat: Mexiko, Südost-USA. Das Bild zeigt *H. setispinus* var. *cachetianus*.

Hamatocactus uncinatus (Gal.) F. Buxbaum ■□
[= **Glandulicactus uncinatus** (Gal.) Backbg.] *(Glandulicactus)* □□
Länglicher oder kurzzylindrischer, 10–20 cm hoher, blaugrüner Körper mit meist 13 durch scharfe Querbuchten gehöckerten Rippen. Areolen weißfilzig, mit 7–8, 2,5–5 cm langen Randdornen (obere gerade, etwas abgeflacht, strohfarben, untere spreizend, rund und hakig, purpurn) sowie 1–4 kantigen, oft bis 12 cm langen, aufrechten, hakig gekrümmten, unten gelben, oben roten Mitteldornen. Blüten vom Grund der von der Areole zum Grund des Höckers verlaufenden Furche, 2–2,5 cm lang, rötlichbraun. Frucht klein, länglich-eiförmig, 1,5–2,5 cm lang. Heimat: USA (West-Texas) bis Zentral-Mexiko.

Echinomastus Br. et R.

Einfach, kugelig bis länglich, Rippen in Höcker aufgelöst, Areolen mit ± langer Furche, dicht bedornt. Blüten aus den Furchen um den Scheitel, einzeln oder zu mehreren, trichterig-glockig, weißlich, rosa bis purpurn. Perikarpell und Rezeptakulum mit nackten Schuppen bedeckt. Frucht kugelig bis zylindrisch, vertrocknend, nach Abfallen des Blütenrestes am Grund oder seitlich aufreißend. Samen ei- oder nierenförmig, mit großem, vertieftem, ventralem Hilum; Samenschale glänzend braun bis schwarz, sehr feinwarzig. 8 Arten aus USA und Nord-Mexiko.

□■
Echinomastus macdowellii (Reb.) Br. et R. □□
Kugeliger oder länglicher, 8–13 cm hoher und breiter, hellgrüner, fast völlig von weißen, glasartigen Dornen eingehüllter Körper mit 20–25 in 5–7 mm hohe, kegelige, am Grund rhombische Warzen geteilten Rippen. Areolen anfangs reich wollig, mit 15–20 weißen, glashellen, bis 1,5–2 cm langen, allseitig strahlenden und verflochtenen Randdornen und 3–4 strohgelben, 3–5 cm langen Mitteldornen. Blüten 4 cm groß, rosenrot. Heimat: Mexiko (Nueva Leon und Coahuila).

□□
Echinomastus intertextus (Engelm.) Br. et R. ■□
Kugeliger bis eiförmiger, bis 10 cm hoher, 7 cm dicker Körper, am eingesenkten Scheitel mit kurzem, dichtem Wollfilz, von schrägen Dornen überdeckt, mit 13 geraden oder etwas schiefen, durch Querfurchen gegliederten Rippen. Areolen 8–11 mm entfernt, anfangs reich weißwollfilzig, mit 16–25 horizontal strahlenden und verflochtenen, 9–15 mm langen, geraden, am Grund weißen, oben rötlichen und braunen Randdornen und 4 aufrechten, bis 2 cm langen Mitteldornen (der unterste viel kürzer, 2–4 mm lang, gerade vorgestreckt). Furche hinter der Areole kurz, wollig. Blüten am Scheitel zusammengedrängt, kurz trichterförmig, 2–2,5 cm lang und breit, purpurrot. Frucht kugelige, 8–10 mm dicke, trockene, grüne Beere. Heimat: USA (Südwest-Texas, Südost-Arizona), Nord-Mexiko.

□□
Echinomastus erectocentrus (Coulter) Br. et R. □■
Kurzzylindrischer, von Dornen fast ganz verhüllter, 7–20 cm hoher, bis 10 cm breiter, blaß-bläulichgrüner Körper mit 15–20 niedrigen, gehöckerten Rippen. Areolen mit 13–15 spreizenden, nadelförmigen, 13 mm langen, weißen Randdornen und 1–2 aufwärts gerichteten, bis 25 mm langen, rötlichen bis purpurnen Mitteldornen. Blüten meist zu mehreren um den Scheitel, breit-trichterig, 2–4 cm lang, 4 cm breit, rosa mit dunklerer Mitte. Frucht kurzzylindrisch bis fast kugelig, 1 cm lang und dick. Heimat: USA (Arizona).

Thelocactus (K. Schum.) Br. et R. (*einschl. Gymnocactus* Backbg. p. p.)

Meist einfach, flachkugelig, kugelig bis verlängert, mittelgroß. Rippen in Warzen unterteilt. Areolen an der Warzenspitze mit ± langer wolliger Furche, dichtbedornt. Dornen sehr verschiedenartig. Blüten dicht am Scheitel aus der Furche, breit-trichterig bis glockig, groß, weiß, rosa-karmin oder gelblich. Perikarpell und Rezeptakulum dicht dachziegelartig mit großen, nackten Schuppen bedeckt, die allmählich in die äußeren Blütenhüllblätter übergehen (bei abgeleiteten Formen Perikarpell nackt, nur Rezeptakulum mit einigen Schuppen). Frucht tonnen- bis eiförmig, trocken, wie das Perikarpell beschuppt, mit Blütenrest, mit basaler Öffnung oder auch seitlich aufreißend. Samen länglich-eiförmig, mit großem, basalem Hilum; Samenschale glänzendschwarz bis dunkelrotbraun, warzig. – 25 Arten aus Mexiko und den südlichen USA.

■□
Thelocactus lophothele (Salm-Dyck) Br. et R. □□
Kugeliger bis kurzsäuliger, bis 25 cm hoher und breiter, frisch- bis graugrüner Körper auf dicker Rübenwurzel, mit eingesenktem, wolligem Scheitel und 15–20 schmalen, an den Areolen zu 2 cm langen Warzen verdickten Rippen. Areolen 4–5 cm entfernt, mit 3–5 schräg abstehenden und etwas gekrümmten, bis 4 cm langen, bernsteingelben, unten rotbraunen Randdornen und 0–1 bis 4,5 cm langen Mitteldorn. Blüten aus scheitelnahen Areolen, trichterig, 4 cm lang, 5 cm breit, außen grün mit rotem Mittelstreif, innen hellgelb mit rotem Mittelstreif. Frucht etwas tonnenförmig, 10 mm lang, 8 mm breit, grün. Heimat: Mexiko (Chihuahua).

□■
Thelocactus hexaedrophorus (Lem.) Br. et R. □□
Kugeliger, bis 15 cm hoher und breiter, blau- bis graugrüner, am Scheitel dichtwolliger Körper mit 13 ganz in große, plumpe, ± 6seitige Warzen zerlegten Rippen. Areolen mit 4–9 geraden, 12–22 mm langen, fein geringelten, gelblichweißen, dunkler gespitzten Randdornen und einem stärkeren, bis 3 cm langen, aufrechten Mitteldorn. Blüten einzeln oder zu mehreren am Scheitel, glockig-trichterig, 3,5–6 cm lang, bis 8 cm breit, außen rosarot, weiß gerandet, innen weiß. Frucht tonnenförmig, 10 mm lang, 6 mm breit, hellbraun. Heimat: Mexiko (San Luis Potosí, Tamaulipas).

□□
Thelocactus bicolor (Galeotti) Br. et R. ■□
Kugeliger bis kurzzylindrischer oder kegeliger, bis 20 cm hoher, 6–8 cm breiter, blau- oder graugrüner, am eingesenkten Scheitel weißwollfilziger und von Dornen überragter, sehr stark bedornter Körper mit 8 geraden oder etwas schiefen, durch Querfurchen in 1,5 cm hohe Höcker gegliederten Rippen. Areolen mit 9–18 spreizenden, bis 3 cm langen, weißlichen, im Neutrieb rubinroten und bernsteingelb gespitzten Randdornen und meist 4 bis 5 cm langen, roten, gelb gespitzten Mitteldornen. Blüten trichterförmig, 5–6 cm lang und breit, purpurfarben. Frucht 1 cm lang, rotbraun. Heimat: Zentral-Mexiko.

□□
Thelocactus schwarzii Backbg. □■
Länglich-kugeliger, 6 cm hoher, 5,5 cm breiter, blaugrüner Körper mit 13 fast völlig in 13 mm lange und 9 mm breite Warzen aufgelösten Rippen. Areolen mit 13–14 horizontal spreizenden, gegen den Körper gekrümmten, gelblichen, unten roten, bis 17 mm langen Randdornen (der oberste gegen die Spitze gekrümmte abgeflacht, bis 27 mm lang). Ohne Mitteldorn. Blüten bis 8,5 cm breit, rötlich-purpurn mit scharlachrotem Schlund. Frucht rundlich, 12 mm breit, braunviolett. Heimat: Mexiko (Tamaulipas).

■□
□□

Thelocactus leucacanthus (Zucc.) Br. et R.

Vom Grund oder seitlich sprossend, Polster bildend. Einzelkörper kurzzylindrisch mit dikker Rübenwurzel, 10–15 cm hoch, 6–8 cm breit, hellgrün, mit 8–13 etwas spiralig gedrehten, gleichmäßig dicken, warzig geteilten Rippen. Areolen auf den Höckern, mit 7–20 strahlenden, bis 2,5 cm langen, anfangs hellgelben, später weißen bis grauen Randdornen und einem geraden, kräftigeren, 4–5 cm langen Mitteldorn. Blüten 5 cm lang, fein gezähnelt, hellgelb. Heimat: Mexiko (Zimapan, Ixmiquilpan).
(Die Zugehörigkeit zu *Thelocactus* erscheint fraglich.)

□■
□□

Thelocactus knuthianus (Boedeker) Kladiwa
[= ***Gymnocactus knuthianus*** (Boed.) Backbg.]

Einfach oder vom Grund sprossend. Einzelkörper kugelig, bis 6 cm breit, glänzend dunkelgrün, am eingesenkten Scheitel etwas wollig und von Dornen bedeckt, mit über 20, vollständig in 9 mm lange, kegelförmige Warzen aufgelösten Rippen. Areolen weißwollig, mit 18–20 silberweißen, dünn-nadelförmigen, etwas zum Körper gebogenen, 8 mm langen Randdornen und einem bis 10 mm langen, nach oben gebogenen Mitteldorn. Axillen kahl. Blüten sehr zahlreich im Scheitel, flach-trichterig, bis 2,5 cm lang und breit, hell-lilarosa. Frucht eiförmig, 7 mm lang, 5 mm breit, glänzendgrün bis braun. Heimat: Mexiko.

Normanbokea Kladiwa et F. Buxbaum

Meist einfache, seltener sprossende kugelige bis längliche Zwergkakteen mit in Schrägzeilen stehenden Warzen. Areolen länglich bis stark verlängert, Randdornen ± kammförmig, in 2 seitlich ausgebreiteten Reihen, weich, fiederig. Keine Mitteldornen. Blüten aus dem oberen Ende der verlängerten Areole, schmal- bis breittrichterig, weiß- bis violettrosa. Perikarpell nackt, Rezeptakulum gefärbt, von kleineren, nackten Schuppen bedeckt. Frucht kreisel- bis tonnenförmig, mit Blütenrest, trocken, am Grund oder seitlich aufspringend. Samen verlängert kugel- bis eiförmig, mit weit vorgezogenem basalem Hilumsaum; Samenschale schwarz oder dunkelrotbraun, warzig. – 2 Arten aus Mexiko.

□□
■□

Normanbokea valdeziana (Möller) Kladiwa et F. Buxbaum
[= ***Gymnocactus valdezianus*** (Möll.) Backbg.]

Einfacher, selten sprossender, kugeliger bis länglicher, bis 3,5 cm hoher, 3,3 cm breiter Körper auf kräftiger Rübenwurzel. Warzen mattglänzend blaugrün, 3 mm lang, am Grund 4kantig, oben stark abgestutzt, mit etwa 30, anfangs kreis-, dann kammförmig stehenden, horizontalen bis etwas zurückspreizenden 1,5–2 mm langen, fast haarförmigen, weißen Dornen. Axillen kahl. Blüten einzeln oder mehrere im Scheitel, bis 2 cm lang, trichterig, lilarosa. Frucht kreiselförmig, 7 mm lang, 6 mm dick. Heimat: Mexiko (Coahuila).

□□
□■

Normanbokea pseudopectinata (Backbg.) Kladiwa et F. Buxbaum
(= ***Pelecyphora pseudopectinata*** Backbg.)

Kugeliger bis länglicher, nicht sprossender, dunkelgrüner, bis 6 cm hoher und 4,5 cm breiter Körper. Warzen am Grund fast 4kantig, nach oben ganz flachgedrückt. Areolen 5 mm lang, 0,6 mm breit, mit 28 oder mehr kammartig nach beiden Seiten stehenden, 1,5 mm langen, glasigweißen, leicht gegen den Körper gebogenen Dornen. Blüten zu 1–3 aus dem Scheitel, 2 cm lang, hellweißrosa, Blütenblätter mit kräftigem violettrosa Mittelstreif. Frucht kreiselförmig, dunkelolivgrün, 10 mm lang. Heimat: Mexiko (Tamaulipas).

Pediocactus Br. et R. (*einschl. Pilocanthus* B. W. Benson et Backbg., *Utahia* Br. et R., *Navajoa* Croizat, *Toumeya* Br. et R.)
Einzeln oder sprossend, kugelig bis länglich, Rippen in spiralig gestellte Warzen aufgelöst. Dornen zahlreich, sehr verschiedenartig. Blüten einzeln oder zu mehreren in Scheitelnähe, glockig, weiß, rosa oder grünlichgelb. Perikarpell und Rezeptakulum dickfleischig, Perikarpell nackt oder ±, meist am oberen Rand, ebenso wie das Rezeptakulum von fleischigen, kahlen Schuppen besetzt. Früchte kugelig bis eiförmig oder kurzzylindrisch, hellrosa, grün bis grünlichgelb, mit basaler Abbruchöffnung oder unregelmäßig der Länge nach aufplatzend, mit abfallendem oder bleibendem Blütenrest. Samen kugelig bis eiförmig; Samenschale schwarz, ± stark warzig. – 6 Arten in den USA.

Pediocactus paradinei B. W. Benson ■□
[= ***Pilocanthus paradinei*** (B. W. Bens.) B. W. Bens. et Backbg.] □□
Kugeliger, 2,5–5 cm hoher, 2,5–8 cm breiter, grüner bis bläulichgrüner Körper auf schlank kegelförmiger, bis 15 cm langer Rübenwurzel, mit in 5 mm lange und 3 mm dicke Warzen aufgelösten Rippen. Areolen mit 20 haarartigen, biegsamen, 2,5–7 cm langen, weißen Randdornen und 4–6 kaum unterscheidbaren, oben braunfleckigen Mitteldornen. Blüten aus den Warzen der vergangenen Vegetationsperiode um den Scheitel, glockig, 19–22 mm lang bzw. breitglockig und kürzer (16 mm lang), weiß, Blütenblätter mit rosa Mittelstreif. Frucht eiförmig, 10 mm lang, 6 mm dick, trocken. Heimat: USA (Nord-Arizona).

Pediocactus knowltonii L. Benson □■
[= ***Pediocactus bradyi*** L. Bens. ***var. knowltonii*** (L. Bens.) Backbg.] □□
Sehr kleiner, einfacher oder wenig sprossender, bis 3,8 cm hoher, 1,9 cm breiter Körper mit zylindrischen, kegeligen oder pyramidenförmigen, 1,5–2,5 mm langen Warzen. Areolen mit 18–23 dichten, randständigen, kammförmig gespreizten und etwas gebogenen, 1–2 mm langen, weißen oder rosaroten, schließlich weißgrauen Dornen. Blüten gedrungen glockig, 15 mm lang, 9 mm breit, rosa. Frucht kreiselförmig, 5 mm lang, schmutzigweiß, dunkelkarminrot getönt. Heimat: USA (Colorado, Neu-Mexiko).

Pediocactus papyracanthus (Engelm.) L. Benson □□
[= ***Toumeya papyracantha*** (Eng.) Br. et R.] ■□
Meist einzelner, bis 10 cm hoher, 2,5 cm breiter, matt dunkelgrüner, von der Spitze zur Wurzel sich stark verjüngender Körper mit fast ganz in 5 mm hohe Warzen aufgelösten Rippen. Areolen anfangs wollig, mit 8–9 horizontal strahlenden, bis 4 mm langen, weißen Randdornen und 3–4 flachen und papierartig biegsamen, weißen bis braunen Mitteldornen (2–3 aufwärts gerichtet, bis 2 cm lang, einer vorgestreckt und abwärts gebogen, bis 5 cm lang). Blüten einzeln in Scheitelnähe, 2,9 cm lang, 1,25 cm breit, elfenbeinweiß. Frucht kugelig. 4–5 mm dick, bräunlichrot. Heimat: USA (Neu-Mexiko).

Pediocactus peeblesianus (Croiz.) L. Benson □□
(= ***Navajoa peeblesiana*** Croiz.) □■
Kleine, meist einfache, selten verzweigte, kugelige bis kurz zylindrische, 2,5–7 cm hohe, bis 2,5 cm breite, blaugrüne, tief im Boden steckende Körper mit kugeligen bis ± zylindrischen Warzen. Areolen mit dickem, faserigem Filzpolster und 3–5 zum Körper gekrümmten Randdornen (der längste nach abwärts gerichtet) und einem aufwärts gekrümmten, über den Scheitel gebogenen, 5–15 mm langen Mitteldorn. Alle Dornen biegsam, korkig, zum Teil mit Querfurchen und -rissen, hornfarben, später vergrauend. Blüten 1,7 cm lang, weißlich mit rosa Mittelstreif. Frucht kreiselförmig, 8–10 mm lang, halbtrocken, mit Blütenrest. – Dazu 2 Varietäten. Var. *fickeiseniae* L. Benson: meist verzweigt, Mitteldorn bis 3,5 cm lang, aufgerichtet abstehend, stark einwärts gebogen und über dem Scheitel zusammengekrümmt, Blüten gelb. – Var. *maianus* L. Benson: unverzweigt, ohne Mitteldorn, oberster, längster Randdorn etwas zur Mitte gerückt. Blüten gelb. Heimat: USA (Arizona).

Neolloydia Br. et R. (*einschl. Gymnocactus* Backbg. pp., *Cumarinia* F. Buxbaum, *Rapicactus* F. Buxbaum et Oehme)

Kugelig oder zylindrisch, einzeln oder am Grund sprossend und polsterbildend oder auf dicker Rübe aufsitzender, am Ende keulenförmiger und sprossender Langtrieb. Rippen in zylindrische oder kegelige, spiralig gestellte Warzen aufgelöst, diese mit einer kurzen oder bis zur Axille reichenden Furche. Axillen ± dicht kurzhaarig, Randdornen zahlreich, oft kammförmig angeordnet, Mitteldornen gelegentlich hakenförmig. Blüten in Scheitelnähe aus dem axillennahen Ende der Furche, groß, trichterig oder trichterig-glockig, grünlichgelb, gelblichrosa, gelb oder rot bis purpurn. Perikarpell nackt oder mit 1–3 Schüppchen, Rezeptakulum mit einigen Schuppen, mit oder ohne Wollhaare in den Achseln, Frucht kugelig bis keulig, nackt oder mit wenigen Schüppchen, beerenartig oder dünnwandig und papierartig vertrocknend, am Grund und seitlich aufreißend, Blütenrest abfallend. Samen verkehrt-eiförmig oder gekrümmt-eiförmig; Samenschale glänzend schwarz, glatt oder ± stark warzig. – Etwa 8 Arten von Mexiko bis Texas, 1 Art in Kuba.

Neolloydia odorata (Boedeker) Backbg. ■□
[= ***Cumarinia odorata*** (Boed.) F. Buxbaum] □□
Vom Grund sprossend und rasenbildend, einzelne Sprosse kugelig bis etwas verlängert, bis 3 cm breit, am Scheitel ohne Wolle, von Dornen überragt. Warzen zylindrisch, 10 mm lang, 4 mm dick. Areolen mit 7–9 dünnen, nadelförmigen, 8–10 mm langen, weißlichen, dunkelbraun gespitzten Randdornen und 3–4 stärkeren, spreizenden, 20–25 mm langen, an der Spitze hakig gebogenen, honiggelben bis rot- oder schwarzbraunen Mitteldornen. Blüten aus dem axillennahen Ende der Furche scheitelnaher Warzen, 15–20 mm lang, 10 mm breit, schmaltrichterig, hell gelblichrosa. Frucht klein, blaßgrün bis schwach rötlich. Heimat: Mexiko (Tamaulipas und San Luis Potosí).

□■
Neolloydia conoidea (DC.) Br. et R. □□
Einzelne, im Alter am Grund sprossende, kegelige bis zylindrische, 7–10 cm hohe, 5–7 cm breite, hell- bis gelblichgrüne Körper. Warzen ziemlich locker gestellt, eiförmig. Areolen mit 13–20 dünnen, steifen, strahlenden, 6–13 mm langen, glasigweißen, dunkelbraun oder schwarz gespitzten, im Alter vergrauenden Randdornen und 1–6 spreizenden, geraden oder etwas gebogenen, dunkelbraunen, 2–3 cm langen Mitteldornen. Blüten 3 cm lang, bis 6 cm breit, violettrot. Frucht ei- bis keulenförmig, 10 mm lang, 8 mm breit, hellgrün bis rötlich getönt. Heimat: USA (Texas) und Ost-Mexiko.

Neolloydia smithii (Muehlenpfordt) Kladiwa et Fittkau [= **Gymnocactus** □□
beguinii (Web.) Backbg. ***var. smithii*** (Muehlenpfordt) Backbg.] ■□
Kugeliger bis zylindrischer, 12 cm langer, 7–9,6 cm breiter, laub- bis bläulichgrüner Körper mit 21 fast ganz in 6 mm hohe, stumpfkegelige Warzen aufgelösten Rippen. Areolen 1,5–2 cm entfernt, anfangs weißflockig, mit 20–27 weißen, bis 1,6 cm langen, zum Körper gebogenen Randdornen und 3–4 weißen, bräunlich bis schwarz gespitzten Mitteldornen (3 aufgerichtet, 1 vorgestreckt), bis 2,5 cm lang. Furche 5–6 mm lang, mit weißem Wollfilz. Blüten 3,5 cm lang, rötlich. Frucht kugelig, 8 mm dick. Heimat: Mexiko.

Neolloydia subterranea (Backbg.) H. E. Moore □□
[= ***Rapicactus subterraneus*** (Backbg.) F. Buxbaum et Oehme] □■
Auf dicker Rübe aufsitzender, bis 10 cm langer, 2–4 mm dicker Halsteil mit am Ende keulenförmig verdicktem, blattgrünem, 2,5–5 cm langem, bis 3 cm dickem, sprossendem Körper. Rippen in symmetrische, 4kantige, leicht spiralig gestellte, bis 5 mm hohe Höcker aufgelöst. Areolen mit etwa 16 strahlenden, 2–6 mm langen, glasigweißen Randdornen und 2 schwarzbraunen, bis 2 cm langen Mitteldornen (der obere dem Körper anliegend, der untere starr abstehend). Blüten aus den Axillen des Scheitels, trichterig, 3 cm lang, 3,5 cm breit, hellviolett. Frucht kugelig, 5 mm dick, weinrot. Heimat: Nord-Mexiko.

Coloradoa Boissevain et Davidson

Klein, kugelig bis kurzzylindrisch, meist einfach, selten sprossend, Rippen meist spiralig, in grobwarzige Höcker zerteilt. Areolen in eine kurze, wollige Furche auslaufend. Blüten einzeln oder zu mehreren um den Scheitel, glockig-trichterig, meist groß, gelblich bis grünlichgelb. Perikarpell nackt oder oben mit wenigen Schüppchen. Rezeptakulum mit wenigen kahlen Schuppen bedeckt. Frucht kurzzylindrisch bis tonnenförmig, nackt, mit Blütenrest, trocken, unregelmäßig aufreißend. Samen nierenförmig, mit ausgeprägtem Kamm; Samenschale schwarz bis braunschwarz, flachwarzig. – 1 Art in USA (Colorado und Neu-Mexiko).

■□ □□

Colorado mesae-verdae Boissevain et Davidson

Einzelner, selten sprossender, 3,8–17,5 cm hoher, 3,8–8 cm breiter, blaß- bis graugrüner Körper mit 13–17 in Warzen aufgelösten Rippen. Areolen mit 8–10 ungleichmäßig spreizenden, aufrechten oder leicht gebogenen, bis 12 mm langen, strohfarbenen Randdornen und meist einem kleineren, geraden oder hakigen, 10–12 mm langen, grauen, dunkler gespitzten Mitteldorn. Blüten bis 3,5 cm lang, 2,5 cm breit, gelblich mit hellgrünem Schlund. Frucht 4–5 mm lang, 6–8 mm dick, grün. Heimat: USA (Colorado, Neu-Mexiko).

Turbinicarpus F. Buxbaum et Backbg.

Kleine, kugelige bis kurzzylindrische, zuweilen am Grund sprossende Pflanzen. Warzen niedrig. Areolen oft mit gebogenen oder gedrehten, zum Teil papierartigen, biegsamen Mitteldornen. Blüten einzeln oder zu mehreren um den Scheitel, trichterförmig, weiß bis rosa oder gelblich. Perikarpell mit einzelnen Schuppen, selten mit wenigen Wollhaaren und Borsten in ihren Achseln, meist nackt und kahl. Rezeptakulum blumenkronartig mit vereinzelten kahlen Schuppen, meist nackt. Frucht kugelig bis eiförmig, beerenartig, später trocken, gelegentlich mit vereinzelten Schuppenresten, sonst nackt, am Grund oder seitlich aufreißend, mit abfallendem oder bleibendem Blütenrest. Samen eiförmig, oft mit deutlichem Kamm; Samenschale schwarz, warzig. – 5 zum Teil variable Arten aus Mexiko.

□■ □□

Turbinicarpus macrochele (Werdermann) Buxbaum et Backbg.

Einzelner, gelegentlich sprossender, flach- bis halbkugeliger, dunkelgrüner bis karminbrauner Körper auf rübenartiger Wurzel. Axillen ohne Haare. Areolen anfangs weißwollig, mit meist 4(–5) ungleich 1,5–2,5(–4) cm langen, ziemlich stark gebogenen und ± zusammengedrückten, über dem Scheitel dicht verflochtenen, gelblichen, dunkelbraun gespitzten Dornen. Blüten 2–3 cm lang, 3,5 cm breit, weiß mit rosa Hauch. Frucht kugelig, 6–7 mm lang, 4–5 mm breit. Heimat: Mexiko (San Luis Potosí).

□□ ■□

Turbinicarpus lophophoroides (Werdermann) F. Buxbaum et Backbg.

Gedrückt-halbkugeliger oder kegelförmiger, 2,5–3,5 cm hoher, 4–4,5 cm breiter, dunkelgrüner Körper auf starker Rübenwurzel, am Scheitel dichtweißwollig und von Dornen durchsetzt, mit völlig in lockerstehende, breite Warzen aufgelösten Rippen. Areolen anfangs weißwollig, mit 2–3(–4) kräftig nadelförmigen, oft etwas gegen den Körper gebogenen, 4–8 mm langen, fast schwarzen Randdornen und einem gerade aufgerichteten, bis 1 cm langen Mitteldorn. Blüten 3,5 cm breit, seidigweiß mit schwachem rosaviolettem Schimmer. Frucht hellgrüne Beere. Heimat: Mexiko (San Luis Potosí).

□□ □■

Turbinicarpus krainzianus (Frank) Backbg.

Kurzzylindrischer, einfacher, im Alter gelegentlich sprossender, dunkelgrüner, 3–4 cm hoher, 2–3 cm breiter Körper auf dicker Rübenwurzel, mit weißwolligem, von verbogenen Dornen überragtem Scheitel und 11 spiraligen, ganz in Warzen aufgelösten Rippen. Areolen anfangs weißwollig, später verkahlend, mit 6–8 drahtig gewundenen, biegsamen, nicht stechenden, 12–30 mm langen, anfangs gelblichbraunen , später vergrauenden und dunkel gespitzten Dornen. Blüten aus dem Scheitel, engtrichterig, 2 cm lang, cremegelb bis fast weiß, außen grünlichgelb. Frucht nackt, eiförmig bis kugelig, anfangs grün, später von oben rötlich, mit trockenem Blütenrest. Heimat: Mexiko.

Strombocactus Br. et R.

Flachkugelig bis sehr kurzsäulig, Scheitel eingesenkt, Rippen ganz in Warzen aufgelöst. Warzen flach, rhombisch, dachziegelartig in Spiralzeilen angeordnet. Areolen mit einigen borstenförmigen, später abgestoßenen Dornen. Blüten in Scheitelnähe, trichterförmig, weiß bis gelblich. Perikarpell nur oben mit wenigen Schuppen, Rezeptakulum beschuppt. Frucht trocken, fast kahl, an den Seiten unregelmäßig aufspringend. Samen winzig klein (0,3 mm Durchmesser), fast kugelig, mit großem Samenmantel; Samenschale glänzend rotbraun, mit einzeln stehenden buckeligen Warzen. – 1 Art in Mexiko.

■■
□□

Strombocactus disciformis (DC.) Br. et R.

Einfacher, gedrückt-kugeliger oder sehr kurzsäuliger, blau- oder graugrüner, 2–3, manchmal bis 8(–18) cm hoher, 3–8,5 cm breiter Körper mit spiralig verlaufenden, ganz in Warzen aufgelösten Rippen. Warzen rhombisch, flachgewölbt oder niedrig pyramidenförmig, 10–18 mm breit, dachziegelartig übereinander greifend. Areolen klein, anfangs weißwollig, mit 4–5 borstenförmigen, bis 15 mm langen, aufrechten, meist bald abfallenden Dornen. Blüten in Scheitelnähe, trichterförmig, 2,5–3 cm lang, weiß bis gelblichweiß. Frucht 7 mm lang, schmutzigbraun. Heimat: Mexiko (Hidalgo und Queretaro).

Aztekium Boedeker

Klein, flachkugelig mit rübenförmigem Wurzelstuhl, über dem Grund sprossend, graugrün, sehr langsam wachsend. Warzen an der Stirnfläche hornartig verdickt, im Laufe des Wachstums gegeneinander gepreßt und seitlich abgeflacht und so 9–11 Scheinrippen sowie durch seitliche Berührung der von benachbarten Scheinrippen stammenden stark verbreiterten Warzen niedrigere Nebenrippen bildend; Scheinrippen mit den dicht übereinander stehenden Areolen und die areolenlosen Nebenrippen faltig quergefurcht; Areolen filzig mit 1–3 kurzen, gewundenen, bald abfallenden Dornen. Blüten im Scheitel, klein, stieltellerförmig (aus schlank zylindrischer Röhre trichterig erweitert und flach geöffnet), weißlich bis hellrosa. Perikarpell und das deutlich abgesetzte, schlank zylindrische, petaloide Rezeptakulum nackt, unterer Teil in der Scheitelwolle versteckt. Frucht sehr klein, beerenartig, flaschenförmig, rosa, in der Scheitelwolle verborgen und dort zerfallend. Samen klein, verlängert halbkugelig, mit mächtiger Strophiola am basalen Hilum; Samenschale schwarz, sehr großwarzig. – 1 Art aus Mexiko und Guatemala, an senkrechten Schieferwänden.

□□
■■

Aztekium ritteri (Boedeker) Boedeker

Flachkugeliger, am Grund sprossender, graugrüner, 5 cm breiter, 3 cm hoher Körper auf kurzer Rübenwurzel, mit 9–11 dichtgefurchten und quergefalteten Rippen aus zusammengepreßten Warzen sowie areolenlosen Nebenrippen. Areolen dichtgestellt, fast ein durchlaufendes Filzband bildend; die jüngeren mit 1–3 gewundenen, bald abfallenden, 3–4 mm langen Dornen. Blüten aus dem Scheitel, glockig-trichterig, 10 mm lang, 8 mm breit, weiß, rot gezeichnet. Frucht sehr kleine, rosa Beere. Heimat: Mexiko (Nueva León), Guatemala.

Lophophora Coulter

Flachkugelige, später kurzzylindrische Kakteen mit kräftiger Rübenwurzel, einfach oder reichlich sprossend und polsterbildend, blau-graugrün, matt. Scheitel eingesenkt und von gelblich-grauer Areolenwolle erfüllt. Rippen 5–13, breit gerundet, gerade oder etwas spiralig, durch Querfurchen gefeldert bis fast in flache Warzen zerlegt. Areolen nur in der Jugend mit wenigen kleinen Dornen, später nur mit einem pinselförmigen Büschel gelblicher oder schmutzigweißer Haare. Blüten oft zu mehreren aus scheitelnahen Areolen, nur mit dem oberen Teil aus der Scheitelwolle hervortretend, schlank-trichterförmig, rosa bis karmin, weiß oder gelblich. Perikarpell und das scharf abgesetzte Rezeptakulum glatt und ohne Schuppen. Frucht schlank-keulenförmige, nackte, rosa Beere mit später abbrechendem Blütenrest. Samen nur im oberen freiliegenden Teil, verkehrt-eiförmig, mit abgestutztem, basalem Hilum; Samenschale schwarz, grobwarzig. – 1 sehr variable Art aus Mexiko und USA (Süd-Texas und Neu-Mexiko).

Lophophora williamsii (Lem. ex. S.-D.) Coulter ■■ □□
Einfacher, später reichlich sprossender und rasenbildender, niedergedrückt-kugeliger bis kurzzylindrischer, 5–7 cm hoher, bis 8 cm breiter, blau- bis graugrüner Körper auf dicker Rübenwurzel, mit 5–13 breiten, flachen, geraden oder spiralig gewundenen, durch Querfurchen in niedrige, 5- bis 6seitige Höcker aufgelösten Rippen. Areolen 3–15 mm entfernt, mit aufrechten, steifen, 8–10 mm langen, schmutziggrauen, pinselförmigen Wollbüscheln, im Alter ohne Dornen. Blüten zu mehreren in Scheitelnähe, kurztrichterig bis fast radförmig, 2,5–3 cm lang, 1,5–2,5 cm breit, hellrosa. Frucht keulenförmig, bis 20 mm lang, 4,5 mm dick, rosa. – In bezug auf Körperbau und Blütenfarbe (rosa, karmin, weiß, gelblich) ziemlich variable Art. – Heimat: Zentral-Mexiko bis USA (Süd-Texas und Süd-Neu-Mexiko).

Leuchtenbergia Hooker

Zylindrischer, bis 50 cm hoher, einfacher oder verzweigter Stamm mit langer, dicker, oft mehrteiliger Rübenwurzel, dicht mit sehr langen dreikantigen, im Alter nahe der Ansatzstelle abbrechenden Warzen in spiraliger Anordnung besetzt. Areolen am abgestutzten Ende hinter einem deutlichen Spreitenrudiment mit papierartigen, vielfach gewundenen Dornen, im blühfähigen Alter noch mit 2 sehr kleinen, hornartigen Dornen. Blüten einzeln aus dem oberen Rand der Areolen junger Warzen, groß, trichterförmig, weit öffnend, gelb, wohlriechend. Perikarpell und Rezeptakulum mit Schuppen besetzt, von denen nur die untersten etwas Wolle enthalten können. Zwischen den innersten Blütenhüllblättern und der obersten Staubblattreihe seidige Haare. Frucht ei- bis birnförmig mit Blütenrest, beschuppt, trocken, stark bereift, mit basaler Öffnung abbrechend. Samen groß, schief mützenförmig, mit sehr tiefem, basalem Hilum; Samenschale mattgrauschwarz oder bräunlichschwarz, feinwarzig. – 1 Art in Zentral- und Nord-Mexiko.

Leuchtenbergia principis Hook. □□ ■□
In eine lange dicke Rübenwurzel übergehender zylindrischer, einfacher, später durch Sprossung verzweigter, im Alter bis 50 cm hoher, 5–7 cm dicker Stamm. Warzen aufrecht abstehend, 10–12 cm lang, scharf dreikantig, graugrün. Areolen mit 8–14 papierartigen, verbogenen, strohgelben, später vergrauenden, bis 5 cm langen Randdornen und 1–2 breiteren, gedrehten, bis 10 cm langen Mitteldornen sowie gelegentlich kurzen, braunen, hornigen Dornen. Blüten 8 cm lang, bis 10 cm breit, gelb, wohlriechend. Frucht ei- bis birnförmig, trocken. Heimat: Zentral- bis Nord-Mexiko.

Obregonia Frič

Flachkugelig mit dicker Wurzel, bis 20 cm Durchmesser, einfach oder wenigköpfig, graugrün, in dichter, rosettenartiger Anordnung mit fast blattartigen Warzen bedeckt. Warzen verlängert dreieckig, mit breitem Grund aufsitzend, in eine zurückgekrümmte Spitze verschmälert, unterseits und seitlich scharf gekielt, in der Achsel mit Wollhaaren. Areolen auf der Warzenspitze mit bald abfallenden dünnen, leicht gebogenen Dornen. Blüten in der wolligen Scheitelgrube, kurz trichterförmig, weiß oder rosa. Perikarpell und Rezeptakulum nackt, Rezeptakulum von den herablaufenden Basen der äußeren Blütenhüllblätter rippig gerieft. Früchte weiß, beerenartig mit Blütenrest, anfangs in der Scheitelwolle verborgen, bei der Reife keulenförmig gestreckt, nach Abfallen des Blütenrestes vertrocknend und zerfallend. Samen gekrümmt birnförmig, Samenschale schwarz, warzig. – 1 Art in Mexiko.

Obregonia denegrii Frič □□ □■
Flach- bis halbkugeliger, grau- oder dunkelgrüner, 8–12 cm breiter Körper auf dicker Rübenwurzel. Warzen 2–2,5 cm breit, 1–1,5 cm lang. Areolen an der Warzenspitze, anfangs wollig, mit 2–4 schwachen, leicht gebogenen, 1–1,5 cm langen, bald abfallenden Dornen. Axillen mit Wollhaaren. Blüten im wolligen Scheitel aus den Areolen, trichterförmig, 3 cm lang, 2 cm breit, weißlich bis blaßrosa. Frucht eiförmig, bei der Reife keulenförmig, weißlich, anfangs in der Scheitelwolle verborgen. Heimat: Mexiko (Tamaulipas).

Epithelantha Weber ex Br. et R.

Kleine kugelige bis zylindrische Pflanzen, einfach oder mäßig sprossend, zum Teil mit dickfleischigen Wurzeln. Warzen klein, spiralig angeordnet. Areolen mit zahlreichen kurzen, weißen, den Körper fast völlig einhüllenden Dornen, im blühfähigen Alter oberste Randdornen sehr verlängert, gebogen und als keulenförmige Drüsendornen ausgebildet. Blüten klein, trichterförmig, weißlich bis rosarot, einzeln im Scheitel, unmittelbar an der Areole entspringend. Perikarpell und das trichterig erweiterte, blumenkronartige Rezeptakulum nackt und ohne Schuppen. Früchte langkeulenförmige nackte, rote Beeren ohne Blütenrest. Samen wenige, groß, etwa mützenförmig, mit einem die ganze Längsseite einnehmenden, vertieften Hilum; Samenschale rötlichbraun oder schwarz, warzig. – 3 sehr variable Arten aus USA (West-Texas) bis Nord-Mexiko.

■■
Epithelantha micromeris (Engelm.) Web. □□

Einfacher oder durch Sprossung rasenförmiger, ± kugeliger, 1,5–4 cm hoher und breiter, von kreideweißen Dornen völlig eingehüllter Körper. Warzen klein, kaum 1 mm hoch, dicht spiralig gestellt, mit bis 20 weißen, 2 mm langen Dornen. Blüten aus den Areolen im Scheitel, bis 6 mm breit, weißlich bis rosenrot. Frucht keulenförmig, rot. Heimat: Nord-Mexiko, USA (West-Texas).

Pelecyphora Ehrenb. (*einschl. Encephalocarpus* A. Berger)

Kugelig bis kurzzylindrisch keulenförmig mit fleischigem Wurzelstuhl, am Grund und höher sprossend und rasenförmig. Warzen in Spiralzeilen, entweder nach oben seitlich beilförmig zusammengedrückt und abgestutzt und grau; Areolen langgestreckt mit zahlreichen, nach beiden Seiten kammförmig gestellten sehr kurzen, flachen, am Grund miteinander verbundenen Dornen, oder Warzen breit dreieckig schuppenförmig, am Rücken gekielt und mit einwärts gekrümmten Spitzen dachziegelig dem Körper dicht anliegend. Areolen etwas unter der Spitze auf der Rückseite mit einigen kurzen, borstigen Dornen, nur die obersten verlängert und zu keulenförmigen Drüsendornen umgebildet, Dornen und ganze Areole schon bald abgestoßen, auf der Bauchseite mit rudimentärer Furche. Axillen wollig. Blüten einzeln oder zu mehreren in Scheitelnähe aus den Axillen, glockig oder trichterig, karminviolett. Perikarpell und zylindrischer Teil des Rezeptakulums nackt und kahl. Untere Hälfte des zylindrischen Teils des Rezeptakulums mit dem Griffel zu einer Säule verwachsen. Frucht spindelförmig, beerenartig, später papierartig vertrocknend und zerfallend, völlig in der Axille verborgen. Samen nierenförmig mit kleinem Hilum; Samenschale braun oder schwärzlich, fast glatt. – 2 Arten in Mexiko.

□□
Pelecyphora aselliformis Ehrenberg ■□

Schlank zylindrischer, später keulenförmiger, blau- oder graugrüner, 10 cm hoher, 5,5 cm dicker, einfacher oder gruppenbildender Körper. Warzen beilförmig, am Scheitel gestutzt, bis 5 mm hoch, Axillen wollig. Areolen mit etwa 40 kammförmig gestellten, bis 4 mm langen, am Grund verwachsenen, grauen Dornen. Blüten einzeln oder zu mehreren in Scheitelnähe, trichter- bis glockig-radförmig, 2 cm lang, 3 cm breit, karminviolett. Frucht spindelförmige, bei der Reife zerfließende Beere. Heimat: Mexiko (San Luis Potosí).

Pelecyphora strobiliformis (Werderm.) Berger □□
[= **Encephalocarpus strobiliformis** (Werd.) Berg.] □■

Flachkugeliger bis kegelig-verlängerter, bis 6 cm breiter Körper auf dicker Rübenwurzel, mit wolligem Scheitel, völlig von den dicht dem Körper anliegenden, schuppenartigen, graugrünen, dachziegelig übereinanderliegenden Warzen bedeckt. Warzen breit dreieckig, ziemlich dünn blattartig, am Rücken gekielt, mit einwärts gekrümmten Spitzen dicht dem Körper anliegend. An jungen Warzen Areolen mit 10–12 borstigen, bis 5 mm langen, weißen Dornen, später abfallend, Axillen wollig. Blüten im Scheitel aus den ganz jungen Axillen, bis 3 cm lang, 4 cm breit, leuchtendviolettrot. Frucht im Scheitelgrund versteckt zwischen der Wolle vertrocknend. Heimat: Mexiko (Tamaulipas).

Ariocarpus Scheidweiler (*einschl. Roseocactus* A. Berger, *Neogomezia* Castañeda)

Kleine flachkugelige, einfache, kaum über den Boden vorragende Pflanzen mit großer Rübe und spiralig gestellten Warzen. Körper von einem Schleimkanalsystem durchzogen. Warzen dreiseitig, blattähnlich, kurz bis langgestreckt-dreieckig, grün oder grau mit glatter oder stark zerklüfteter Oberfläche. Durch unterschiedliche Lage der Wachstums- und Verlängerungszone der Warzen kommt es aus gleicher Anlage der Areolen zu 4 verschiedenen Möglichkeiten (Bild 11): 1. Die ungeteilte Areole bleibt in der Axille der verlängerten Warze und bildet Haare und Blüten. – 2. Bei der Streckung erfolgt eine Trennung in eine axilläre Blütenareole und eine fast bis zur Warzenspitze verlagerte punktförmige Areole mit rudimentären Dornen. – 3. Die vegetative Areole bildet eine von der axillären Blütenareole ausgehende, die Warze ganz oder teilweise durchziehende wollige Furche. – 4. Nach der Blüte wird durch basale Streckung die ungeteilte Areole auf das obere Viertel der Warze verschoben. – Blüten einzeln aus den höheren Axillen bzw. Areolen sehr junger Warzen, kurz bis schlank-trichterig, mittelgroß, weißlich, rosa bis karmin oder gelblich. Perikarpell und Rezeptakulum nackt und kahl. Frucht keulenförmige, dünnwandige, glatte Beere mit Blütenrest, weiß oder schwach grün bzw. rot, in den Wollhaaren verborgen oder hervortretend, später vertrocknend und zerfallend. Samen birnförmig, mit quer abgestutztem Hilum; Samenschale mattschwarz, grobwarzig. – Nach Bau und Lage der Areolen wird die Gattung in 3 Untergattungen unterteilt. *Ariocarpus* Scheidweiler: Mit oberseits glatten Warzen; vegetative Areole entweder mit der Blütenareole vereint axillär oder getrennt unter der Warzenspitze auf der Warzenoberseite. – *Roseocactus* (A. Berger) F. Buxbaum: Mit einer von Wollhaaren erfüllten Furche auf der Warzenoberseite. – *Neogomezia* (Castañeda) F. Buxbaum: Mit ungeteilter Areole im obersten Viertel der langgestreckten Warzen. – 6 Arten in Mexiko und Südwest-Texas.

■□
□□
Ariocarpus retusus Scheidweiler *(Ariocarpus)*

Einfacher, kaum sprossender, 10–15 cm breiter, blau- bis graugrüner Körper, am Scheitel mit einem dichten Wollschopf. Warzen dicht gedrängt aufrecht abstehend, scharf dreikantig, in eine hornige Spitze auslaufend, glatt, unten gekielt. Areolen kurz unterhalb der Spitze oder fehlend, meist winzig und kahl. Blüten zahlreich aus dem Wollschopf am Scheitel, trichterförmig, 5–6 cm lang, 5 cm breit, fast reinweiß. Frucht ellipsoidisch, bis 2,2 cm lang, weißlich bis rosenrot. Heimat: Mexiko (San Luis Potosí).

□■
□□
Ariocarpus trigonus (Web.) K. Schum. *(Ariocarpus)*

Einfacher, kaum sprossender, bräunlich-graugrüner, 10–15 (20–25) cm breiter Körper. Warzen zahlreich, scharf dreikantig, aufgebogen, 3,5–5,5 cm lang, am Grund 2–2,5 cm breit, scharf gekielt. Areolen an der hornigen Spitze, kaum sichtbar. Blüten im Kranz um den Scheitel aus den Axillen, breit-trichterförmig, 5 cm breit, hellgelblich. Frucht bis 2 cm lang, 1 cm dick, weißlich. Heimat: Mexiko (Nueva León und Tamaulipas).

□□
■□
Ariocarpus fissuratus (Engelm.) K. Schum. *(Roseocactus)*

Einfacher, mitunter rasenförmiger, 10–15 cm breiter Körper, am eingesenkten Scheitel mit weißer Wolle bedeckt. Warzen dickfleischig, dreiseitig, spitz, mit gefurchter und gehöckerter, graugrüner Oberseite, längs der Ränder mit einer Furche und Leiste, in der Mitte mit einer tiefen filzigen Längsfurche bis zur Axille. Axillen nackt, Areolen unterhalb der Warzenspitze, ohne Dornen. Blüten zu mehreren am Scheitel, glockig, 3,5–4 cm lang, rosa- bis karminrot. Frucht ellipsoidisch, 5–15 mm lang, grünlich. Heimat: USA (Südwest-Texas) und Nord-Mexiko (Coahuila).

□□
□■
Ariocarpus agavoides (Castañeda) E. F. Anderson
(= ***Neogomezia agavoides*** Castañeda) *(Neogomezia)*

Einfacher, niedergedrückter, 5–8 cm breiter Körper. Warzen dunkel-, später graugrün, bis 4 cm lang, 6 mm breit, im Querschnitt halbrund, weitspreizend mit zurückgebogener Spitze, mit körniger Oberfläche. Areolen 1 cm von der Spitze entfernt, dick wollig, gelegentlich mit 1–3 kleinen, 3–5 mm langen, weißen bis hornfarbenen Dornen. Blüten aus der Areolenwolle junger, etwa 15 mm langer Warzen, glockig-trichterig, 4–5 cm lang, rosa. Frucht keulig, bis 2,5 cm lang, rot. Heimat: Mexiko (Tamaulipas).

Ferocactus Br. et R.

Große bis sehr große flachkugelige, kugelige bis dick säulenförmige und bis 3 m hohe, meist einfache, selten polster- bis rasenförmig wachsende Kakteen mit starken Rippen, großen, oft verlängerten Areolen und sehr kräftiger, meist bunter Bedornung. Dornen oft hakenförmig gekrümmt, ein Mitteldorn häufig bandartig abgeflacht und quergeringelt. Oberste Dornen meist als Drüsendornen ausgebildet. Blüten in großer Anzahl nahe dem Scheitel aus den Areolen, groß, breit und kurz trichter- bis glockenförmig, gelb bis rot. Perikarpell und Rezeptakulum dachziegelig mit nackten, allmählich in die Blütenhüllblätter übergehenden Schuppen bedeckt. Zwischen den innersten Blütenhüllblättern und den obersten Staubblättern ± zahlreiche Haare. Frucht länglich bis eiförmig, beschuppt mit Blütenrest, hartfleischig vertrocknend oder fleischig, gelblich bis rötlich, mit basaler Öffnung abbrechend. Samen länglich, gekrümmt, mit schräg abgestutztem Hilum; Samenschale schwarz, glatt, grubig punktiert oder netzartig strukturiert. – Nach dem Blütenbau werden folgende 2 Untergattungen unterschieden: *Ferocactus* Br. et R.: Schuppen am Perikarpell und Rezeptakulum rundlich bis eirund, ganzrandig oder nur feinst gezähnelt. Habitus wie bei der Gattung beschrieben. – *Pennisquama* F. Buxbaum: Schuppen am Perikarpell und Rezeptakulum lanzettlich-spitz, pergamentartig trocken und am Rand fein federartig gewimpert. Pflanzen niedrig, gruppenbildend. Nur 1 Art: *F. flavovirens.* – Etwa 35 Arten aus dem Südwesten der USA und Mexiko.

■□
□□
Ferocactus hamatacanthus (Muehlenpfordt) Br. et R. *(Ferocactus)*
Einfacher, kugel- bis eiförmiger oder kegeliger, bis 60 cm hoher, 30 cm breiter, grüner bis bläulichgrüner Körper mit 13–17 gekerbten, bis 5 cm hohen Rippen. Areolen auf den Höckern, anfangs gelbweißfilzig, mit 8–12 abstehenden, 5–7 cm langen, anfangs roten, später grauen Randdornen und 4 Mitteldornen (die 3 oberen gerade oder etwas gekrümmt, der untere bis 12 cm lang und angelhakig gekrümmt). Blüten aus den Areolen hinter den Nektarien, 5,5–7 cm lang, trichterförmig, glänzendgelb mit rotem Schlund. Frucht ellipsoidisch, 2–5 cm lang, grün bis dunkelbraun. Heimat: Zentral-Mexiko bis USA (Süd-Texas und Süd-Neu-Mexiko).

□■
□□
Ferocactus latispinus (Haw.) Br. et R. *(Ferocactus)*
Einfacher, kugeliger, 25–40 cm hoher, bis 40 cm breiter, blau- bis graugrüner Körper mit wenig wolligem Scheitel und erst 8–14, später bis 21 schmalen und scharfen, 1,5–2,5 cm hohen, seicht gebuchteten Rippen. Areolen groß, graufilzig, mit 8–12 strahlenden, 2–2,5 cm langen Randdornen und 4 aufrechten, bis 3,5 cm langen Mitteldornen (der unterste hakenförmig gekrümmt, bis 7 mm breit). Alle Dornen anfangs gelbrot bis rubinfarbig, später rötlich-hornfarbig. Blüten in der Nähe des Scheitels, trichterig, 2,5–3,5 cm lang, weißlich, rosa bis tief purpurn. Frucht 2–4 cm lange, eiförmige Beere. Heimat: Zentral-Mexiko und Guatemala.

□□
■□
Ferocactus robustus (Link et Otto) Br. et R. *(Ferocactus)*
Durch reichliche Sprossung Kolonien aus Hunderten von Köpfen von 1 m Höhe und einigen (3–5) m Durchmesser bildend. Einzelkörper ± kugelig bis länglich, bis 20 cm hoch, 12 cm breit, dunkelgrün, mit 8–10 kräftigen Rippen. Areolen anfangs weißwollfilzig, mit 10–14 oben borstenförmigen weißen, unten kräftigeren bernsteingelben, 1,5–3 cm langen Randdornen und 4 geraden, 3,5–6 cm langen Mitteldornen. Blüten in Scheitelnähe, 3,5–4 cm lang, 4 cm breit, trichterförmig, gelb. Frucht 2,2 cm lang, 1,5 cm dick, gelb. Heimat: Mexiko (Puebla).

□□
□■
Ferocactus flavovirens (Scheidw.) Br. et R. *(Pennisquama)*
Große Kolonien bildend. Körper länglich-kugelig, 30–40 cm hoch, 10–20 cm breit, blaßgrün, am Scheitel etwas wollig und bedornt, mit (11–12) 13 scharfen, 1–2 cm hohen, leicht gebuchteten Rippen. Areolen 2 cm entfernt, graufilzig, mit 14 abstehenden, derben, geringelten, roten bis braunen, zuletzt grauen, bis 2 cm langen Randdornen und 4 ebensolchen Mitteldornen, der untere 5–8 cm lang. Blüten gelb. Heimat: Mexiko (Puebla, Tehuacán).

Echinofossulocactus Lawrence

Kugelig bis verlängert, einfach, nur wenige Arten sprossend, meist klein mit meist zahlreichen (30–100) lamellenartigen, dünnen, häufig gewellten Rippen, diese nur selten mit breiter Basis aufsitzend. Junge Pflanzen sehr lange mit Warzen, die erst später zu Rippen zusammenschließen. Areolen nur wenige auf einer Rippe, mit sehr variabler Bedornung, Mitteldorn vielfach dolchartig abgeflacht, sehr lang, gerade oder aufwärts gebogen, aber nie hakenförmig. Blüten verhältnismäßig groß, in einem Kranz um den Scheitel aus den Areolen, glockig bis breittrichterig, weiß, bräunlich gestreift oder violett. Perikarpell und Rezeptakulum mit dünnen, kahlen Schuppen bedeckt. Frucht kugelig bis länglich, mit wenigen dünnen Schuppen, vertrocknend, am Grund oder seitlich aufreißend (?). Samen verkehrt-eiförmig mit abgestutztem Hilum; Samenschale schwarz, feingrubig punktiert oder netzartig strukturiert. – In allen Merkmalen außerordentlich variable und oft kaum gegeneinander abzugrenzende Arten. Die angegebene Zahl von Arten ist mit Sicherheit bei weitem zu groß. – 30(?) Arten aus Mexiko.

■□
Echinofossulocactus lamellosus (Dietr.) Br. et R. □□
Kugeliger, später zylindrischer, bis 10 cm hoher, 6–8 cm breiter, blaugrüner Körper mit 30 bis über 35 dünnen und unregelmäßig welligen Rippen. Areolen etwas eingesenkt, anfangs weißfilzig, mit 5 flachen, bis 2 cm langen, weißen, bräunlich gespitzten Randdornen und einem abgeflachten, geraden oder wenig gebogenen, bis 3,5 cm langen Mitteldorn. Blüten 3,5–4 cm lang, wenig offen, karminrot. Heimat: Mexiko (Hidalgo).

□■
Echinofossulocactus coptonogonus (Lem.) Lawr. □□
Flachkugeliger, 5–10 cm hoher, 8–11 cm breiter, graugrüner Körper, kleine 6- bis 8köpfige Gruppen bildend, mit 10–14 breiten und scharfen, 1,5 cm hohen, tiefgekerbten Rippen. Areolen in den Kerben, 2–3 cm entfernt, anfangs wollfilzig, mit 3–5 aufwärts gebogenen, flachen, kantigen, bis 3 cm langen, anfangs roten, später hornfarbenen Dornen. Blüten 3 cm lang, 4 cm breit, weißlich mit karminrotem Mittelstreif. Heimat: Mexiko (San Luis Potosí).

□□
Echinofossulocactus pentacanthus (Lem.) Br. et R. ■□
Flachkugeliger bis kugeliger, graugrüner Körper mit etwa 30 ziemlich dünnen, welligen, um die Areolen stark verbreiterten und wie gespalten aussehenden Rippen. Areolen wenig graufilzig, mit 5 kräftigen, graubraunen, deutlich geringelten Dornen (der oberste stark verbreitert, aufwärts gebogen, 5 cm lang, 3–4 mm breit, die seitlichen kantig, spreizend, 3 cm lang und die 2 unteren zangenartig abwärts greifend und angedrückt, 7–10 mm lang). Blüten blaßgelb mit rötlichviolettem Mittelstreif. Heimat: Mexiko.

□□
Echinofossulocactus tricuspidatus (Scheidw.) Br. et R. □■
Kugeliger bis kurzzylindrischer, 5–8 cm breiter, hellgrüner Körper mit 30–35 dünnen, welligen Rippen. Areolen anfangs filzig, mit 5 oder mehr strahlenden Randdornen und einem dolchartigen, anfangs rötlichen, später schwarz gespitzten, fast geraden Mitteldorn. Blüten 1,5 cm lang, grünlichgelb. Heimat: Mexiko (San Luis Potosí).

Coryphantha (Engelm.) Lemaire (*einschl. Lepidocoryphantha* Backbg.)
Kugelig oder verlängert bis zylindrisch, einfach oder am Grund sprossend. Warzen zum Teil stark verlängert, mit einer ± weit bis zur Axille reichenden, oft von Wolle erfüllten Furche, ohne oder mit ziemlich großen, gelben oder roten Drüsendornen. Blüten aus den Furchen der jüngsten Warzen dicht am Scheitel, ansehnlich, glockig-trichterig. Perikarpell und Rezeptakulum nackt oder mit wenigen bis mehreren (am Rezeptakulum) Schuppen und etwas Wolle in den Schuppenachseln. Frucht beerenartig, nackt, seltener mit einigen Schüppchen, gelblich bis grünlich, mit vertrocknetem Blütenrest. Samen halb ei- bis nierenförmig; Samenschale braun, glatt oder höchstens unregelmäßig runzelig. – Etwa 50 Arten aus Südwest-USA und Mexiko beschrieben. Die Anzahl guter Arten dürfte aber merklich kleiner sein.

■□
Coryphantha radians (DC.) Br. et R. □□
Einfacher, kugeliger bis schwach verlängerter, 5–7 cm breiter, am Scheitel filziger und von Dornen umhüllter grüner Körper. Warzen schief eiförmig. Axillen und Areolen anfangs wollig, Areolen mit 12–20 strahlenden, am Grund kammförmig gestellten, leicht gebogenen und dem Körper angedrückten, gelblichen, braun gespitzten Randdornen, ohne Mitteldorn. Blüten 6–7 cm breit, seidenglänzend zitronengelb, außen oft rötlich überlaufen. Heimat: Zentral-Mexiko.

□■
Coryphantha palmeri Br. et R. □□
Länglich-kugeliger, 6–8 cm großer, blaßgrüner, im Scheitel stark wolliger Körper. Warzen aufrecht, kegelig. Areolen in der Jugend stark wollig, mit 11–14 dünnen, strahlig abstehenden, gelblichen, schwärzlich gespitzten Randdornen und einem kräftigeren, bis 2 cm langen, hakigen, braunen Mitteldorn. Blüten nahe am Scheitel, 3–4 cm lang, gelb. Heimat: Mexiko (Durango, Tamaulipas).

□□
Coryphantha salm-dyckiana (Scheer) Br. et R. ■□
Einfacher oder rasenförmig sprossender, hellgrüner, 10–15 cm breiter Körper mit weißwolligem, von Dornen überragtem Scheitel. Warzen fast rhombisch, 1 cm lang, schief gestutzt und sich fast dachziegelig deckend. Furche tief, kahl. Areolen anfangs spärlich filzig, mit 7–15 1–1,5 cm langen, grauen oder weißlichen Randdornen und 1–4 rötlichen bis schwarzen, 2–2,5 cm langen Mitteldornen (die 3 obersten aufsteigend, der unterste, kräftigste, leicht gekrümmt). Blüten bis 4 cm lang, blaßgelb, außen grünlich und gerötet. Heimat: Mexiko (Chihuahua).

□□
Coryphantha werdermannii Boedeker □■
Anfangs gedrückt-kugeliger, später eiförmiger bis ± säuliger, bis 8 cm hoher, 6 cm breiter, im Alter gelegentlich seitlich sprossender, hell graugrüner Körper. Warzen 4kantig pyramidal, abgerundet, 5 mm lang. Axillen kahl, Areolen kahl, mit 15–20 steifnadeligen, anliegend strahlenden, bis 6 mm langen, hell grauweißen Randdornen und 4 bis 22 mm langen, bräunlichen Mitteldornen (davon 3 aufrecht und einer gebogen vorgestreckt). Mitteldornen erst an älteren Pflanzen, etwa ab 4 cm Körperhöhe erscheinend, gleichzeitig Zahl der Randdornen auf 25–30 vermehrt. Blüten groß-trichterig, 5 cm lang, 6–7 cm breit, blaßgelb, außen mit rötlichen, bald verschwindenden Mittelstreifen. Frucht groß, dünn. Heimat: Mexiko (Coahuila).

Coryphantha pallida Br. et R.
Einfach oder durch Sprossung bis 10köpfige Rasen bildend. Einzelkörper kugelig, bis 12 cm breit, blaugrün. Warzen dichtstehend, kurz und dick. Areolen mit 20 oder mehr anliegenden, weißen Randdornen und 3 schwarzen oder schwarz gespitzten Mitteldornen, die beiden oberen aufrecht, der untere abstehend und abwärts gekrümmt. Blüten bis 7 cm lang und breit, blaß zitronengelb. Frucht 2 cm lang, grünlichbraun. Heimat: Mexiko (Tehuacán).

Coryphantha elephantidens (Lem.) Lem.
Flachkugeliger, bis 15 cm hoher, 18–20 cm breiter, glänzend dunkelgrüner, am Scheitel und in den Axillen weißwolliger Körper. Warzen sehr groß, dick und plump, 4–5 cm lang, tiefgefurcht und filzig. Axillen dichtwollig. Areolen anfangs weißfilzig, mit 6–8 kräftigen, spreizenden, gekrümmten, bis 2 cm langen, zuerst gelblichen, dann bräunlichen, dunkler gespitzten Randdornen, ohne Mitteldorn. Blüten 8–10 cm breit, tiefrosa mit dunklerem Grund und Mittelstreif. Heimat: Mexiko (Michoacán).

Coryphantha clavata (Scheidw.) Backbg.
Zylindrischer bis keuliger, 4–7 cm breiter, dunkellauchgrüner oder violett angehauchter Körper mit wollfilzigem Scheitel. Warzen locker stehend, schief kegelförmig. Furche seicht, mit 1–2 roten Honigdrüsen. Axillen weißwollig. Areolen anfangs kurzweißfilzig, später kahl, mit 6–12 geraden, horizontal strahlenden, 8–15 mm langen, im Neutrieb braunen, später weißen, braun gespitzten Randdornen und später einem gelblichen bis braunen, 2–3 cm langen, geraden Mitteldorn. Blüten 2–3 cm lang, gelb. Heimat: Mexiko (San Luis Potosí).

Coryphantha erecta (Lem.) Lem.
Zylindrisch, anfangs aufrecht und einfach, dann liegend und auf der Oberseite sprossend und Rasen von mehreren Quadratmetern bildend. Triebe zylindrisch, bis 30 cm hoch, 6–8 cm breit, lebhaftgrün, am Scheitel weißwollfilzig und von zusammengeneigten, gelben Dornen überragt. Warzen ziemlich locker gestellt, kegelförmig, 7–8 mm lang, am Grund 15 mm breit. Axillen anfangs mit reichlich Wollfilz. Areolen wollfilzig, später verkahlend, mit 8–13 horizontal strahlenden, bis 12 mm langen, geraden, pfriemlichen, gelbbraunen Randdornen und 2(–4) bis 2 cm langen, abwärts gerichteten Mitteldornen. Blüten unweit des Scheitels, 5,5–6 cm lang, 7,5 cm breit, kurz trichter- bis fast radförmig, zitronen-, innen kanariengelb. Frucht keulenförmig, 1,5 cm lang, 5 mm dick, grün. Heimat: Mexiko (Hidalgo).

Escobaria Br. et R. [*einschl. Coryphantha* (Engelm.) Lemaire pp.]

Kleine, kugelige bis zylindrisch verlängerte, am Grund rasenförmig verzweigte, warzenbildende Kakteen ohne Milchsaft. Warzen oberseits mit einer von der Areole bis zur Axille reichenden Furche. Areolen meist dicht bedornt. Blüten aus den Furchen junger Warzen dicht um den Scheitel, groß oder klein, glockenförmig. Perikarpell nackt oder mit nur wenigen Schüppchen. Rezeptakulum blütenblattartig gefärbt, mit gewimperten Schuppen. Frucht kugelige bis längliche, grüne oder rote Beere mit Blütenrest. Samen schief halbkugelig oder ± eiförmig; Samenschale schwarz bis dunkelbraun, grubig punktiert bzw. netzartig. Die Gattung wird in 2 Untergattungen unterteilt:
Pseudocoryphantha F. Buxbaum: Pflanzen verhältnismäßig groß, bis 25 cm hoch. Blüten sehr ansehnlich, 3–7,5 cm Durchmesser. Früchte grün, Samen meist braun (früher zu Coryphantha gestellt).
Escobaria Br. et R.: Kleine Pflanzen mit sehr reduzierten, 20 mm Durchmesser kaum übersteigenden Blüten und roten Früchten. Samen meist schwarz.
Etwa 25 Arten aus den Südwest-USA und Nord-Mexiko, *E. vivipara* bis Süd-Kanada.

Escobaria vivipara (Nutt.) F. Buxbaum ■□
[= ***Coryphantha vivipara*** (Nutt.) Eng.] *(Pseudocoryphantha)* □□
Einzeln oder kleine Gruppen bildend. Körper gedrückt-kugelig bis kurzzylindrisch, 3–12 cm hoch. Warzen zylindrisch, Areolen mit 16(–22) strahlenden, dünnen, weißen oder braunen Randdornen und 4–6 kräftigeren, bräunlichen 1,5–2 cm langen Mitteldornen. Blüten 3,5–5 cm lang, tiefrosa, mit zahlreichen langen, schmalen Blütenblättern. Frucht ellipsoidisch, 2 cm lang, 1 cm dick, grünlich bis braunrot.
Heimat: Kanada (Manitoba, Alberta), USA (Kansas bis Colorado und Nord-Texas).

□■
Escobaria emskoetteriana (Quehl) Backbg. *(Escobaria)* □□
Von rasenförmigem Wuchs. Einzelkörper 5 cm hoch, 4 cm breit, dunkelgrün. Warzen kegelig, 1 cm lang, am Grund 6 mm breit, locker gestellt, aufwärts gerichtet. Areolen wenig filzig, mit über 20 derbnadeligen, weißlichen und zum Teil rotbraun gespitzten, bis 2 cm langen Randdornen und 6–8 gleich großen, unten weißen, oben fuchsroten Mitteldornen, Axillen nackt. Blüten 3 cm lang und breit, schmutzigweiß mit grünroter Mitte. Heimat: Mexiko (San Luis Potosí).

□□
Escobaria dasyacantha (Eng.) Br. et R. *(Escobaria)* ■□
Einzeln oder wenig sprossend. Einzelkörper kugelig bis kurzzylindrisch, 4–7 cm breit, bis 20 cm lang. Areolen mit 20 oder mehr weißen, borstigen Randdornen und 9 kräftigeren und längeren, oft bis 2 cm langen, oben meist rötlichen oder bräunlichen Mitteldornen. Blüten 2–3 cm lang, rosa. Frucht keulig, 1,5–2 cm lang, scharlachrot. Heimat: USA (West-Texas, Süd-Neu-Mexiko), Nord-Mexiko (Chihuahua).

□□
Escobaria chaffeyi Br. et R. *(Escobaria)* □■
Wenig sprossender, 6–12 cm hoher, 5–6 cm breiter, fast ganz von weißen Dornen bedeckter Körper. Warzen sehr kurz, hellgrün, mit zahlreichen borstigen, weißen Randdornen und mehreren, etwas kürzeren, braun oder schwarz gespitzten Mitteldornen. Blüten 1,5 cm lang, 1 cm breit, cremerosa bis gelblichweiß. Frucht 2 cm lang, karminrot. Heimat: Mexiko.

Neobesseya Br. et R. (*einschl. Ortegocactus* Alexander)

Mittelgroße, kugelige Pflanzen, am Grund sprossend und rasenbildend, seltener einzeln, mit großen, oft fingerartigen Warzen. Warzen auf der Oberseite mit oder ohne Furche. Seitensprosse aus den Furchen älterer Warzen. Blüten aus den Furchen der jüngsten Warzen bzw. aus den Axillen bei furchenlosen Arten, dicht um den Scheitel, trichterförmig offen, ansehnlich, gelb bis rosa. Perikarpell nackt, Rezeptakulum mit wenigen kahlen Schuppen. Frucht kugelig bis länglich, beerenartig, nackt, rot, ohne oder mit Blütenrest. Samen fast kugelförmig, mit sehr großem Hilum und weißer Strophiola; Samenschale glänzend-schwarz, feingrubig punktiert. – Die *Escobaria* sehr nahe stehende Gattung wird in 2 Untergattungen unterteilt:

Neobesseya (Br. et R.) Kladiwa: Mit Furche auf der Warzenoberseite.

Ortegocactus (Alexander) Kladiwa: Ohne Furche auf der Warzenoberseite und Blüten aus der Axille (nur 1 Art: *N. macdougallii*).

7 zum Teil sehr schwer gegeneinander abzugrenzende Arten aus USA und Nord-Mexiko.

■■

Neobesseya rosiflora Lahman *(Neobesseya)* □□

Nur mäßig sprossende, fast kugelige bis kurzzylindrische, 5–7 cm hohe, bis 5,5 cm breite, hellgrüne Körper. Warzen fast rund, lockerstehend. Areolen weißwollig, mit 13–15 weißlichen Randdornen und einem dünnen, aufwärts anliegenden Mitteldorn. Blüten 4 cm breit, blaßrosa. Frucht eiförmig – kugelig, 9 mm lang, 7 mm breit, karmin. Heimat: USA (Oklahoma).

Neobesseya macdougallii (Alexander) Kladiwa □□

(= ***Ortegocactus macdougallii*** Alexander) *(Ortegocactus)* ■■

Meist gruppenbildende, kugelige bis kurzzylindrische, 3–4 cm breite Körper. Warzen dichtstehend. Areolen kurzwollig, bis 7–8 bis 12 mm langen nadelartigen, schwarzen oder weißlichen Randdornen und einem geraden, weißen und schwarz gespitzten, 4–5 mm langen Mitteldorn. Blüten aus den Axillen der oberen Warzen, 2–3 cm lang, bis 2,5 cm breit, trichterförmig, gelb. Frucht kugelig, 5 mm dick, trocken, orangegelb bis rötlich. Heimat: Mexiko (Oaxaca).

Mammillaria Haworth [*einschl. Cochemiea* (K. Brandegee) Walton, *Dolichothele* (K. Schum.) Br. et R., *Mamillopsis* Morren ex. Br. et R., *Bartschella* Br. et R., *Neomammillaria* Br. et R., *Phellosperma* Br. et R., *Solisia* Br. et R., *Porfiria* Boedeker, *Chilita* Orcutt, *Krainzia* Backbg., *Ebnerella* F. Buxb., *Mammilloydia* F. Buxb., *Oehmea* F. Buxb., *Pseudomammillaria* F. Buxb., *Leptocladodia* F. Buxb.]

Kleine bis mittelgroße, kugelige oder kurzsäulige, aufrechte oder niederliegende, einfache oder durch Sprossung bzw. durch dichotome Teilung des Sproßscheitels polsterbildende Kakteen, oft mit dicken Rübenwurzeln, ohne oder mit Milchsaft. Warzen sehr regelmäßig in Schrägzeilen angeordnet, konisch, manchmal abgeplattet oder zylindrisch, ohne Furche zwischen Dornareole und Blütenaxille. Areolen sehr verschiedenartig bedornt. Mitteldornen oft angelhakenförmig. Blüten in großer Anzahl meist aus vorjährigen Axillen im Kranz um den Scheitel, sehr vereinfacht, groß-trichterförmig oder klein und schlank glockig, regelmäßig oder (*Cochemiea*) etwas zygomorph mit schiefer Lippe. Perikarpell nackt, ± im Körpergewebe versenkt. Rezeptakulum blütenblattartig gefärbt oder manchmal grünlich. Blütenhüllblätter meist rosafarbig bis rot, seltener weiß oder gelblich. Früchte bis kurz vor der Reife verborgen und plötzlich heranwachsend, längliche, keulenförmige, selten fast kugelige, lebhaft rote, purpurne oder grünliche, zunächst fleischige, später vertrocknende Beere, mit oder ohne Blütenrest. Samen fast kugelig, ei- oder birnförmig, Hilum bei einigen Arten mit großer Strophiola; Samenschale schwarz oder braun, matt oder glänzend, regelmäßig grubig punktiert, mit geraden oder welligen Zellwänden oder scheinbar glatt, sehr selten warzig. – MIt etwa 220 Arten die umfangreichste Gattung der Kakteen. Hauptverbreitungsgebiet Mexiko, im Nordwesten über Texas bis nach Kalifornien, im Osten bis auf die südlichen Bahama-Inseln, Kuba und Haiti und im Süden bis Nord-Kolumbien.

Die Gattung *Mammillaria* wird in folgende 6 Untergattungen unterteilt:
Mammilloydia (F. Buxbaum) Moran: Flachkugelig bis verlängert, einfach, später polsterbildend, mit wässerigem Saft. Axillen mit warzenlangen Borstenhaaren, Areolen dicht weiß, manchmal rötlich bedornt. Samen glänzendschwarz, glatt, mosaikartig oder warzig. – 1 Art.
Oehmea (F. Buxbaum) D. R. Hunt: Kugelig oder zylindrisch verlängert, meist einfach. Warzen locker in Schrägzeilen, ohne Milchsaft; mindestens 1 Mitteldorn verlängert und angelhakenförmig. Blüten groß, dottergelb; Rezeptakulum mit dem Griffel verwachsen. Samen wenige, sehr groß (2–3 mm Durchmesser), mattschwarz, runzelig-grubig. – 1 sehr variable Art.
Dolichothele K. Schumann: Meist kugelig, mit rübenartig verdickter Wurzel, vom Grund sprossend und polsterartig, weichfleischig, ohne Milchsaft. Warzen fingerartig, zum Teil sehr lang, fleischig, dunkelgrün. Axillen nackt bis schwach behaart. Areolen mit meist wenigen Dornen, bei einigen Arten mit hakenförmigen Mitteldornen. Blüten groß, leuchtendgelb oder orange, selten klein und cremefarben. Rezeptakulum im unteren Teil mit dem Griffel verwachsen. Samen groß, schwarz bis braun, grubig punktiert. – 11 Arten.
Cochemiea K. Brandegee: Schlank-zylindrisch, oft sehr verlängert (bis 2 m) und dann niederliegend bis überhängend, nahe am Grund reich verzweigt und buschig bis rasenförmig, ohne Milchsaft. Meist wenigstens 1 Mitteldorn hakig. Blüten eng-röhrenförmig, zygomorph, S-förmig gekrümmt, mit schiefem Saum, scharlachrot. Blütenhüllblätter in 2 Reihen, Staubgefäße und Griffel weit herausragend. Samen schwarz, tief- und großgrubig punktiert. – 5 Arten.
Mamillopsis (Morren ex Br. et R.) D. R. Hunt: Kugelig bis kurzzylindrisch, im Alter rasenbildend. Warzen dichtstehend, ohne Milchsaft. Axillen wollig. Areolen mit sehr zahlreichen, weißen oder gelblichen Randdornen und einigen zum Teil hakig gebogenen Mitteldornen. Blüten groß, trichterförmig, leuchtendrot oder orange. Staubblätter und Griffel weit hervorragend. Samen schwarz, netzig-grubig punktiert. – 2 Arten.
Mammillaria Haworth: Einfach oder vom Grund sprossend, kugelig bis verlängert säulenförmig (bis 70 cm lang, 6–10 cm dick), ohne oder mit Milchsaft. Axillen mit Wolle und Borsten bzw. Borsten, selten kahl. Randdornen zahlreich, nadel- bis borstenförmig. Mitteldornen gerade bis angelhakig. Blüten im Kranz nahe dem Scheitel oder tiefer aus älteren Axillen, meist ohne auffallende Blütenröhre. Samen schwarz oder – meist – hellrotbraun bis gelblichbraun, selten dunkelbraun, grubig punktiert bzw. netzig. – Umfangreichste Untergattung mit etwa 200 Arten.

Mammillaria candida Scheidweiler ■■
[= ***Mammilloydia candida*** (Scheidw.) F. Buxbaum] *(Mammilloydia)* □□
Einfach oder durch Sprossung dichte, flache Rasen bildend. Körper kugelig bis gestreckt, 8–10 cm hoch, 5,5–7 cm breit, blaugrün, von weißen Dornen dicht umhüllt. Warzen keulig bis zylindrisch, 1 cm lang. Axillen mit 4–7 weißen Borsten. Areolen weißfilzig, mit über 50 borstenförmigen, weißen, 5–9 mm langen, miteinander verflochtenen Randdornen und 5–9 spreizenden, etwas kräftigeren, 4–7 mm langen, weißen, oft braun gespitzten Mitteldornen. Blüten einzeln oder zerstreut in Scheitelnähe, röhrig-trichterförmig, 2 cm lang, 1,5 cm breit, trübrosenrot, weiß gerandet. Frucht keulig, 18 mm lang, 3–4 mm dick, karminrot. Heimat: Mexiko (San Luis Potosí).

Mammillaria nelsonii (Br. et R.) Boedeker □□
[= ***Oehmea nelsonii*** (Br. et R.) F. Buxbaum] *(Oehmea)* ■■
Sprossend und bis 35 cm breite Klumpen bildend. Einzelne Sprosse kugelig bis verlängert, 6–7 cm breit. Warzen dunkelgrün bis rötlich, dickkegelig, 6–7 mm lang. Areolen anfangs weißwollig mit 13–15 feinnadeligen, bis 8 mm langen, weißen, braun gespitzten Randdornen und 4 bis 1 cm langen, hakigen, ± abwärts gerichteten dunklen Mitteldornen. Axillen schwachwollig. Blüten aus den Axillen, breittrichterig, 3–4 cm breit, gelb. Frucht rot. Heimat: Süd-Mexiko.

Mammillaria longimamma DC. ■□
[= **_Dolichothele longimamma_** (DC.) Br. et R.] *(Dolichothele)* □□
Einfach oder durch Sprossung vom Grund rasenförmige, glänzendgrüne, 8–15 cm hohe und breite Körper mit zum Teil rübigen Wurzeln. Warzen lockerstehend, zylindrisch, im Querschnitt elliptisch, 2–7 cm lang, 1–1,5 cm dick, weißfleischig. Axillen haarig-filzig bis kahl, Areolen mit 9–10 pfriemlichen, geraden oder schwach gekrümmten, strahlenden oder spreizenden, 5–20 mm langen, weißen bis blaßgelben Randdornen und einem geraden, hellbraunen und schwarz gespitzten, bis 25 mm langen Mitteldorn. Blüten zahlreich nahe am Scheitel, trichterförmig, 5–6 cm lang und breit, kanariengelb. Frucht kugelig bis eiförmig, 10–12 mm lang, gelblichgrün bis rot. Heimat: Zentral-Mexiko.

Mammillaria surculosa Boed. □■
[= **_Dolichothele surculosa_** (Boed.) F. Buxbaum] *(Dolichothele)* □□
Reichlich sprossend und rasen- bis polsterbildend. Einzelkörper klein, bis 4 cm hoch, 3 cm breit, glänzendgrün mit kräftiger Rübenwurzel. Warzen lockerstehend, kurzzylindrisch, bis 8 mm lang, 4 mm dick, fein weiß punktiert. Areolen mit 15 strahlenförmigen, sehr dünnen, geraden, 8–10 mm langen, glasigweißen Randdornen und einem schräg nach oben gerichteten, geraden und an der Spitze hakigen, 20 mm langen, bernsteingelben bis bräunlichen Mitteldorn. Blüten aus älteren Axillen in Scheitelnähe, trichterförmig, bis 18 mm lang, schwefelgelb mit rötlicher Spitze, Narben gelbgrün, nachts angenehm duftend. Frucht keulig, grün bis rötlich getönt. Heimat: Mexiko (Tamaulipas).

□□
Mammillaria carrettii Rebut *(Dolichothele)* ■□
Einfacher, gedrückt-kugeliger, 5–6 cm breiter, dunkelgrüner Körper. Warzen zylindrisch, 7–9 mm lang. Axillen kahl. Areolen anfangs spärlich wollfilzig, mit 14 pfriemlichen, horizontal strahlenden, schwach gekrümmten, 11–13 mm langen, gelben, nach der Spitze zu braunen Randdornen und einem gerade vorgestreckten, 14–16 mm langen, angelhakig gekrümmten, braunen Mitteldorn. Blüten einzeln, seitlich, 2,5 cm lang, 1,5 cm breit, trichterförmig, weißlich mit rosa Mittelstreif. Frucht schlank, grün. Heimat: Mexiko (Coahuila).

Mammillaria camptotricha Dams □□
[= **_Dolichothele camptotricha_** (Dams) Tieg.] *(Dolichothele)* □■
Vom Grund sprossend und gruppenbildend. Einzelkörper breit kugelig, 5–7 cm breit, tiefgrün. Warzen schlank-kegelig bis fast zylindrisch, mitunter gebogen, bis 2 cm lang, am Grund 7 mm dick. Axillen wenig behaart und mit 2–5 gelblichen, 10–15 mm langen Borsten, Areolen mit 4 oder mehr dünnen, verbogenen und am Scheitel miteinander verflochtenen hellgelben, bis 3 cm langen Randdornen, ohne Mitteldorn („Vogelnest-Kaktus"). Blüten trichterig, 1,5 cm lang, kaum 1 cm breit, weiß, duftend. Heimat: Mexiko (Querétaro).

Mammillaria poselgeri Hildmann ■□
[= ***Cochemiea poselgeri*** (Hildm.) Br. et R.] *(Cochemiea)* □□
Zylindrischer, zuerst aufrechter, dann niederliegender oder über Felsen herabhängender, bis 2 m langer, 2,5–5 cm dicker, am Grund büschelig verzweigter, blau- bis graugrüner Körper. Warzen schräg aufrecht, kegelförmig, am Grund vierkantig, 10–12 mm lang. Axillen weißwollig, selten borstig. Areolen mit 7–10 horizontal strahlenden, steifen, bis 15 mm langen, im Neutrieb dunkelgelben oder roten, später vergrauenden Randdornen und einem kräftigeren, abstehenden, hakigen, 2,5–3 cm langen, dunkler gefärbten Mitteldorn. Blüten seitlich, zahlreich im Kranz um den Scheitel, röhrig-trichterig mit etwas schiefer Mündung, 3,5 cm lang, 2–2,5 cm breit, scharlachrot. Frucht birnförmig, 6–9 mm dick, glänzend scharlachrot. Heimat: Mexiko (Niederkalifornien).

Mammillaria setispina Eng. □■
[= ***Cochemiea setispina*** (Coult.) Walton] *(Cochemiea)* □□
Durch Sprossung reichverzweigt und dichte Gruppen bildend. Einzelkörper zylindrisch, 3,5–5 cm dick, bis 30 cm hoch, hellgraugrün. Warzen locker stehend, etwas vierkantig, 4–5 cm hoch. Axillen anfangs weißwollig, später kahl, Areolen mit 9–12 nadeldünnen, stechenden, strahlenförmig ausgebreiteten, ungleich bis fast 2 cm langen, milchweißen, dunkel gespitzten Randdornen und einem vorgestreckten und stark hakig gebogenen, bis 3 cm langen und 3 aufgerichteten, dünnen, schwarz gespitzten Mitteldornen. Blüten 5,4 cm lang, leuchtendzinnoberrot. Blütenblätter nach rückwärts umgerollt. Frucht keulenförmig, 1,7 cm lang, dunkelrot. Heimat: Mexiko (Niederkalifornien).

Mammillaria halei K. Brand. □□
[= ***Cochemiea halei*** (K. Brand.) Walton] *(Cochemiea)* ■□
Gruppenbildend mit 30–50 cm hohen, 5–7,5 cm dicken, aufrechten, fast ganz von Dornen bedeckten Körpern. Warzen kurz. Axillen anfangs wollig, aber ohne Borsten, Areolen mit 10–20 steifen, geraden, spreizenden, bis 1,5 cm langen, anfangs rötlichbraunen, zuletzt grauen, dunkler gespitzten Randdornen und 3–4(–6) ebenso gefärbten, bis 3,5 cm langen, sehr kräftigen Mitteldornen. Blüten um den Scheitel, 4–5 cm lang, schlank, leuchtend scharlachrot; Blütenblätter nur teilweise zurückgebogen. Frucht keulenförmig, 1,2 cm lang. Heimat: Mexiko (Niederkalifornien, südl. Inseln).

Mammillaria senilis Loddiges □□
[= ***Mamillopsis senilis*** (Loddiges) Weber] *(Mamillopsis)* □■
Im Alter sprossend und rasenförmig. Körper kugelig bis zylindrisch, 10–18 cm hoch, 6–12 cm breit, im Scheitel kurz weißwollfilzig und von Dornen völlig überdeckt. Warzen ziemlich stumpf, kegelförmig und dichtgestellt, 8–10 mm lang, 3–4 mm breit, glänzendgrün. Axillen kurz weißwollig, Areolen weißwollig, mit vielen (40–50) borstenförmigen, steifen, 8–15 mm langen, miteinander verflochtenen und den ganzen Körper einhüllenden, weißen oder gelblichen Randdornen und 5–6 bis 2 cm langen, hellgelben bis bräunlichen Mitteldornen, davon einer oder mehrere an der Spitze hakig gebogen. Blüten seitlich aus den jüngeren Axillen, 4,5–6 cm lang, 5,5–6 cm breit, etwas schief-trichterförmig, orangerot bis violett mit dunklerem Mittelstreif. Frucht rundlich, rot. Heimat: Nord-Mexiko auf 2500–3000 m Höhe.

Die Untergattung *Mammillaria* läßt sich weitergliedern in 3 Sektionen:
Hydrochylus mit wässerigem Saft.
Subhydrochylus Warzen mit wässerigem oder höchstens schwach milchigem Saft, Milchsaft – wenn auch nur jahreszeitlich – im ganzen oder unteren Teil des Sprosses.
Mammillaria Warzen mit Milchsaft.
Innerhalb dieser Sektionen können wieder 11 Reihen unterschieden werden:
Hydrochylus K. Schumann:
Reihe 1 *Longiflorae* D. R. Hunt (9 Arten)
Reihe 2 *Ancistracanthae* K. Schumann (35 Arten)
Reihe 3a *Stylothelae* (Pfeiffer) K. Schumann (26 Arten)
Reihe 3b *Proliferae* D. R. Hunt (9 Arten)

Reihe 4 *Lasiacanthae* D. R. Hunt (11 Arten)
Reihe 5a *Sphacelatae* D. R. Hunt (3 Arten)
Reihe 5b *Leptocladodae* (Lemaire) K. Schumann (4 Arten)

Subhydrochylus Backberg ex D. R. Hunt
Reihe 6 *Heterochlorae* (Salm-Dyck) K. Schumann (13 Arten)
Reihe 7 *Polyacanthae* (Salm-Dyck) K. Schumann (12 Arten)
Reihe 8 *Supertextae* D. R. Hunt (12 Arten)

Mammillaria (Galactochylus) K. Schumann
Reihe 9 *Leucocephalae* (Lemaire) K. Schumann (10 Arten)
Reihe 10 *Macrothelae* (Salm-Dyck) K. Schumann (42 Arten)
Reihe 11 *Polyedrae* (Pfeiffer) K. Schumann (10 Arten)

Mammillaria tetrancistra Engelmann ■□
[= ***Phellosperma tetrancistra*** (Eng.) Br. et R.] (Reihe 1) □□
Einfacher oder am Grund, an älteren Trieben auch weiter oben sprossender, kugeliger bis zylindrischer, 5–15(–30) cm hoher, bis 7 cm breiter Körper mit langer, verzweigter, fleischiger Wurzel. Warzen locker gestellt, eiförmig bis zylindrisch, 4–7 mm lang, blaß- bis bläulichgrün. Axillen anfangs mit etwas lockerer Wolle und wenigen, langen Borsten. Areolen mit 40–60 zweireihig angeordneten, 5–12 mm langen, nadelförmigen bis borstenähnlichen, fast horizontal strahlenden, weißen, oft braun gespitzten Randdornen und 3–4 dunkelbraunen bis schwarzen Mitteldornen (die oberen 3–7 mm lang, gerade oder manchmal gehakt, der untere 6–9 mm lang und gehakt). Blüten seitlich, trichterig, 5 cm lang, 3,5 cm breit, purpurn mit weißlichem Rand. Frucht keulenförmig, 6–12 mm lang, 4–6 mm dick, scharlachrot. Heimat: USA (Arizona, Utah, Nevada), Mexiko (Niederkalifornien).

□■
Mammillaria theresae Cutak (Reihe 1) □□
Meist einzelner, aber auch sprossender, konisch-zylindrischer, bis 10 cm hoher, 2 cm dikker, olivgrüner, oft purpurn überhauchter Körper. Warzen winzig, schlank. Areolen wollig, mit zahlreichen, radial strahlenden, 2 mm langen, weißlichen, gefiederten Randdornen und bis 9 Mitteldornen. Blüten engröhrig-trichterförmig, 3,5–4 cm lang, 3 cm breit, violettpurpurn, außen grünlichbraun. Heimat: Nord-Mexiko (Durango, Coneto-Paß).

Mammillaria longiflora (Br. et R.) Berger □□
[= ***Krainzia longiflora*** (Br. et R.) Backbg.] (Reihe 1) ■□
Meist einfacher, selten sprossender, kugeliger, bis 6 cm hoher und breiter, dunkelgrüner Körper. Warzen dicht gestellt, unten seitwärts verbreitert, nach der Spitze stark kegelig. 5–10 mm lang. Axillen ± kahl, Areolen mit 20–30 nadelförmigen, strahlig abstehenden und die Pflanze bedeckenden, 10–13 mm langen, weißen, selten gelben Randdornen und 4 stärkeren, 10–20 mm langen, gelben oder dunkel rotbraunen Mitteldornen, der untere gerade abstehend und nach der Seite hakig gekrümmt. Blüten zahlreich gegen den Scheitel, trichterförmig, 4–5 cm lang, 3–4 cm breit, hellrosa. Frucht ± kugelig. Heimat: Mexiko (Durango).

Mammillaria guelzowiana Werdermann □□
[= ***Krainzia guelzowiana*** (Werd.) Backbg.] (Reihe 1) □■
Einfach oder am Grund sprossend und polsterförmig. Einzelkörper gedrückt-kugelig, bis 8 cm breit, 4–6 cm hoch, grün. Warzen fast zylindrisch, 12–13 mm lang, am Grund 4–5 mm dick. Axillen kahl. Areolen mit sehr zahlreichen (60–80) strahlig abstehenden, nach oben haarförmigen, bis 1,5 cm langen, weißen Randdornen und einem gerade vorgestreckten, hakigen, rotbraunen, 8–10 mm langen Mitteldorn. Blüten einzeln aus älteren, scheitelnahen Axillen, 5 cm lang, 6 cm breit, purpurrot mit hellerem Rand. Frucht fast kugelig, 8 mm dick, gelblich. Heimat: Mexiko (Durango).

Mammillaria wrightii Eng. (Reihe 2) ■□ □□

Einfacher, kugeliger bis gedrückt-kugeliger, dunkelgrüner, 4–8 cm breiter Körper. Warzen zylindrisch, rund, 10–15 mm lang, unten 3–4 mm breit, weich. Axillen nackt. Areolen anfangs weißwollig, mit 12–14 nadeligen, 8–12 mm langen, weißen, dunkler gespitzten Randdornen und 1–3 steifnadeligen, hakigen, dunkelbraunen bis fast schwarzen Mitteldornen. Blüten trichterig, 2,5 cm lang und breit, glänzendpurpurn. Frucht groß, oval-kugelig, 2,5 cm lang, purpurn. Heimat: USA (Neu-Mexiko und Texas), Mexiko (Chihuahua).

Mammillaria microcarpa Eng. (Reihe 2) □■ □□

Einfacher oder vom Grund sprossender, kugeliger bis zylindrischer, bis 16 cm hoher, 5–6 cm breiter, dunkelgraugrüner, ganz von Dornen umhüllter Körper. Warzen klein, eiförmig. Axillen nackt. Areolen mit 15 bis 30 strahlenden, 6–12 mm langen, weißen Randdornen und 1–3 anfangs roten, dann schwarzbraunen, scharf hakigen, bis 18 mm langen Mitteldornen. Blüten breittrichterig-glockig, nahe dem Scheitel, 2–2,5 cm lang, 4 cm breit, rosenrot mit weißlichen Rändern. Frucht verlängert, bis 2,5 cm lang und scharlachrot oder kleinoval und grün. Heimat: USA (Kalifornien, Arizona bis Texas), Nord-Mexiko (Sonora, Chihuahua).

Mammillaria mazatlanensis K. Schum. (Reihe 2) □□ ■□

Vom Grund reichlich sprossend und rasenförmig. Einzelkörper kugelig bis zylindrisch, 9–12 cm hoch, 3–4 cm breit, graugrün. Warzen lockergestellt, kurz kegelförmig, 4–8 mm lang, am Grund 1 cm breit. Axillen mit kleinen Wollbüscheln und 1–2 kurzen Borsten. Areolen mit 13–15 gleichmäßig abstehenden, borsten- oder nadelförmigen, 5–10 mm langen, weißen Randdornen und 4 längeren und stärkeren, 8–15 mm langen, nadelförmigen, leuchtend braunen, unten weißen Mitteldornen (mitunter einer hakig gekrümmt). Blüten trichterförmig 3–4 cm lang, karminrot mit grünen Narben. Frucht schlank-birnförmig, 2 cm lang, 7 mm dick, rotgelb. Heimat: Mexiko (Sinaloa und Sonora).

Mammillaria yaquensis Craig (Reihe 2) □□ □■

Stark sprossend und polsterbildend. Einzelkörper schlank-zylindrisch, 6–8 cm hoch, 1,5–2 cm breit, rötlichgrün. Warzen kurzkegelig, 3 mm lang, am Grund 5 mm breit. Axillen nur mit sehr wenig Wolle. Areolen mit 18 geraden, fein nadelförmigen, 5–6 mm langen, cremefarbenen, hellbraun gespitzten Randdornen und einem nadelförmigen, stark gehakten, 17 mm langen, rötlich- bis dunkelbraunen Mitteldorn. Blüten einzeln oder zu mehreren, trichterig bis glockig, 2 cm lang und breit, purpurrosa. Frucht kurzkeulig, 1 cm lang, blutrot. Heimat: Mexiko (Sonora).

Mammillaria swinglei (Br. et R. Boed.) (Reihe 2)
Einfacher oder von unten sprossender, zylindrischer, 10–20 cm hoher, 3–5 cm breiter, dunkelgrüner Körper. Warzen zylindrisch bis kegelig, fest, 8–10 mm lang, unten 5–7 mm breit. Axillen unregelmäßig mit Borsten. Areolen nur anfangs etwas wollig, mit 11–18 ziemlich kräftig-nadeligen, geraden, 7–14 mm langen, mattweißen, dunkler gespitzten Randdornen und 1–4 kräftig-nadeligen, 8–15 mm langen, dunkelbraunen bis schwarzen Mitteldornen (der unterste gehakt). Blüten glockig, bis 3 cm breit, weißlich mit rosa Mittelstreif. Frucht 1,4–1,8 cm lang, dunkelrot. Heimat: Mexiko (Sonora)

Mammillaria schumannii Hildmann
[= ***Bartschella schumannii*** (Hildm.) Br. et R.] (Reihe 2)
Vom Grund sprossend und mehr als 40köpfige Rasen bildend. Einzelkörper zylindrisch, bis 10 cm hoch, bis 6 cm breit, graugrün bis grauviolett überlaufen. Warzen gerundet-vierkantig, kurz und dick, Axillen kurzwollig, Areolen mit 12 (9–15) derb pfriemlichen, geraden, 6–12 mm langen, weißen oder schwarz gespitzten Randdornen und 2(–4) am Grund weißen, oben schwarzen, 10–15 mm langen Mitteldornen, der obere gerade, der untere vorgestreckt und hakig gekrümmt. Blüten glockenförmig, in Scheitelnähe, 4 cm breit, lebhaft rosenrot. Frucht länglich, 15–20 mm lang, scharlachrot. Heimat: Mexiko (Niederkalifornien).

Mammillaria insularis Gates (Reihe 2)
Seitlich und vom Grund sprossender, abgeflacht-kugeliger, 6 cm hoher, 5 cm breiter, bläulichgrüner Körper mit dickfleischiger Rübenwurzel. Warzen kegelig, gestutzt, 7 mm lang und am Grund ebenso breit. Axillen kahl oder mit wenig Wolle. Areolen mit 20–30 schlank nadelförmigen, strahlenden, 5 mm langen, weißen Randdornen und einem hakig nach der Seite gekrümmten, 10 mm langen, schwarzen, braunen bis gelben Mitteldorn. Blüten breittrichterig, 1,5–2,5 cm lang, weißlichrosa mit dunkler rosa Mittelstreif. Frucht keulig, 10 mm lang, 3 mm dick, orangerot. Heimat: Mexiko (Niederkalifornien).

Mammillaria boolii Lindsay (Reihe 2)
Einfacher oder gelegentlich sprossender, kugeliger, 3,5 cm hoher, 3 cm breiter, bläulichgrüner Körper. Warzen walzenförmig, gestutzt. Axillen nur in der Jugend leicht wollig. Areolen mit 20 nadelförmigen, spreizenden, 15 mm langen, weißen Randdornen und einem vorgestreckten, stark gehakten, 15–20 mm langen, gelblichen oder hornfarbenen, dunkler gespitzten Mitteldorn. Blüten 2,5 cm lang und breit, rosa oder purpurrosa. Frucht länglichkeulig, 2,5 cm lang, 0,5 cm dick, orangefarben. Heimat: Mexiko (Sonora).

■□
Mammillaria moelleriana Boedeker (Reihe 3a) □□
Einfacher, kugeliger, bis 6 cm breiter, glänzendgrüner, ganz von Dornen umhüllter Körper. Warzen eiförmig, 8 mm lang und breit. Axillen nackt. Areolen nur anfangs weißwollig, mit 35 bis 40 strahlig angeordneten und etwas spreizenden, scharf nadelförmigen, 7–9 mm langen, schneeweißen Randdornen und 8–9 honiggelben bis dunkelrotbraunen, nach unten zu helleren Mitteldornen (die 4 unteren hakig und bis 2 cm lang, die oberen gerade und kürzer). Blüten im Kranz, 1,5 cm lang und breit, schmutzigweiß bis hellrosa mit dunklerem Mittelstreif. Frucht keulenförmig, bis 1,5 cm lang, grünlichweiß. Heimat: Mexiko (Durango).

□■
Mammillaria mercadensis Patoni (Reihe 3a) □□
Einfacher oder nur wenig sprossender, kugeliger, 5 cm breiter, oliv- bis dunkelgrüner Körper. Warzen kegelig bis kurzzylindrisch, rund, 1 cm lang. Axillen nackt. Areolen nur anfangs weißwollig, mit 25–30 dünnadeligen, schwach abstehenden, weißen, 5–8 mm langen Randdornen und 4–7 steifnadeligen, 1,5–2,5 cm langen, braunen bis roten oder gelben Mitteldornen (der unterste, längste hakig). Blüten 1–3 cm breit, gelblichweiß bis blaßrosa. Heimat: Mexiko (Durango).

□□
Mammillaria pennispinosa Krainz (Reihe 3a) ■□
Einfacher, nicht sprossender, flachkugeliger, 3,5 cm breiter, 3 cm hoher, von befiederten Dornen umhüllter Körper mit dicker Rübenwurzel. Warzen zylindrisch, dunkelgrün, 5–7 mm lang, am Grund 3 mm dick. Axillen in Scheitelnähe etwas kurzfilzig, später kahl. Areolen mit 16–20 geraden, 5–8 mm langen, stark fiederig behaarten, schräg abstehenden, später seitlich ineinander verflochtenen, grauweißen bzw. gegen die Spitze zunehmend rotbraunen Randdornen und einem (–3) gerade abstehenden, hakigen, 11–12 mm langen, etwas roten Mitteldorn. Blüten glockig bis kurztrichterig, 15 mm lang, 12 mm breit, weiß mit karminrosa Mittelstreif und hellkarminrosa Schlund. Frucht zylindrisch, 2,5 cm lang, 3 mm dick, karminrot. Heimat: Mexiko (Südwest-Coahuila).

□□
Mammillaria gasseriana Boedeker (Reihe 3a) □■
Am Grund sprossender, kugeliger bis kurz eiförmiger, 3–4 cm breiter, mattgraugrüner Körper mit fleischiger, verzweigter Wurzel. Warzen ziemlich dicht stehend, kurz-eiförmig, 6 cm lang und dick, schülferig punktiert. Axillen kahl. Areolen mit 40–50 in 2–3 Reihen kammförmig übereinander gestellten, strahlig abstehenden, 5–8 mm langen, weißen Randdornen und 1–2 derberen, 8 mm langen gehakten, weißen, oben dunkelbraunen Mitteldornen. Blüten einzeln, glockig-trichterig, klein, 7–8 mm breit, cremefarben mit schwach bräunlichem Mittelstreif. Frucht sehr klein, keulenförmig, zinnoberrot. Heimat: Mexiko (Südwest-Coahuila).

■□
Mammillaria bombycina Quehl (Reihe 3a) □□

Einfacher oder durch Sprossung Gruppen bildender, kugeliger, später zylindrischer, 8–20 cm hoher, 5–6 cm breiter, frischgrüner, am Scheitel weißwolliger und schön rotbraun bis gelb bedornter Körper. Warzen dicht, kurzzylindrisch, 15 mm lang. Axillen reichlich weißwollig. Areolen mit 30–40 kammförmig gestellten, abstehenden und den ganzen Körper verdeckenden, dünnen, steifen, seidig-weißglänzenden, bis 10 mm langen Randdornen und 4 im Kreuz stehenden, am Grund weißen, nach oben leuchtend rotbraunen oder gelben Mitteldornen (der obere 7 mm, die seitlichen 10 mm, der untere 20 mm lang, dieser stärker und hakig). Blüten im Kranz um den Scheitel, trichterig, 1,5 cm lang und breit, hellpurpurn. Frucht keulig, weißlich. Heimat: Mexiko (San Luis Potosí), Coahuila).

□■
Mammillaria zeilmanniana Boedeker (Reihe 3a) □□

Einfacher bis wenig von unten oder seitlich sprossender, eiförmiger bis kurzzylindrischer, 6 cm hoher, 4,5 cm breiter, glänzend dunkelgrüner Körper. Warzen dichtstehend, eiförmig bis kurzzylindrisch, 6 mm lang, 3–4 mm dick. Axillen kahl. Areolen anfangs kurz weißwollig, mit 15- bis 18strahlig gestellten, sehr dünnen, nadel- bis fast haarartigen, 10 mm langen, weißen Randdornen und 4 derber nadelförmigen, rotbraunen, bis 1 cm langen Mitteldornen (der unterste hakig gebogen). Blüten im Kranz in einiger Entfernung vom Scheitel, glockig, 2 cm breit, karminviolett bis purpurrosa. Frucht klein, weißlichgrün. Heimat: Mexiko (Guanajuato).

□□
Mammillaria bocasana Poselger (Reihe 3a) ■□

Vom Grund sprossend und dichte, flache oder sanft gewölbte Rasen bildend. Einzelkörper kugelig bis kurzzylindrisch, 4–5 cm breit, hell- bis dunkelblaugrün. Warzen schlank zylindrisch, 6–10 mm lang, am Grund 2–4 mm dick. Axillen nackt oder mit dünnen, weißen Wollhaaren. Areolen spärlich gelblich wollfilzig, mit 15 bis 30 strahlenden, borstenförmigen und in haarfeine Fäden auslaufenden, bis 2 cm langen, weißen Randdornen, die den ganzen Körper locker umhüllen, und 1–4 pfriemlichen, gerade vorgestreckten, weißen bis gelblichbraunen Mitteldornen (der unterste gehakt). Blüten zerstreut am ganzen Körper, trichterförmig, 16 mm lang, 12 mm breit, gelblichweiß, etwas rötlich gestreift. Frucht schlank keulenförmig, 3–4 cm lang, rot. Heimat: Mexiko (San Luis Potosí).

□□
Mammillaria wildii Dietrich (Reihe 3a) □■

Von unten und seitlich reichlich sprossend und gewölbte Rasen bildend. Einzelkörper kugelig bis zylindrisch, 8–15 cm hoch, 4–7 cm breit, dunkel- bis bläulichgrün. Warzen ziemlich locker gestellt, walzenförmig, bis 13 mm lang, am Grund 3–6 mm dick. Axillen mit einzelnen langen oder gedrehten Haaren, manchmal rosarot. Areolen sehr schwach weißfilzig, mit 8–10 borstenförmigen, 6–8 mm langen, weißen Randdornen und 3–4 etwas stärkeren und längeren, honiggelben Mitteldornen (einer vorstehend und hakig, die anderen horizontal strahlend). Blüten zahlreich, trichterförmig, 12–15 mm lang, 10–12 mm breit, weißlich, außen trübrot gestreift. Frucht keulenförmig, bräunlichrot. Heimat: Mexiko (Hidalgo).

■□
Mammillaria prolifera (Miller) Haworth (Reihe 3b) □□
Am Grund und oben sprossend und dichte, von längeren Trieben überragte Rasen bildend. Einzeltriebe kugelig bis kurzzylindrisch, 4–6 cm lang, 3–4 cm breit, dunkelgrün. Warzen schlank kegelförmig, 5–8 mm lang, am Grund 4–5 mm dick, weichfleischig, frischgrün. Axillen mit weißen Haaren. Areolen mit zahlreichen (20–40) haarförmigen, 6–10 mm langen, weißen Randdornen und 5–9(–12) strahlenden, 6–8 mm langen, anfangs dunkelgelben, an der Spitze helleren, später weißlichen Mitteldornen. Blüten glokkig-trichterig, 13–14 mm lang, gelblich. Frucht gebogen keulenförmig, 1 cm lang, korallenrot („Korallenkaktus"). Heimat: Westindien, Kuba.
Etwas variable Art: Var. *haitiensis* mit etwas kräftigeren, bis 7 cm breiten Körpern und anfangs gelben, dann reinweißen Mitteldornen (Haiti); var. *texana* mit weißlichen, an der Spitze gelben Mitteldornen (Texas, Coahuila) und var. *multiceps* mit kugeligem bis kurz länglichem Körper und gelblichen, nach oben dunkelbraunen Mitteldornen (Nordost-Mexiko).

□■
Mammillaria pilispina J. A. Purpus (Reihe 3b) □□
Sprossend und kleine, wenigköpfige Rasen bildend. Trieb halbkugelig, 4 cm breit, dunkelgrün. Warzen ziemlich dichtstehend, zylindrisch, oben gerundet, 8–10 mm lang, 6 mm dick. Axillen mit wenigen, langen, gekräuselten Haaren. Areolen mit einem Kranz sehr feiner, gekräuselter, schneeweißer Haardornen und 4–5 derberen, pfriemlichen, 6–7 mm langen, am Grund gelben, in der Mitte weißen und bis zur Spitze braunen Randdornen und einem ebensolchen, geraden, nicht hakigen Mitteldorn. Blüten 9 mm lang, 7–15 mm breit, weißlichgelb. Frucht keulig gekrümmt, 1,5 cm lang, 4 mm dick, blaßrosa. Heimat: Mexiko (San Luis Potosí).

□□
Mammillaria viereckii Boedeker (Reihe 3b) ■□
Kleiner, meist einfacher, selten am Grund sprossender, kugelförmiger, 3–3,5 cm breiter, dunkelgrüner, ganz von Dornen umhüllter Körper. Warzen locker gestellt, schlank zylindrisch, 8–10 mm lang, 2–3 mm dick. Axillen hellgrün, schwach weißwollig, mit 8–10 haarförmigen, gewundenen, oft über die Warzenspitze herausragenden Borsten. Areolen mit 9–10 dünnen, nadelförmigen, 12 mm langen, bernstein- bis goldgelben Dornen. Blüten vereinzelt in Scheitelnähe, trichterförmig, 12 mm lang und breit, rahmfarben mit grünlichem Schlund. Frucht klein, keulenförmig, zinnoberrot. Heimat: Mexiko (Tamaulipas).

□□
Mammillaria plumosa Weber (Reihe 4) □■
Reichlich sprossend und kleine, dichte Polster bildend. Einzelkörper kugelig, 6–7 cm hoch und breit, von weichen, federartigen Dornen ganz verdeckt. Warzen zylindrisch, 12 mm lang, am Grund 2–3 mm breit, schlaff, hellgrün. Axillen mit langer, weißer Wolle. Areolen mit bis 40 gefiederten, seidig weichen, 3–7 mm langen, weißen Randdornen, ohne Mitteldorn. Blüten glockenförmig, 1,5 cm lang und breit, gelblich- bis grünlichweiß. Frucht zylindrisch, 7 mm lang, blaßrötlichgrün. Heimat: Mexiko (Coahuila).

■□
Mammillaria carmenae Castañ. et Nuñ. de Cac. (Reihe 4) □□

Kugeliger bis leicht zylindrischer, 5–8 cm hoher, grüner, sprossender Körper. Warzen konisch, verlängert, 6–8 mm lang, sich am weißgrünen Grund nicht berührend, nicht fest. Axillen mit weißer Wolle und langen, weißen Borsten. Areolen mit mehr als 100 weichen, ringsum strahlenden, 5 mm langen, weißen oder hellgelben Randdornen und an Stelle der fehlenden Mitteldornen zahlreichen kurzen Härchen. Blüten 11 mm lang und breit, weiß, rosa getönt. Frucht eiförmig, 6 mm lang, 3 mm dick, grünlichweiß. Heimat: Mexiko (Tamaulipas, Jaumave).

□■
Mammillaria humboldtii Ehrenbg. (Reihe 4) □□

Einfacher, gelegentlich auch von unten sprossender, kugeliger bis ± verlängerter, hellgrüner Körper mit wenig eingesenktem Scheitel. Warzen zylindrisch, 12 mm lang, unten 2–3 mm breit. Axillen schwach weißwollig, mit 7–8 verschieden langen, geraden, weißen Borsten, Areolen mit 80 oder mehr ungleich 2–8 mm langen, sehr dünnen, horizontal gestellten und den Körper völlig einhüllenden, schneeweißen Randdornen, ohne Mitteldorn. Blüten 1,5 cm breit, hellrot. Frucht keulig, rötlich, ohne Blütenrest. Heimat: Mexiko (Hidalgo, Ixmiquilpan und Meztitlan).

□□
Mammillaria schiedeana Ehrenberg (Reihe 4) ■□

Am Grund sprossend und vielköpfige, ungleichförmige, flache Polster bildend. Einzelkörper auf rübigen Wurzeln, kugelig bis zylindrisch, bis 12 cm hoch, 6 cm breit, dunkelgrün bis fast schwarz, von Dornen fast völlig verhüllt. Warzen schlank-kegelig, locker gestellt, bis 1 cm lang. Axillen mit ziemlich dichten, weißen bis goldgelben Wollhaaren. Areolen mit bis 75, in Reihen angeordneten, 2,5 mm langen, horizontal strahlenden, weißen Randdornen, dazwischen zahlreichen, am Grund weißen, gegen die Spitze gelben bis goldgelben Haardornen. Ohne Mitteldorn. Blüten im Kranz um den Scheitel, glockig-trichterig, 2 cm lang, 1,5–1,7 cm breit, weißlich. Frucht keulenförmig bis zylindrisch, 1,2 cm lang, lebhaft karminrot. Heimat: Mexiko (Hidalgo).

Mammillaria pectinifera (Rümpl.) Weber □□
[= **Solisia pectinata** (B. Stein) Br. et R.] (Reihe 4) □■

Kugeliger bis verkehrt-eiförmiger, bis 6 cm hoher, 3–4 cm breiter, im Alter sprossender, fast ganz von weißen Dornen umgebener, am Scheitel etwas eingesenkter Körper. Warzen 3–4 mm hoch, seitlich zusammengedrückt, mit Milchsaft. Axillen nackt. Areolen langgestreckt, mit 40–60 kammförmig gestellten, bis 2 mm langen, reinweißen bis leicht rötlichen Dornen. Blüten seitlich aus den Axillen älterer Areolen, 2–2,5 cm breit, glockig, gelblich oder rosa. Frucht länglich, 6 mm lang, rot. Heimat: Zentral-Mexiko (Tehuacan).

■□
Mammillaria viperina J. A. Purpus (Reihe 5a) □□
Rasenförmig mit niederliegenden, vom Grund reichlich sprossenden, schlank-zylindrischen, bis 20 cm langen, 1,5–2 cm dicken, ganz von Dornen umhüllten Trieben. Warzen kurzzylindrisch bis kugelig, 5 mm lang, hellgrün. Axillen manchmal mit weißen, fast warzenlangen Haaren und Borsten. Areolen mit 25–30 feinen, nach allen Seiten gerichteten und miteinander verflochtenen, 3–5 mm langen, schneeweißen bis dunkelbraunen, nadelförmigen Dornen. Blüten 15 mm lang, 20 mm breit, hellkarmin, außen olivgrün mit purpurbraunem Mittelstreif. Frucht keulig-zylindrisch, 8 mm lang, 3 mm dick, karminrot, mit Blütenrest. Heimat: Mexiko (Puebla).
(Bild um 90° gedreht).

□■
Mammillaria microhelia Werdermann (Reihe 5b) □□
Einfacher, selten am Grund sprossender, zylindrischer bis keuliger oder etwas gebogener, bis 15 cm langer, 3,5–4 cm breiter, glänzend grüner Körper. Warzen kurzkegelförmig, 4 mm hoch. Areolen anfangs weißwollig, später kahl, mit bis 50 gleichmäßig nach allen Seiten strahlenden, 4–6 mm langen, borstenförmigen, anfangs reinweißen, später gelben bis roten Randdornen und 0–4, meist 1–2 rubinroten und dunkler gespitzten, bis 11 mm langen, schräg nach oben gerichteten oder vorgestreckten Mitteldornen. Blüten im Kranz um den Scheitel, breitglockig, 1,5 cm lang und breit, gelblichweiß, oft mit rosa Spitzen. Frucht keulig, 11 mm lang, 4 mm dick, weißlich bis rosa. Heimat: Mexiko (Querétaro).

□□
Mammilaria elongata DC. (Reihe 5b) ■□
In dichten Kolonien wachsende, schlank zylindrische, bis 20 cm lange, 3 cm breite, frischgrüne Säulen mit kegeligen Warzen. Areolen mit 15 bis 20 strahlig abstehenden, etwas zurückgebogenen, 8–12 mm langen, gelben Randdornen und keinem oder 1–3 abstehenden Mitteldornen. Farbe der Dornen aber sehr variabel, von Weiß über Gelb bis zu Dunkelfuchsrot. Blüten unterhalb des Scheitels, 1–1,5 cm lang, blaßgelb. Frucht keulig, schmutzigrot. Heimat: Mexiko (Hidalgo).

□□
Mammillaria densispina (Coult.) Vaupel (Reihe 5b) □■
Einfacher, kugeliger oder gestreckter, dunkelgrüner, 8–10 cm breiter und hoher Körper mit kegeligen, 5 mm langen Warzen. Areolen weißwollig, mit 20–25 ungleich 8–13 mm langen, abstehenden, dünnen, geraden, weißen bis gelben Randdornen und 5–6 geraden, selten schwach gebogenen, 10–20 mm langen, fuchsroten bis braunen Mitteldornen. Blüten im Kranz um den Scheitel, trichterig, 2 cm lang, 1 cm breit, außen purpurrot, innen schwefelgelb. Frucht kurzkeulig, rot. Heimat: Mexiko (San Luis Potosí, Querétaro, Guanajuato).

Mammillaria mollendorffiana Shurly (Reihe 6) ■□ □□
Einzelner, kugeliger bis länglicher, dunkelgrüner Körper mit wenig eingesenktem Scheitel. Warzen fast zylindrisch, rund. Axillen mit starker weißer Wolle und 4–5 erst später erscheinenden, kurzen, weißen Borsten. Areolen mit 24–28 horizontal strahlenden, 4–5 mm langen, kalkigweißen Randdornen und 6 regelmäßig strahlenden, 1,4 cm langen oder 4 über Kreuz stehenden, nur 6 mm langen, geraden, hellgelbbraunen, rot und am Ende schwarz gespitzten, später fast weiß werdenden Mitteldornen. Blüten 10 mm lang, 8 mm breit, oben purpurn, nach unten gelblichweiß. Frucht keulig, 14 mm lang, 5 mm dick, purpurn. Heimat: Mexiko (Hidalgo).

Mammillaria durispina Boedeker (Reihe 6) □■ □□
Einfacher, länglich-kugeliger bis kurzsäuliger, bis 20 cm hoher, 11 cm breiter, mattdunkelgrüner Körper mit nur wenig eingesenktem, weißwolligem, von Dornen überdecktem Scheitel. Warzen kegelförmig, 8 mm hoch mit gestutzter Spitze. Axillen anfangs weißwollig, später verkahlend, ohne Borsten. Areolen nur im Neutrieb weißwollig, später kahl, mit 6–8 derben, geraden, sternartig abstehenden, 7–8 mm (dem obersten 10–15 mm) langen und etwas abstehenden, bräunlich-grauen oder rotbraunen, dunkler gespitzten Randdornen. Ohne Mitteldorn. Blüten im Kranz um den Scheitel, 15 mm lang, 12 mm breit, tiefkarminrot mit hellgrünem Schlund. Frucht keulenförmig, 2 cm lang, karminrot, oben grün. Heimat: Mexiko (Querétaro und Guanajuato).

Mammillaria discolor Haworth (Reihe 6) □□ ■□
Einfacher, im Alter sprossender und gruppenbildender, kugeliger bis zylindrischer, bis 8 cm breiter, frisch- bis bläulichgrüner Körper mit eingesenktem, weißwollfilzigem, von Dornen überragtem Scheitel. Warzen kegelig, 6–7 mm lang. Axillen kahl. Areolen kurz weißwollfilzig, bald verkahlend, mit 16–20 oder mehr bis 1 cm langen, horizontal strahlenden, dünnen, schneeweißen Randdornen und 6–8 bis 1 cm langen, kräftigeren, geraden, spreizenden, hell-, später dunkler gelben bis braunen, schwarz gespitzten Mitteldornen. Blüten im Kranz um den Scheitel, 2 cm lang, 1,6 cm breit, rosa- bis karminrot, außen altrosa, Blütenblätter mit dunklerem Mittelstreif und weiß gerandet. Frucht keulenförmig, 2,5 cm lang, rot, mit Blütenrest. Heimat: Mexiko (Puebla).

Mammillaria matudae H. Bravo (Reihe 7) □□ □■
Einfacher oder von unten sprossender, schlank-zylindrischer, bis 20 cm hoher, 3 cm breiter Körper. Warzen konisch bis schwach vierflächig, 4,5 mm lang. Axillen nackt. Areolen anfangs etwas wollig, mit 18–20 nadeligen, 2–3 mm langen, horizontal spreizenden, durchsichtig weißen Randdornen und einem kräftigeren, 4,5 mm langen, aufwärts gerichteten, durchsichtig weißen, rötlich gespitzten, später schmutzigweißen Mitteldorn. Blüten trichterig, 1,2 cm lang, hellpurpurn. Heimat: Mexiko (an der Grenze von Mexiko und Michoacán).

■□
□□

Mammillaria spinosissima Lem. (Reihe 7

Einfacher, zylindrischer, 4–10 cm breiter, bis 30 cm hoher, dunkel- bis bläulichgrüner, dicht von Dornen umgebener Körper mit wolligem Scheitel und einem Schopf aufrechter Dornen. Warzen kegelig, schwach kantig, 4–5 mm lang. Axillen etwas wollig und borstig. Areolen anfangs kurzfilzig, mit 20–30 feinborstigen, strahlenden, 2–10 mm langen, weißen Randdornen und 7–10 etwas stärkeren, borstenartigen, 1–2 cm langen Mitteldornen von Reinweiß über Gelb bis Rubinrot oder Dunkelrotbraun. Blüten im Kranz, breit-trichterig, 2 cm lang, 1,5 cm breit, rosa bis purpurn. Frucht keulig, 2 cm lang, rot. Heimat: Zentral-Mexiko.

□■
□□

Mammillaria guerreronis (H. Bravo) Backbg. (Reihe 7)

Sprossender, säuliger, bis 60 cm langer, 6 cm breiter, hellgrüner und dicht von Dornen bedeckter Körper. Warzen klein, kegelig. Axillen mit bleibender weißer Wolle und 15–20 weißen Borsten. Areolen anfangs weißfilzig, mit 20–30 geraden, borstenfeinen, 5–10 mm langen, weißen, am Grund orangegelben Randdornen und 4 weißen bis rosa getönten, 1,5 cm langen Mitteldornen (davon einer hakig). Blüten weißlich-rosa. Frucht keulig, 2 cm lang, rot. Heimat: Mexiko (Guerrero).

□□
■□

Mammillaria eriacantha Pfeiffer (Reihe 7)

Einfacher oder sprossender, keuliger bis verlängert-zylindrischer, 15–50 cm hoher, 4,5–5,5 cm breiter, hell smaragdgrüner Körper. Warzen ± dichtgestellt, aus vierkantigem Grund kegelförmig, 6–8 mm lang, am Grund 4–6 mm breit. Axillen mit spärlicher Wolle. Areolen anfangs spärlich weißwollig, mit 16–25 borstenförmigen, strahlenden und miteinander verflochtenen, behaarten, 3–6 mm langen, gelblichen bis goldgelben Randdornen und 2 pfriemlichen, 8–10 mm langen, geraden, dick nadelförmigen, nach oben bzw. unten gerichteten, gelben Mitteldornen. Blüten unterhalb des Scheitels, kurztrichterig, 1,5 cm lang und breit, gelb. Frucht keulenförmig, 1 cm lang, rosa bis orange. Heimat: Mexiko (Veracruz).

□□
□■

Mammillaria collina J. A. Purpus
(besser bekannt unter dem Namen ***Mammillaria elegans*** DC.) (Reihe 8)

Kugeliger, 5–10 cm hoher, 5–8 cm breiter, hellgrüner, am weißwolligen Scheitel etwas eingesenkter Körper. Warzen dichtgestellt, eikegelförmig, seitlich etwas zusammengedrückt, 4–5 mm lang. Axillen nackt oder ± weißwollig. Areolen anfangs weißfilzig, mit 25–30 steifen, strahlig abstehenden, 5–6 mm langen, weißen, ineinander verflochtenen Randdornen und 2 (1–3) nach oben und unten gerichteten, bis 1 cm langen, weißen, braungespitzten Mitteldornen. Blüten zahlreich im Kranz, lebhaft karminrot. Frucht karminrot. – Sehr formenreiche Art. Heimat: Zentral-Mexiko.

■□
Mammillaria crucigera Martius (Reihe 8) □□

Kugeliger bis zylindrischer, bis 15 cm hoher, 3–5 cm breiter Körper mit tief eingesenktem Scheitel, durch dichotome Teilung größere Polster bildend. Warzen klein, bis 4 mm lang, dichtstehend, am Grund 4kantig, oben kegelig, frisch- bis olivgraugrün, mit wässerigem, in der Wachstumszeit milchigem Saft. Axillen mit reichlicher, dicker, weißer Wolle. Areolen nur in der Jugend spärlich weißwollig, mit 24 oder mehr fein-nadelförmigen, geraden 1,5–2 mm langen, waagerecht gestellten, weißen Randdornen und meist 4 kreuzförmig angeordneten, dickeren, 2–3 mm langen, wachsgelben bis kalkweißen, dunkelbraun bis schwarz gespitzten Mitteldornen. Blüten klein, purpurn oder tiefrot bis violettrosa. Frucht keulig, 10 mm lang, 3–5 mm dick, karminrot, mit Blütenrest. Heimat: Mexiko (Puebla, San Luis Potosí, Oaxaca, Hidalgo).

□■
Mammillaria flavicentra Backbg. (Reihe 8) □□

Einfacher, keuliger bis zylindrisch-säuliger, bis 18 cm hoher, 9–10 cm breiter, graugrüner Körper mit flachem, weißwolligem Scheitel. Warzen pyramidenförmig, 7 mm lang, unten 6 mm breit, mit wässerigem Saft. Axillen krauswollig, ohne Borsten. Areolen kahl, mit 22–24 dünn nadeligen, 2–4 mm langen, glasigweißen Randdornen und 4–6 dünnpfriemlichen, 5–6 mm langen, gelblichen Mitteldornen. Blüten 3–4 mm breit, karminrot. Frucht 1,5 cm lang, dick keulig, unten weißlichgrünlich, oben in Rosa übergehend. Heimat: Mexiko (Tehuacan gegen die Grenze von Oaxaca).

□□
Mammillaria sempervivi DC. (Reihe 9) ■□

Einfacher oder spärlich sprossender, kugeliger bis kurzzylindrischer, bis 7 cm dicker, dunkelgraugrüner Körper mit etwas eingesenktem, weißwolligem Scheitel. Warzen bis 1 cm lang, 4- oder mehrkantig. Axillen wollig. Areolen mit 3–7 weißen, bis 3 mm langen, bald abfallenden Randdornen und 2 derben, schwach gekrümmten, kaum 4 mm langen Mitteldornen. Blüten zerstreut in der Nähe des Scheitels, 1 cm lang, schmutzigweiß bis rosa. Frucht keulig, 8 mm lang, rot, mit Blütenrest. Heimat: Mexiko (Hidalgo).

□□
Mammillaria microthele Muehlenpfordt (Reihe 9) □■

Kleiner, abgeflacht-kugeliger, im Alter oft mehrköpfiger, graugrüner, ganz von Dornen umhüllter Körper. Warzen dichtgestellt, zylindrisch-kegelig, schwach 4kantig, 6–8 mm lang, mit Milchsaft. Axillen wollig oder nackt. Areolen mit 22–24 weißen, 3–4 mm langen, borstenförmigen, kammartig gestellten und seitlich miteinander verflochtenen Randdornen und 2 kräftigeren, 2 mm langen, übereinanderstehenden, braunen, später vergrauenden Mitteldornen. Blüten 15 mm lang, 12 mm breit, weiß, außen mit rotem Mittelstreif. Frucht keulenförmig, 8 mm lang, korallenrot. Heimat: Mexiko (Coahuila).

Mammillaria hahniana Werdermann (Reihe 9) ■□ □□

Breitkugeliger, bis 9 cm hoher, 10 cm breiter, durch reichliche Sprossung mehrköpfige Gruppen bildender Körper mit etwas abgeplattetem, schwach wolligem Scheitel. Warzen klein, 5 mm lang, kegelförmig, frischgrün, stark milchend. Axillen mit kurzer, weißer Wolle und 20 oder mehr bis 4 cm langen, weißen, ± gebogenen Borsten. Areolen kurz weißwollig, später kahl, mit 20–30 kammartig seitlich strahlenden, haarfeinen, 5–15 mm langen, welligen oder gekräuselten Randdornen und meist einem (2–4) gerade vorgestreckten, dünn nadelförmigen, bis 4 mm langen, weißen, rötlichbraun gespitzten Mitteldorn. Blüten im Kranz um den Scheitel, klein, 12–13 mm breit, purpurrot. Frucht kurz keulenförmig, 8 mm lang, 5 mm breit, rosarot bis fast weißlich. Heimat: Mexiko (Querétaro).

Mammillaria zahniana Boed. et Ritt. (Reihe 10) □■ □□

Einzelner, gedrückt-kugeliger, dunkelgrüner Körper mit wenig eingesenktem, etwas wolligem Scheitel. Warzen 4kantig bis schwach gerundet, unterseits gekielt, oben gerundet, 2 cm lang und unten breit. Axillen schwach wollig, ohne Borsten. Areolen nur anfangs weißwollig, mit 4 pfriemlichen, geraden, den oberen 3–8 mm und dem unteren bis 15 mm langen, abstehenden, weißlich-hornfarbenen, an der Spitze kurz schwärzlichen Randdornen. Ohne Mitteldorn. Blüten etwas vom Scheitel entfernt aus älteren Axillen, 3 cm lang, 2,5 cm breit, schwefelgelb, am Rand heller, zur Spitze dunkler. Frucht keulig, rot. Heimat: Mexiko (Nuevo Leon, Coahuila).

Mammillaria zeyeriana F. Haage jr. (Reihe 10) □□ ■□

Einzelner, kugeliger bis pyramidenförmiger, im Alter meist länglicher, bis 15 cm hoher, 10 cm breiter, hellbläulichgrüner Körper mit eingesenktem, sehr wenig wollfilzigem, von Dornen hoch überragtem Scheitel. Warzen kegelförmig, schwach gekantet, 10–12 mm lang. Axillen spärlich wollig, später kahl. Areolen wenig wollfilzig, später verkahlend, mit 10 geraden, fein-nadelförmigen, 3–10 mm langen, weißen Randdornen und 4 nadelförmigen, etwas biegsamen, 1,5–2,5 cm langen, erst rubinroten, dann kastanienbraunen und später weißen, schwarzbraun gespitzten Mitteldornen, von denen der oberste stark gekrümmt und die 3 unteren gerade vorgestreckt sind. Innere Blütenblätter rötlichorange mit gelben Rändern. Frucht keulenförmig, 25 mm lang, 7 mm dick, karminrot, mit Blütenrest. Heimat: Mexiko (Coahuila, Durango).

Mammillaria coahuilensis (Boedeker) Moran □□
[= **_Porfiria schwarzii_** (Frič) Boedeker] (Reihe 10) □■

Einfacher, abgeflachter, Milchsaft führender, 4,5 cm breiter Körper mit dick kegelförmiger Rübenwurzel. Warzen locker stehend, bis 12 mm lang, dreiseitig und blattartig zugespitzt, am Grund 10 mm breit, 4 mm dick, oberseits flach, blaugrün. Axillen mit kleinen Wollflöckchen. Areolen in der Jugend wollig, später kahl, mit 16 dünnen, steifen, horizontal spreizenden, ungleich bis 6 mm langen, grauweißen Randdornen und einem bräunlichen, derberen, 6 mm langen Mitteldorn. Blüten zu mehreren in Scheitelnähe, glockig-trichterig, bis 3 cm breit, weißlich mit rosa Mittelstreif. Frucht gebogen keulenförmig, bis 3 cm lang, zinnoberrot. Heimat: Mexiko (Coahuila).

■□
Mammillaria craigii Lindsay (Reihe 10) □□
Einzelner oder dichotomisch sich teilender, hellgelblich-graugrüner Körper mit eingesenktem, wolligem Scheitel. Warzen fest, 4flächig, nach oben scharf gekantet, 6–7 mm lang, unten 9–10 mm breit. Axillen etwas weißwollig, ohne Borsten. Areolen mit reichlich bräunlicher Wolle, 7–8 fein nadeligen, geraden, 4–12 mm langen, abstehenden, goldbraunen Randdornen und meist 2(1–3) 1–2 cm langen, dünnadeligen, steifen, goldbraunen Mitteldornen. Blüten glockig, 1,5–2 cm lang, 1–1,5 cm breit, tiefrosa mit dunklerer Mittellinie. Frucht keulig, 1,2 cm lang, rot, mit Blütenrest. Heimat: Mexiko (Chihuahua, Sonora).

□■
Mammillaria miegiana Earle (Reihe 10) □□
Meist einfacher, runder, am Scheitel etwas abgeflachter, 16 cm hoher, 10 cm breiter, laubgrüner Körper. Warzen 12 mm lang, an der Spitze vierkantig. Junge Axillen mit weißer Wolle, später kahl. Areolen mit 10–11 spreizenden, 8–9 mm langen, grauweißen Randdornen und 2, 7–8 mm langen, braunen Mitteldornen (der obere aufwärts gerichtet). Blüten im Kranz um den Scheitel, 2 cm lang, 2,5 cm breit, scharlachrot, in der Mitte rosa, außen bräunlichrot. Frucht keulenförmig, 2,5 cm lang, 1 cm dick, kirschrot. Heimat: Mexiko (Sonora).

□□
Mammillaria canelensis Craig (Reihe 10) ■□
Einzelner, kugeliger bis eiförmiger, hell- bis dunkelgrüner Körper mit etwas eingesenktem Scheitel. Warzen fest, kugelig bis fast zylindrisch, 5–8 mm lang und (unten) breit. Axillen mit weißer Wolle und fast warzenlangen weißen Borsten. Areolen anfangs dicht weißwollig, mit 22–25 sehr feinnadeligen, geraden, 5–15 mm langen, seitlich strahlenden, weißen Randdornen und 2–4 kräftigen, geraden bis gebogenen, 3 cm langen, orangegelben, über den Scheitel spreizenden Mitteldornen. Blüten 1,8 cm lang, 1,5 cm breit, hellgrünlichgelb. Heimat: Mexiko (SW-Chihuahua, SO-Sonora).

□□
Mammillaria johnstonii (Br. et R.) Orc. (Reihe 10) □■
Einzelner, nur selten unten sprossender, kugeliger, 15–20 cm breiter, matt bläulich-graugrüner Körper mit nur schwach vertieftem Scheitel. Warzen fest, 4kantig, 10–13 mm lang, unten 6–9 mm breit. Axillen etwas wollig, ohne Borsten. Areolen nur anfangs schwach wollig, mit 10 bis 15 nadeligen, geraden, 6–9 mm langen, weißen bis hornfarbenen, rötlichbraun oder schwarz gespitzten, leicht abstehenden Randdornen und 2 geraden pfriemlichen, 10 mm langen, hellpurpurnen bis schwarzen, abstehenden Mitteldornen. Blüten um den Scheitel, glockig, 1,5–2 cm lang und breit, rosa mit bräunlicher Mittellinie. Frucht 2,5 cm lang, rot bis scharlachrot. Heimat: Mexiko (Sonora, San Carlos Bay).

■□
Mammillaria peninsularis (Br. et R.) Orc. (Reihe 10) □□

Tief im Boden steckender, einzelner oder sprossender, ziemlich flacher, bis 4 cm breiter, blaß bläulichgrüner Körper. Warzen fest, scharf 4kantig, unten gekielt, oben gerundet, 8 mm lang, 4–5 mm breit. Axillen anfangs lang weißwollig. Areolen nur anfangs schwach wollig, mit 4–8 geraden, dünn pfriemlichen, 6 mm langen, blaßgelben, braun gespitzten, abstehenden Randdornen, ohne Mitteldorn oder mit einem in die Mitte gerückten Randdorn. Blüten in Scheitelnähe, 1,5 cm lang, grünlichgelb mit rötlicher Mittellinie. Heimat: Mexiko (Niederkalifornien, Cabo San Lucas).

□■
Mammillaria sartorii J. A. Purpus (Reihe 11) □□

Reichlich sprossend und rasenförmig, Einzelkörper kugelig bis kurzzylindrisch, dunkelbläulichgrün, dicht fein weißpunktiert, 8–12 cm breit, mit wenig eingesenktem, reichlich weißwollfilzigem und von dunkelbraunen, kurzen Dornen überragtem Scheitel. Warzen fest, am Grund 4kantig, nach oben konisch verlaufend, 1–1,2 cm lang, mit Milchsaft. Axillen mit viel krauser, weißer Wolle und vereinzelt sehr kleinen Borsten. Areolen mit reichlichem, krausem, weißem Wollfilz und 4–6 ungleich 5–8 mm langen, weißlichen oder bräunlichweißen, braun gespitzten Randdornen, ohne oder gelegentlich mit einem ebensolchen Mitteldorn. Blüten 2 cm lang, hellkarmin mit dunkleren Mittelstreifen. Frucht länglich-keulig, 1,5 cm lang, karminrot, mit Blütenrest. Heimat: Mexiko (Veracruz).

□□
Mammillaria mystax Mart. (Reihe 11) ■□

Einfacher, manchmal vom Grund sprossender, kugeliger bis kurzzylindrischer, bis 15 cm hoher, 7–12 cm breiter, dunkelgraugrüner Körper mit eingesenktem, wolligem und von langen, durcheinander geflochtenen Dornen umhülltem Scheitel. Warzen dichtgestellt, fest, 4- bis 6kantig pyramidenförmig, unten scharf gekielt, 10–15 mm lang, am Grund 8 mm breit. Axillen spärlich weißwollig mit stark gewundenen Borsten. Areolen etwas gekräuselt wollfilzig, später verkahlend, ohne oder mit 1–4 meist sehr kleinen, 3–8 mm langen, feinnadeligen, weißen und braun gespitzten Randdornen und 3–4 gewundenen, 4kantigen, 1,5–2 cm, dem mittleren 5–7 cm, langen, im Neutrieb rubinroten, später vergrauenden Mitteldornen. Blüten im Kranz um den Scheitel, glockig-trichterig, 2,2–2,5 cm lang, 2 cm breit, feurigkarminrot. Frucht keulenförmig, 2–2,5 cm lang, mit abfallendem Blütenrest. Heimat: Mexiko (Hidalgo, Oaxaca).

□□
Mammillaria collinsii (Br. et R.) Orc. (Reihe 11) □■

Sprossend und rasenbildend, Einzelkörper gleichmäßig kugelig, 6–8 cm dick, oft bronzefarben bis dunkelpurpurn überhaucht. Warzen fest, konisch-zylindrisch, 8–10 mm lang, unten 6–7 mm breit. Axillen stark weißwollig mit gewundenen, die Warzen oft an Länge übertreffenden weißen Borsten. Areolen anfangs weißwollig, bald kahl, mit 7 nadeligen, geraden, 5–7 mm langen, etwas abstehenden, hellen, dunkel gespitzten Randdornen und einem kräftig-nadeligen, bis 8 mm langen, vorgestreckten, dunkelbraunen Mitteldorn. Blüten 1,5 cm lang, gelblich und leicht rosa gestreift. Frucht keulig, bis 2 cm lang, tiefrot, mit Blütenrest. Heimat: Mexiko (Oaxaca, San Jeronimo).

Krankheiten und Schädlinge

Krankheiten und Schädlinge werden unsere Kakteen um so weniger befallen, je gesünder und härter sie kultiviert werden. Trotzdem läßt es sich oft nicht vermeiden, daß z. B. durch eine neu erworbene Pflanze oder durch Zuflug vom Garten unsere Kakteen von Schädlingen befallen werden oder – vor allem während des Winters – die eine oder andere Pflanze erkrankt.
Die wichtigsten Krankheiten der Kakteen sind Naß- und Trockenfäule, die in erster Linie durch Pilze verursacht werden. Ausgangspunkt von Fäulnis sind vielfach die Wurzeln oder der Wurzelhals, wo die pilzlichen Parasiten am leichtesten in die Pflanze eindringen können; die Fäulnis schreitet dann sehr rasch entlang der Leitungsbahnen nach oben fort, die sich dabei meist rot verfärben. Die Krankheit kann aber auch von zunächst kleinen Befallstellen am Pflanzenkörper selbst ausgehen und sich von da nach innen ausbreiten, z. B. nach lokaler Verletzung. Bei günstigen Wachstumsbedingungen für den Pilz (Wärme und Feuchtigkeit) entwickelt sich die Krankheit meist so rasch, daß die befallenen Pflanzen nicht mehr zu retten sind. Bei rechtzeitigem Erkennen kann man jedoch oft mit Erfolg wenigstens noch den Kopf der Pflanze erhalten oder durch Ausschneiden der befallenen Stellen der weiteren Ausbreitung Einhalt gebieten. Bei Kopfstecklingen von faulenden Pflanzen ist darauf zu achten, daß die auf dem Querschnitt als deutliche Punkte erkennbaren Leitungsbahnen keinerlei Rotfärbung mehr aufweisen; nur völlig gesunde Stücke können noch als Stecklinge oder Pfröpflinge gerettet werden.
Besonders gefährlich wirkt sich ein Pilzbefall bei jungen Sämlingen aus, die durch den sog. Vermehrungspilz oft innerhalb weniger Stunden dahingerafft werden können. Sobald die ersten Anzeichen des Vermehrungspilzes zu erkennen sind – zarte Pilzfäden auf dem Substrat, Glasigwerden und Umfallen der Sämlinge – ist sofortige Abhilfe geboten. Die befallenen Pflanzen werden restlos entfernt und vernichtet; wenn irgend möglich, werden die noch gesund erscheinenden Sämlinge in ein neues Substrat verpflanzt, auf jeden Fall aber mit einem Desinfektionsmittel behandelt und das weitere Wachstum des Pilzes durch Sonne und frische Luft nach Möglichkeit unterbunden.
Ein Befall mit tierischen Schädlingen sollte bei sorgfältiger Beobachtung der Pflanzen heute keine größeren Schäden mehr anrichten können; wir kennen nämlich eine große Zahl mehr oder weniger spezifischer Bekämpfungsmittel, und zwar sowohl systemische, die also von der Pflanze aufgenommen werden und auf saugende und fressende Schädlinge einwirken, oder Kontaktgifte, die versprüht oder verräuchert werden und so ebenfalls die oft schwer zugänglichen Schlupfwinkel erreichen können. Eine Zusammenstellung sämtlicher anerkannter Pflanzenschutzmittel (gegen tierische und pflanzliche Schädlinge) wird alljährlich von der Biologischen Bundesanstalt für Land- und Forstwirtschaft in Braunschweig herausgegeben und ist über die Pflanzenschutzämter zu beziehen.
Auf einen wichtigen Punkt bei der Anwendung chemischer Schädlingsbekämpfungsmittel ist jedoch noch hinzuweisen: Es darf nie das gleiche Mittel längere Zeit gegen denselben Schädling angewandt werden, weil es sonst leicht zu einer Auslese resistenter Stämme kommen kann, gegen die dieses Mittel dann wirkungslos ist. Ein regelmäßiger Wechsel mehrerer in ihrem Wirkungsmechanismus verschiedener Mittel ist daher unbedingt erforderlich.
Mit folgenden tierischen Schädlingen muß auch der Zimmerpfleger rechnen:

Rote Spinne

Die fälschlicherweise als Rote Spinne bezeichnete rote Spinnmilbe ist wohl der gefürchtetste Schädling. Er ist so klein, daß er ohne Lupe kaum zu erkennen ist, er vermehrt sich in trockener Luft außerordentlich rasch und zerstört durch Anstechen der Zellen die oberflächlichen Gewebeschichten, die sich dadurch häßlich braun verfärben. Da die rote Spinnmilbe bei uns im Sommer auch im Freien vorkommt, z. B. auf Obstbäumen, Bohnen und vielen anderen Pflanzen, ist vor allem in trockenen Sommern immer mit Zuflug von außen zu rechnen. Besonders die weichfleischigen Kakteen wie *Lobivia* (*Chamaecereus*) *silvestrii, Mammillaria longimamma,* einige Echinocereen, Coryphanthen und die Rebutien werden von ihr mit Vorliebe befallen. Die ersten Anzeichen eines Befalls sind ein silbergrauer Anflug oder rostrote Flecken auf dem grünen Pflanzenkörper. Sofortige Bekämpfung und zeitlich wiederholte Spritzungen sind notwendig, um einen weiteren Befall von vornherein zu verhindern. Vorbeugend ist für feuchte Luft durch öfteres Nebeln oder Überbrausen zu sorgen, da sich die rote Spinnmilbe besonders in trockener Luft wohl fühlt.

Woll- oder Schmierlaus
Die 1–3 mm große, braun gefärbte Wollaus hat die Gestalt einer Kellerassel und ist mit weißen, mehligen Wachsausscheidungen bedeckt. Sie legt ihre Eier in dichte weiße Gespinste, die wie Watteflöckchen aussehen und meist an schwer zugänglichen Stellen liegen. Bei leichtem Befall genügt ein mechanisches Entfernen mit einem steifen Pinsel; um aber auch versteckte Brut zu erfassen, ist eine nachfolgende chemische Behandlung zweckmäßig.

Schildläuse
Die in der Jugend beweglichen Tiere sitzen im Alter unter einem kreisrunden Schild von 1–2 mm Durchmesser auf der Pflanze fest. Im Schutz dieses Schildes können sie sich ungeheuer vermehren. Nach mechanischer Entfernung der Schilde mit Hilfe einer steifen Bürste ist eine chemische Bekämpfung notwendig.

Wurzelläuse
Die reinweißen Wurzelläuse, die den Wolläusen sehr ähnlich sehen, sind deshalb besonders gefährlich und schwer zu bekämpfen, weil sie von oben unsichtbar an den Wurzeln und am Wurzelhals der Pflanzen sitzen. Sie bilden an den Wurzeln weißliche wollige Ausscheidungen, die ganze Nester bilden. Restloses Entfernen der Erde von den Wurzeln der befallenen Pflanzen und anschließendes Tauchen in einem Bekämpfungsmittel, wiederholtes Gießen mit einem systemischen Mittel sind zur restlosen Vernichtung notwendig.

Die folgenden Schädlinge können eigentlich nur dem Besitzer eines Kastens bzw. Gewächshauses lästig fallen:

Kellerasseln
Sie lassen sich im allgemeinen mit ausgehöhlten, halbierten Kartoffeln, die mit der Schnittfläche auf den Boden gelegt werden, leicht fangen und vernichten.

Nacktschnecken
Die Anwesenheit von Schnecken ist im allgemeinen leicht an den zurückbleibenden Schleimspuren zu erkennen. Da sie nur bei Nacht aus ihren Verstecken kommen, ist es am einfachsten, sie nachts mit einer Taschenlampe zu suchen. Gut wirksam sind auch die unter der Bezeichnung „Schneckenkorn" laufenden Bekämpfungsmittel, die die Schnecken sowohl anlocken als auch abtöten.

Ameisen
Sie können lästig werden, wenn sie beim Nestbau die Kakteen regelrecht begraben; außerdem verschleppen sie oft die Samen aus den reifen Früchten. Sie sind leicht durch chemische Mittel zu bekämpfen.

Mäuse
Auch Mäuse können gelegentlich durch Abfressen der reifen Früchte und damit verbundene weitere Beschädigungen der Pflanzen lästig werden.

Erklärung der Fachausdrücke

abaxial (lat. ab = von weg, axis = Achse) von der Achse abgewandt; an einem Seitensproß die von der Abstammungsachse abgewandte Seite (Gegensatz: adaxial)
adaxial (lat. ad = zu, auf etwas zu, axis = Achse) der Achse zugewandt; an einem Seitensproß die der Abstammungsachse zugewandte Seite (Gegensatz: abaxial)
Adventivwurzeln (lat. advenire = hinzukommen) zusätzliche Wurzeln, die an beliebigen Stellen des Pflanzenkörpers, z. B. am Sproß, entstehen
akropetal (griech. ákron = Spitze, lat. petere = zustreben) der Spitze zustrebend; zur Angabe der Reihenfolge
akroton (griech. ákron = Spitze, tónos = Spannung) nach der Spitze zu gefördert
aktinomorph (griech. aktiś = Strahl, morphé = Gestalt) strahlensymmetrisch; Blüte mit mehr als zwei Symmetrie-Ebenen (vgl. radiär)
alternieren (lat. alternare = abwechseln) bei wirteliger Blattstellung stehen die Blätter eines Wirtels genau zwischen den Blättern des vorausgehenden Wirtels
anastomosieren (griech. anastomóein = mit einer Mündung versehen, öffnen) miteinander in Verbindung treten (z. B. benachbarte Zellen)
anatrop (griech. anatrépein = auf den Kopf stellen, umwenden) umgewendet, gegenläufig. Anatrope Samenanlagen sind am Grunde des Nucellus umgebogen und dem Funiculus der Länge nach angewachsen
Anisophyllie (griech. ánisos = ungleich, phýllon = Blatt) Ungleichblättrigkeit. An dorsiventralen Sprossen sind die Blätter bei Anisophyllie auf Ober- und Unterseite unterschiedlich groß
Anthocyan (griech. ánthos = Blüte, kyáneos = dunkelblau) blauer, violetter oder purpurroter, im Zellsaft gelöster Farbstoff
antiklin griech. antí = gegen, klínein = sich neigen) senkrecht zur Oberfläche verlaufend (Gegensatz: periklin)
Antikline (s. o.) senkrecht zur Oberfläche verlaufende Zellwand
Areole (lat. areola = kleiner, freier Platz) proleptisch entwickelter Kurztrieb, der als dornentragendes Haarpolster in den Achseln der Blätter ausgebildet ist
Arillus (lat. arillus = Mantel) Samenmantel; lappiger oder sackartiger Auswuchs von verschiedenen Stellen des Integuments
Axille (lat. axilla = Achselhöhle) scheitelwärts gelegener Bereich der Warzenbasis, aus dem bei den Mammillarien die Blüten entspringen
bilateral (lat. bis = zweimal, lateralis = seitlich) zweiseitig, mit zwei unter sich gleichen Seiten
campylotrop (griech. kampýlos = gekrümmt, trépein = wenden) krummläufig (bei campylotropen Samenanlagen ist der Nucellus gekrümmt)
cauline Zone (lat. caulis = Stengel) unterste Internodien einer Blüte, die gestaucht bleiben und nicht in die Blüte einbezogen werden (nicht bei allen Kakteen ausgebildet)
Cephalium (griech. kephalé = Kopf) meist durch reiche Haarbildung ausgezeichnete Blühzone. Man unterscheidet ein echtes Cephalium und ein Pseudocephalium (nähere Erklärung s. S. 311).
cereiform (Gattungsname *Cereus,* lat. forma = Gestalt) von der Gestalt eines *Cereus*
Diaphragma (griech. diáphragma = Zwischenwand) oberhalb der Nektarkammer vorspringender Saum der Blütenachse, der als Zwischenwand die Nektarkammer abschließt
dichotom (griech. dichótomos = in zwei Teile gespalten) dichotome Teilung: Der Vegetationspunkt teilt sich in zwei neue, unter sich gleiche Vegetationspunkte
dimer (griech. di- = zwei-, griech. méros = Teil) zweiteilig, zweigliedrig

dimorph (griech. di- = zwei-, griech. morphé = Form, Gestalt) zweiförmig, zweigestaltig (Gegensatz: monomorph)
Divergenz (lat. divergentia = seitlicher Abstand) Winkelabstand, der Winkel zwischen den Mittellinien (Medianen) zweier aufeinander folgender Blätter, ausgedrückt in Bruchteilen des Stengelumfangs (vgl. S. 9)
Dornen Umgewandelte Organe, d. h., aus den Anlagen von Sprossen, Blättern usw. an deren Stelle gebildete Sproßdornen, Blattdornen usw. Stacheln sind demgegenüber Gebilde, die aus Zellen der Epidermis und darunter liegender Schichten entstehen
dorsiventral (lat. dorsum = Rücken, venter = Bauch) in Bauch- und Rückenseite gegliedert. Dorsiventrale Blüten werden auch als zygomorph bezeichnet.
Druse In Form von sehr vielen, unregelmäßig um ein Bildungszentrum miteinander verwachsenen Einzelkristallen im Zellsaft ausgeschiedenes Calciumoxalat
Endosperm (griech. éndon = innen, spérma = Samen) Nährgewebe des Embryos, das aus der (doppelten) Befruchtung entsteht (vgl. Perisperm)
Epikotyl (griech. epí = auf, griech. kotyledón = Saugwarze, bot. Keimblatt) oberhalb der Kotyledonen (Keimblätter) gelegener Abschnitt des Keimlings
Epiphyt, epiphytisch (griech. epí = auf, phytón = Pflanze) „Aufpflanze", Pflanze, die auf anderen Pflanzen lebt, ohne ihnen Nahrung zu entziehen
Exine (lat. ex = aus, heraus) äußere Schicht der Pollenkornwand (Sporoderm) (vgl. Intine)
Funiculus (lat. funiculus = Seil) Stiel; Nabelstrang einer Samenanlage
Glochiden (griech. glochís = Haken, Pfeilspitze, -ídion = Verkleinerungsform) mit Widerhaken versehene, meist kleine, leicht abbrechende Dornen (typisch für die Opuntioideen)
Hilum (lat. hilum = Nabel) Nabel, Abbruchstelle des Funiculus vom Samen
Hypodermis (griech. hypó = unter, dérma = Haut) unter der Epidermis gelegene Zellschicht
Hypokotyl (griech. hypó = unter, kotyledón = Saugwarze, bot. Keimblatt) Unterhalb der Keimblätter gelegener Abschnitt des Keimlings
Incompatibilität (lat. in- = un-, com = mit, patibilis = erträglich, empfindsam) Unverträglichkeit von Pollen und Narbe einer Blüte (vgl. selbstincompatibel, selbstcompatibel)
Infloreszenz (lat. inflorescere = zu blühen anfangen, erblühen) Blütenstand
inseriert (lat. inserere = einfügen, insertum = eingefügt) eingefügt, angeordnet
Insertion (s. o.) Einfügung, Anheftungsstelle, z. B. der Staubgefäße innerhalb der Blüte
Integument (lat. integumentum = Decke, Hülle) den Nucellus umgebende Hülle(n)
Interfaszikulärbündel (lat. inter = zwischen, fasciculus = Bündel, bot. Leitbündel) zwischen die durch Markstrahlen getrennten primären Leitbündel im Zusammenhang mit dem sekundären Dickenwachstum eingeschobene Leitbündel
interkalar (lat. intercalaris = zwischengeschaltet) zwischengeschaltet. Interkalares Ringmeristem (s. Meristem) in Dauergewebe eingeschaltetes, ringförmiges Teilungsgewebe
Internodium (lat. inter = zwischen, nodus = Knoten) Bereich zwischen zwei Knoten (Nodien)
Intine (lat. intus = im Innern) innere Schicht der Pollenkornwand (Sporoderm) (vgl. Exine)
isodiametrisch (griech. ísos = gleich, diámetros = Durchmesser) nach allen Richtungen etwa gleichen Durchmesser aufweisend
kleistogam (griech. kleistós = verschlossen, gámos = Ehe) verschlossenblütig; die Bestäubung erfolgt bei geschlossener Blüte
Kollenchym (griech. kólla = Leim, egchýein = eingießen, égchyma = das Eingegossene, „Gewebe") lebendes, der Festigung dienendes Gewebe mit charakteristischen, ungleichmäßigen Wandverdickungen (kólla = Leim, wegen des Pektingehaltes der Wand)
kortikal (lat. cortex = Rinde) zur Rinde gehörend, aus der Rinde entstehend
krapprot Die Krappfarbstoffe Alizarin und Purpurin stammen aus den Wurzeln von *Rubia tinctorum* (Krapp) (Südeuropa), *Rubia peregrina* (Mittelmeergebiet) und *Rubia cordifolia* (Südasien, Ost- und Südafrika)
Kurztrieb gestauchter, meist dicht beblätterter Sproß
Kutikula (lat. cuticula = Häutchen) äußerste, kutinreiche Membranlamelle, die als dünnes ununterbrochenes Häutchen die ganze Epidermis überzieht
Limitdivergenz (lat. limes = Grenze) Grenzwert der Divergenz

Mamille (lat. mamilla = Brustwarze) das zu einer warzenartigen Erhebung auswachsende Blattpolster mit der dornentragenden Areole an der Spitze
median (lat. medianus = der mittlere) in der Mitte gelegen
Mediane (s. o.) Mittellinie
medullär (lat. medulla = Mark) zum Mark gehörend, aus dem Mark entstehend
Meristem (griech. meristós = geteilt, meristés = Teiler) Bildungsgewebe. Teilungsfähiges Gewebe, durch dessen Tätigkeit das Dauergewebe entsteht
meristematisch (s. o.) teilungsfähig
mesoton (griech. mésos = mittlerer, tónos = Spannung) in der Mitte gefördert (vgl. akroton)
Mikropyle (griech. mikrós = klein, pýle = Tor, Eingang) Öffnung an der Spitze der Integumente; Mikropylarloch
monomorph (griech. mónos = allein, einzig, morphé = Form, Gestalt) einförmig, eingestaltig (Gegensatz: dimorph)
Oberblatt Die am Vegetationspunkt erscheinenden Blattanlagen (Primordialblätter) gliedern sich bei der weiteren Entwicklung in zwei Abschnitte, das Unterblatt und das Oberblatt. Aus ersterem geht der Blattgrund hervor, bei Kakteen als Blattpolster ausgebildet, aus letzterem die Blattspreite und – soweit vorhanden – der Blattstiel
oberständig Fruchtknoten, der oberhalb der Ansatzstelle der Blütenblätter und der Staubgefäße liegt (vgl. unterständig)
Ontogenie (griech. on, óntos = das Seiende, génesis = Entstehung, Entwicklung) Individualentwicklung. Entwicklung eines Lebewesens von der Eizelle bis zum fertigen Individuum.
Gegensatz: Phylogenie (griech. phýlon = Stamm, Sippe, génesis = Entwicklung) stammesgeschichtliche Entwicklung, d. h. mutmaßliche Ableitung der jetzt lebenden von früher existierenden Formen
Orthostichen (griech. orthós = aufrecht, gerade, stíchos = Reihe, Linie) Geradzeilen
Parastichen (griech. pará = daneben, bei, stíchos = Reihe, Linie) Nebenreihen, Schrägzeilen
Parenchym (griech. pará = neben, bei, égchyma = das Eingegossene, „Gewebe") Grundgewebe. Lebendes Gewebe des Vegetationskörpers krautiger Pflanzen
Pedizellarzone (lat. pedicellus = Füßchen) Blütenstielzone. Der unterhalb des Perikarpells liegende Teil der Blütenachse
Perianth (griech. perí = um herum, ánthos = Blüte) Blütenhülle
Periderm (griech. perí = um herum, dérma = Haut) sekundäres Abschlußgewebe mit Korkzellen, als Ersatz für die Epidermis
Perigon (griech. perí = um herum, gónos = Abkunft) aus gleichartigen Hüllblättern, den Tepalen gebildete Blütenhülle
Perikarp (griech. perí = um herum, karpós = Frucht) Fruchtwand
Perikarpell (griech. perí = um herum, lat. carpellum = Früchtchen, bot. Fruchtblatt) den Fruchtknoten umhüllender Teil der Blütenachse
periklin (griech. periklinés = sich rings neigend) parallel zur Oberfläche verlaufend (vgl. antiklin)
Perikline (s. o.) parallel zur Oberfläche verlaufende Zellwand (vgl. Antikline)
Perisperm (griech. perí = um herum, spérma = Samen) aus dem Nucellus entstandenes Nährgewebe (vgl. Endosperm)
petaloid (griech. pétalon = Blatt, bot. Blütenblatt, -ídes = -ähnlich, -artig) blütenblattartig
Plastiden (griech. plastós = geformt, -ídion = Verkleinerungsform) für die Pflanzen typische, häufig auffällig gefärbte Zellorganellen, z. B. die grünen Chloroplasten
Plazenta (lat. placenta = Kuchen) der Teil der Fruchtblätter, an dem die Samenanlagen entspringen
Plazentation (s. o.) Lage der Plazenta auf dem Fruchtblatt
Podarium (griech. pous, podós = Fuß) aus der Blattbasis hervorgegangener Blatthöcker, der die Areole trägt (vgl. Mamille)
polyedrisch (griech. polýedros = mit vielen Sitzen) vielflächig
Population (lat. populus = Volk) Gesamtheit aller Individuen einer Fortpflanzungsgemeinschaft

Primärwurzel (lat. primus = der erste) aus der Keimwurzel hervorgegangene, den Sproß nach unten fortsetzende Wurzel

Primordium, Blattprimordium (lat. primordium = erster Anfang) noch ganz aus teilungsfähigem Gewebe bestehende Blattanlage (vgl. Oberblatt)

proleptisch (griech. prólepsis = Vorwegnehmen) vorzeitig austreibend. Während die in den Blattachseln angelegten Achselsprosse im allgemeinen erst in der folgenden Vegetationsperiode austreiben, treiben proleptische Triebe schon in der ersten Vegetationsperiode aus

proliferieren (lat. prolifer = sprossend, Brut bildend) Entstehung neuer Blütenknospen aus der Blütenachse von Blüten oder Früchten

Pseudocephalium (griech. pseudés =täuschend, falsch) Scheincephalium (vgl. Cephalium)

Pulpa (lat. pulpa = Fleisch) die saftigen oder fleischigen Teile einer Frucht

radiär (lat. radius = Speiche des Rades, Halbmesser) strahlensymmetrisch. Radiäre Blüten werden auch als aktinomorph bezeichnet

Raphe (griech. raphé = Naht) Samennaht. Verwachsungsstelle des Funiculus mit der anatropen Samenanlage

Rezeptakulum (lat. receptaculum = Behälter) der über dem Fruchtknoten liegende, röhrenförmig verlängerte Teil der Blütenachse

selbst-compatibel (lat. cum = mit, patibilis = erträglich, empfindsam) selbstverträglich. Der Pollen einer Blüte kann auf der Narbe einer Blüte der gleichen Pflanze keimen und die Befruchtung durchführen (vgl. selbst-incompatibel)

selbst-incompatibel (lat. in- = un-, cum = mit, patibilis = erträglich, empfindsam) selbstunverträglich. Der Pollen einer Blüte kann auf der Narbe einer Blüte der gleichen Pflanze nicht keimen, er benötigt dazu die Narbe einer genetisch verschiedenen Pflanze

serial (lat. series = Reihe) in einer (medianen) Reihe liegend (seriale Spaltung s. S. 13)

Staminodium (lat. stamen = Faden, bot. Staubblatt) reduziertes, steril gewordenes Staubblatt

stomatär (griech. stóma = Mund, bot. Spaltöffnung) zu den Stomata (Spaltöffnungen) gehörig. Stomatäre Transpiration ist der Anteil der Spaltöffnungen an der Gesamtverdunstung

Strophiola (griech. stróphion = Binde, bot. strophiolum = Samenanhängsel) wulstartiger Auswuchs um den Nabel (Hilum)

subepidermal (lat. sub = unter) unter der Epidermis gelegen

sukkulent (lat. succus = Saft) saftig, fleischig, wasserspeichernd

Sukkulenten (s. o.) Pflanzen, die in bestimmten Organen Wasser speichern, z. B. Stammsukkulenten, Blattsukkulenten

Sukkulenz (s. o.) Fähigkeit zum Speichern von Wasser

Systematik Botanische Systematik ist die Wissenschaft vom Vergleich der Pflanzen und von der Pflanzenverwandtschaft

Taxonomie, taxonomisch (griech. táxis = Ordnung, ónoma = Name, Benennung) Zweig der Systematik, der sich mit der Ordnung der Pflanzenwelt, mit ihrer Klassifizierung befaßt

Tepalen (Kunstwort, Anagramm von Petalen) die gleichartigen Blütenhüllblätter eines Perigons, Perigonblätter

Testa (lat. testa = Tongeschirr, Schale) Samenschale

transversal (lat. transversus = quer) senkrecht zur Mittellinie (Mediane)

Turgor (lat. turgere = strotzen, angeschwollen sein) Innendruck. Der durch osmotische Wasseraufnahme hervorgerufene hydrostatische Druck, der für die Festigkeit lebender Zellen verantwortlich ist

Unterblatt (vgl. Oberblatt)

unterständig mit der Blütenachse verwachsener Fruchtknoten, der unterhalb der Ansatzstelle der Blütenhülle und der Staubblätter liegt

Vegetationspunkt teilungsfähige (meristematische) Zellgruppe an der Spitze der wachsenden Sprosse und Wurzeln, durch deren Tätigkeit der Vegetationskörper aufgebaut wird

Verdickungsring Ringförmiges Bildungsgewebe (Kambium), von dem das sekundäre Dickenwachstum ausgeht

Vorblätter das erste (Monocotyledonen) bzw. die beiden ersten (Dicotyledonen) Blätter eines Seitensprosses

Xerophyt (griech. xerós = trocken, phytón = Pflanze) an physiologisch trockene Standorte angepaßte Pflanze

zentrifugal (griech. kéntron = Mittelpunkt, lat. fugere = fliehen) vom Mittelpunkt wegstrebend

zentripetal (griech. kéntron = Mittelpunkt, lat. petere = suchen) auf den Mittelpunkt zustrebend

zygomorph (griech. zygón = Joch, morphé = Gestalt) nur durch eine Ebene in zwei spiegelbildlich gleiche Hälften teilbar (vgl. dorsiventral)

Literaturverzeichnis

(Neben den im Text erwähnten sind nur die Standardwerke aufgeführt; dort finden sich weitere Literaturangaben.)

Backeberg, C.: Die Cactaceae, Jena 1958–1962, 6 Bände

Backeberg, C.: Das Kakteenlexikon, 5. Aufl., Stuttgart 1979

Barthlott, W.: Kakteen, Stuttgart 1977. Engl. Ausgabe: Cacti, London 1979

Barthlott, W., und G. Voit: Mikromorphologie der Samenschalen und Taxonomie der Cactaceae: Ein rasterelektronenmikroskopischer Überblick. Pl. Syst. Evol. **132**, 205–229, 1979

Berger, A.: Die Entwicklungslinien der Kakteen, Jena 1926

Berger, A.: Kakteen, Stuttgart 1929

Britton, N. L., and N. J. Rose: The Cactaceae, Pasadena 1919–1923, 4 Bände

Buchheim, G.: Cactales in: A. Engler's Syllabus der Pflanzenfamilien, 12. Aufl., II. Band, S. 102–107, Berlin-Nikolassee 1964

Hunt, D. R.: Cactaceae in: The Genera of Flowering Plants, hrsg. von J. Hutchinson, Dicotyledones, Band II, S. 427–467, Oxford 1967

Krainz, H., und Mitarbeiter: Die Kakteen, im Lose-Blatt-System, Stuttgart 1957–1976 (unvollständig)

Porsch, O.: Das Bestäubungsleben der Kakteenblüte, I–II in: Cactaceae, Jahrbuch der Deutschen Kakteengesellschaft 1938–1939

Rauh, W.: Kakteen an ihren Standorten, Berlin und Hamburg 1979

Rausch, W.: Lobivia. Die tagblütigen Echinopsidinae aus arealgeographischer Sicht I–III, Wien 1975

Schumann, K.: Gesamtbeschreibung der Kakteen, 2. Aufl., Neudamm 1903

Troll, W.: Vergleichende Morphologie der höheren Pflanzen. 1. Band Vegetationsorgane, 1. Teil, Berlin 1937, 3. Teil 1941

Vaupel, F.: Cactaceae in: Engler, A., und K. Prantl: Die natürlichen Pflanzenfamilien, 2. Aufl., 21. Band, S. 594–651, Leipzig 1925

Register

Halbfett gesetzte Seitenzahlen weisen auf Abbildungen hin.

Pygmaeolobivia 166
Pyrrhocactus 51, 192
Pyrrhocactus bulbocalyx 192, **193**